U0370186

城市碳排放峰值预测及总量控制
——以重庆市为例

CHENGSHI TANPAIFANG FENGZHI YUCE
JI ZONGLIANG KONGZHI
——YI CHONGQINGSHI WEILI

刘　强／著

西南财经大学出版社

四川·成都

图书在版编目(CIP)数据

城市碳排放峰值预测及总量控制:以重庆市为例/刘强著.—成都:西南财经大学出版社,2019.12

ISBN 978-7-5504-4124-8

Ⅰ.①城… Ⅱ.①刘… Ⅲ.①城市—二氧化碳—排气—研究—中国
Ⅳ.①X511

中国版本图书馆 CIP 数据核字(2019)第 190321 号

城市碳排放峰值预测及总量控制——以重庆市为例
刘强 著

策划编辑:高玲
责任编辑:廖韧
封面设计:墨创文化
责任印制:朱曼丽

出版发行	西南财经大学出版社(四川省成都市光华村街 55 号)
网 址	http://www.bookcj.com
电子邮件	bookcj@foxmail.com
邮政编码	610074
电 话	028-87353785
照 排	四川胜翔数码印务设计有限公司
印 刷	郫县犀浦印刷厂
成品尺寸	170mm×240mm
印 张	16
字 数	298 千字
版 次	2019 年 12 月第 1 版
印 次	2019 年 12 月第 1 次印刷
书 号	ISBN 978-7-5504-4124-8
定 价	88.00 元

摘要

气候变化已成为人类共同面临的挑战。党的十九大报告指出，要贯彻新发展理念，牢固树立践行绿水青山就是金山银山的理念，建立健全绿色低碳循环发展的经济体系。我国作为构建人类命运共同体的倡导者，已成为应对气候变化国家合作的引导者，成为全球生态文明建设的重要参与者、贡献者、引领者。城市作为人口和产业的集聚区，是碳排放重点区域。将城市的碳排放作为研究对象，能够更好地推动国家实现 2030 年单位国内生产总值二氧化碳排放比 2005 年下降 60%～65%，以及全国 2030 年左右碳排放达峰的目标愿景。

国家和地方新一轮的机构改革，将应对气候变化和减排的职能由发展改革部门调整至生态环境部门，应对气候变化要快速融于生态环境保护大格局，亟须从管制政策、市场政策、信息政策三个方面，构建应有的政策体系和体制机制。目前，我国对地方二氧化碳排放峰值的研究以及实施总量控制的工作还处于起步阶段，关于碳排放达峰及总量控制的学术研究还比较薄弱。

本书在应对气候变化的总体架构中，探索构建城市碳排放一般分析框架，对城市碳排放投入产出、影响因素、碳排放峰值预测、碳排放总量控制四个环节进行了实证分析，并从政府考核和市场机制两个维度构建了城市碳排放控制机制，最后提出对策建议。本书主要包括以下五个部分：

第一部分是导论，主要阐述了研究背景、研究意义，提出了研究的技术路线图，并对国内外的研究进行了综述和分析。

第二部分是第一章，基于经济学理论，推演了碳排放最优排放水平—碳排放驱动因素—碳减排最佳路径的逻辑过程，通过分析城市人口集聚、产业发展、生活方式等与碳排放的理论关系，构建了城市碳排放"双维度四环节"理论分析框架，搭建起研究的四梁八柱，后续章节均以重庆为例，基于该分析框架展开研究。

第三部分包括第二章、第三章、第四章、第五章，一是对重庆市的碳排放总量、碳排放结构、碳排放分布等内容进行描述性分析和对比性分析，为后续研究提供基础数据保障；二是从经济发展和碳排放协同推进的角度，通过编制碳排放投入产出表，实证分析了重庆市国民经济42个部门经济产出和碳排放机理的关系，按照碳排放水平、潜在水平与经济产出水平的组合，对行业部门进行分类；三是利用LMDI因素分解模型定量分析了城市碳排放的影响因素，并分别就人口发展（规模和结构）、经济水平（规模和质量）、产业结构、能源结构、技术水平、政策机制等方面分析了各自对碳排放的影响程度；四是着重详细分析总结国内部分大城市、特大城市以及超大城市的碳排放达峰规划的实践经验和具体做法，通过构建碳排放峰值预测的宏观、中观、微观模型，对重庆市未来碳排放进行了预测，探寻到重庆市碳排放达峰坐标；五是在重庆市峰值预测的基础上，对重庆市2020年碳排放总量进行分析，为后面章节的总量控制机制的研究奠定基础。

第四部分包括第六章、第七章，在重庆市"十三五"期末的碳排放总量预测结果的基础上，分别从政府考核和市场机制两个维度，探讨控制城市碳排放的方法。其中：基于政府考核维度的控制机制的相关内容注重分析碳排放总量和碳强度"双控"目标的分解方法、分解结果以及考核内容设计和考核机制建立等；基于市场机制维度的控制机制的相关内容注重分析碳市场配额无偿分配和有偿分配的分配方式，并以重庆为例评价分析了碳交易对城市碳减排的作用等。

第五部分是第八章，围绕国家应对气候变化的政策部署，结合研究结论，提出碳减排的总体要求，分别从低碳能源、低碳产业、城乡发展、试点示范、创新支撑、能力建设以及组织保障等方面分类提出对策建议。

本书的研究创新主要体现在三个方面：

第一是分析框架上的创新，本书从经济学成本-收益理论和环境经济学传统计量模型出发，通过"碳排放最优水平—碳排放驱动因素—碳减排最佳路径"的理论推演过程，建立区域碳排放分析的一个分析框架。

第二是研究思路的创新，本书建立了"双维度四环节"的城市碳排放控制一般分析框架，从政府和市场两个维度，着重对城市碳排放投入产出、影响因素、峰值预测以及控制机制进行系统性的研究，探寻城市控制碳排放的对策。

第三是研究内容的创新，一是本书各部分研究内容能够从经济产出、影响因素的角度分析城市碳排放，又能对城市远期的碳排放峰值和近阶段的碳排放总量分别进行预测，以期对城市碳排放实施阶段性的总量控制；二是本书从政府管控和市场交易两个维度构建城市碳排放控制机制，以期能够系统性、整体性的构建城市碳排放的控制体系。

关键词：碳排放；影响因素；碳排放峰值；总量控制

目　录

导　论

第一节　研究背景与选题意义

一、研究背景

党的十九大报告进一步强调了必须坚定不移贯彻创新、协调、绿色、开放、共享的发展理念[①]。十九大报告明确提出建设生态文明是中华民族永续发展的千年大计，要像对待生命一样对待生态环境，实行最严格的生态环境保护制度，建设美丽中国，为全球生态安全做出贡献，并将此作为新时代坚持和发展中国特色社会主义的十四条基本方略之一。

气候变化已成为人类共同面临的挑战。党的十九大报告指出，要贯彻新发展理念，牢固树立践行绿水青山就是金山银山的理念，建立健全绿色低碳循环发展的经济体系。我国作为构建人类命运共同体的倡导者，已成为应对气候变化国家合作的引导者，成为全球生态文明建设的重要参与者、贡献者、引领者[②]。我国已向国际社会承诺，到 2030 年单位国内生产总值二氧化碳排放比2005 年下降 60%～65%，全国 2030 年左右碳排放达到峰值，并争取尽快达峰[③]。为此我国自"十二五"开始，启动低碳城市和省区试点、碳排放权交易试点、对地方政府实施年度温室气体排放目标责任考核等一系列的工作。

环境和气候变化是世界各国共同面临的挑战和严峻课题。面对这个巨大挑战，一些国家怯场，一些国家规避，甚至有个别本该承担重大责任的国家以莫

[①]　习近平. 决胜全面建成小康社会　夺取新时代中国特色社会主义伟大胜利［M］. 北京：人民出版社，2017.

[②]　同①。

[③]　信息来自习近平主席在巴黎气候变化大会开幕式上发表的题为《携手构建合作共赢、公平合理的气候变化治理机制》的重要讲话。

须有的理由转身逃离。产生这些现象的本质原因有两个：一个原因是人们虽然认识到这个问题的严重性，但同时也认识到国家在解决这个问题上应该承担的义务和责任很重；另一个更深层次的原因是一国要敢于并真正承担起自己所应承担的义务和责任是很不容易的。

正如习近平总书记在党的十九大报告中讲到的，作为负责任的世界最大的发展中国家，我国庄严承诺会积极应对世界环境和气候变化，"引导应对气候变化国际合作，成为全球生态文明建设的重要参与者、贡献者、引领者"①。通过对碳排放的理论分析，建立区域碳排放一般性的分析框架，找到城市碳排放的重点环节和主要抓手，分析清楚城市碳排放的影响因素，确定碳排放峰值和达峰时间，并基于总量目标控制，建立城市多维度的碳排放控制机制，从而展示我国每一个城市、每一个产业及领域的减碳足迹，正是我们努力兑现碳减排承诺的具体体现。

因此，我国每一个省级行政区域和每一个大中城市，经过认真科学的规划和部署，明确各自碳排放的产业分布、影响因素、达峰时点、总量控制机制，明确提出自己的减碳路径，是我国兑现减碳承诺的努力的一个有机组成部分。

二、选题意义

碳排放与人类的生产生活密切相关，随着科学技术的进步、能源结构的优化、产业水平的提升、生活方式的转变，某个区域的碳排放规模和趋势会发生深刻变化。我们要进行碳排放的控制研究，就必须搞清楚某个区域碳排放的特殊性，它的特殊性既与其产业结构的历史和现状有关，又与产业结构的演进趋势有关，还与这个区域的社会结构，包括它的城市化水平、交通的发生量及产业交通、公共交通和私人交通的相对占比，建筑物的体量及产业用、公用和居民建筑的相对占比，节能建筑与非节能建筑的相对占比相关。某个区域碳排放的特殊性还与这个城市的能源结构，该区域政府在推进能源结构优化和改善方面的规划目标、推进力度及落实效果密切相关，与该区域政府推出并落实各行业、企业和全体居民节能减排政策的广度、深度及力度密切相关。

正因为如此，我们在考虑某个区域未来碳排放总量的预测和减排轨迹时，一方面，要使用国际认同、各地区相对统一、简单便捷的控制变量和核算模型；另一方面，又应该尽可能设计出能够充分展现本地区碳排放特色和减排轨

---

① 习近平. 决胜全面建成小康社会 夺取新时代中国特色社会主义伟大胜利 [M]. 北京：人民出版社，2017.

迹的测度模型，并引入相应的控制变量。

重庆是一个产业结构明显有偏重的老工业基地城市，也是一个对传统火力发电和外购电存在严重依赖的城市。作为国家首批低碳试点城市和碳排放权交易试点城市，这些年全市上下携手合力做了大量工作，也取得了显著的成效。但是，由于受历史包袱和资源条件的约束，与全国低碳发展先进省份相比，重庆在单位地区生产总值二氧化碳排放强度、碳排放规模、峰值测度、总量控制、市场调节等各个碳减排环节，都还存在一些差距。

以往的研究往往集中在低碳发展的意义和减排路径方面，对于在经济社会体系中，城市碳排放的影响因素和影响机理的探讨不深，基于长远目标的规划不够。结合现阶段经济社会发展对化石能源的消费导致的碳排放刚性需求，尽管在碳强度下降方面，从国家到地方已逐步开展控制性工作，但是基于城市碳排放峰值达峰目标下的总量控制机制仍未建立健全。国家已启动多批低碳城市和省份试点工作，但对城市碳排放的系统性研究不足，对城市控制碳排放和推进低碳转型的路径措施不够清晰。

因此，以重庆为例，构建城市碳排放的一般性的分析框架，厘清城市碳排放的产业分布特点、影响因素程度、未来碳排放峰值、总量及其控制机制，对于城市控制温室气体排放，完成国家下达的五年计划目标，具有一定的理论意义和现实作用。

第二节 主要内容、技术路线和逻辑结构

本节重点介绍本书的研究内容、技术路线和逻辑结构。

一、主要内容

本书主要研究内容是以重庆为例，通过建立城市碳排放的一般性分析框架——"双维度四环节"分析框架，并基于城市碳排放影响因素、峰值预测和总量控制等框架环节开展实证分析，建立城市碳排放基于政府和市场的"双维度"控制机制。本书的内容具体包括六个方面。

一是详细分析总结国内部分大城市、特大城市以及超大城市的碳排放达峰规划的实践经验和具体做法，按照现有的技术规则和测算方法，对重庆市碳排放总量，分产业、分行业排放情况进行描述性分析和对比性分析。

二是由于能源消费和碳排放不可能游离于经济社会发展之外，因此本书从

经济发展和碳排放协同推进的角度，利用投入产出分析方法，实证分析了重庆市国民经济 42 个部门经济产出和碳排放的机理关系，按照碳排放水平、潜在水平与经济产出水平的组合，对行业部门进行分类。

三是利用 LMDI 因素分解模型定量分析了城市碳排放的影响因素，并分别就人口发展（规模和结构）、经济水平（规模和质量）、产业结构、能源结构、技术水平、政策机制等方面分析了各自对碳排放的影响程度。

四是借助目前比较流行的 STIRPAT 模型，对重庆市碳排放达峰进行了预测，找出可能的峰值坐标，以及各因素影响下的坐标变动及变动幅度。

五是在峰值坐标基础上，对标对表 2020 年碳排放总量情况，分别从政府考核和碳交易市场两个维度，构建城市碳排放的控制机制，其中：基于政府考核维度的控制机制的相关内容注重分析碳排放总量和单位 GDP 二氧化碳排放强度下降目标的分解方法、分解结果以及考核内容设计和考核机制建立等；基于交易市场维度的控制机制的相关内容注重分析碳交易配额无偿分配和有偿分配的经济学意义和分配方式，并以重庆市碳排放权交易市场为例评价了市场机制对城市碳减排的影响。

六是贯彻落实党的十九大报告关于生态优先、绿色发展的要求，结合本书研究结论，分别从低碳能源、低碳产业、城乡发展、试点示范、创新支撑、能力建设以及组织保障等方面提出对策建议。

二、技术路线

本书将基于行业视角的城市碳排放，基于影响因子的城市碳排放影响因素分析，基于长期目标设计的城市碳排放峰值预测，基于五年规划阶段性的碳排放总量控制分析四个环节有机结合，并从政府考核和市场交易两个维度的碳排放系统控制出发，形成本书的一般性的分析框架——"双维度四环节"城市碳排放分析框架。

技术路线如图 0-1 所示，具体从行业、因素和峰值三个方面，分别借助投入产出模型、因素分解模型、峰值预测模型分析城市碳排放的影响，针对城市碳排放控制对象的不同，从政府考核、市场交易等两个维度建立城市碳排放控制机制。

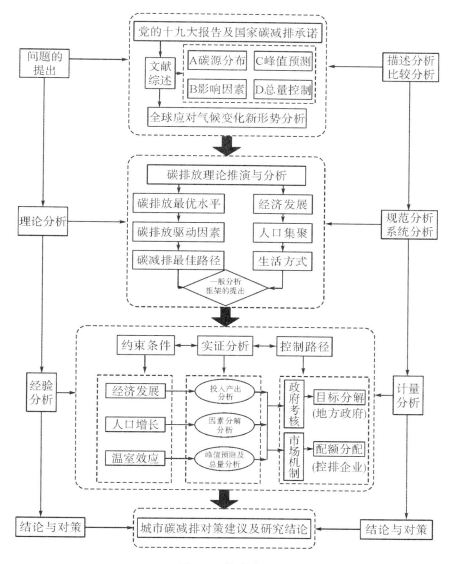

图 0-1　技术路线

三、逻辑结构

本书第一部分是导论，主要阐述了研究背景、研究意义，提出了研究的技术路线图，并对国内外的研究进行了综述和分析。

第二部分是第一章，基于经济学理论，推演了碳排放最优排放水平—碳排放驱动因素—碳减排最佳路径的逻辑过程，通过分析城市人口集聚、产业发展、生活方式等与碳排放的理论关系，构建了城市碳排放"双维度四环节"理论分析框架，搭建起研究的四梁八柱，后续章节均以重庆为例，基于该分析框架展开研究。

第三部分包括第二章、第三章、第四章、第五章，一是对重庆市的碳排放总量、碳排放结构、碳排放分布等内容进行描述性分析和对比性分析，为后续研究提供基础数据保障；二是从经济发展和碳排放协同推进的角度，通过编制碳排放投入产出表，实证分析了重庆市国民经济 42 个部门经济产出和碳排放机理的关系，按照碳排放水平、潜在水平与经济产出水平的组合，对行业部门进行分类；三是利用 LMDI 因素分解模型定量分析了城市碳排放的影响因素，并分别就人口发展（规模和结构）、经济水平（规模和质量）、产业结构、能源结构、技术水平、政策机制等方面分析了各自对碳排放的影响程度；四是着重详细分析总结国内部分大城市、特大城市以及超大城市的碳排放达峰规划的实践经验和具体做法，通过构建碳排放峰值预测的宏观、中观、微观模型，对重庆市未来碳排放进行了预测，探寻到重庆市碳排放达峰坐标；五是在重庆市峰值预测的基础上，对重庆市 2020 年碳排放总量进行分析，为后面章节的总量控制机制的研究奠定基础。

第四部分包括第六章、第七章，在重庆市"十三五"期末的碳排放总量预测结果的基础上，分别从政府考核和市场机制两个维度，探讨控制城市碳排放的方法。其中：基于政府考核维度的控制机制的相关内容注重分析碳排放总量和碳强度"双控"目标的分解方法、分解结果以及考核内容设计和考核机制建立等内容；基于市场机制维度的控制机制的相关内容注重分析碳市场配额无偿分配和有偿分配的分配方式，以重庆为例评价分析了碳交易对城市碳减排的作用等。

第五部分是第八章，围绕国家应对气候变化的政策部署，结合研究结论，提出碳减排的总体要求，分别从低碳能源、低碳产业、城乡发展、试点示范、创新支撑、能力建设以及组织保障等方面分类提出对策建议（如表 0-1 所示）。

表 0-1   逻辑结构一览表

第一部分 （导论）	1. 研究意义
	2. 研究框架
	3. 技术路线
	4. 文献综述
	5. 国内外形势分析

表0-1（续）

第二部分　碳排放理论分析（第一章）		1. 碳排放理论逻辑推演
		2. 城市发展与碳排放的理论分析
		3. 一般分析框架的提出
第三部分：碳排放影响分析	A 板块：碳排放现状测度及分析（第二章）	1. 人口经济社会现状
		2. 能源消费情况
		3. 碳排放核算
	B 板块：碳排放投入产出分析（第三章）	1. 编制碳排放投入产出表
		2. 建立碳排放投入产出模型
		3. 评价各行业碳排放产出效率和效益
	C 板块：碳排放影响因素分析（第四章）	1. 碳排放影响因素分解模型
		2. 碳排放影响因子的影响程度分析
	D 板块：碳排放峰值预测（第五章）	1. 构建峰值预测模型
		2. 产出峰值预测结果
		3. 分析峰值预测结果
		4. "十三五"总量控制目标分析
第四部分：碳排放控制机制	A 板块：基于政府考核的碳排放控制机制（第六章）	1. 设计碳总量目标分解模型
		2. 分解碳总量目标
		3. 设计碳强度分解方法
		4. 分解碳强度目标
		5. 建立考核机制
	B 板块：基于市场机制的碳排放控制机制（第七章）	1. 分析碳市场基本情况
		2. 碳排放权配额无偿分配研究
		3. 碳排放权配额有偿分配研究
		4. 碳市场的减碳效应分析
第五部分：对策建议（第八章）		1. 思路目标
		2. 分类施策

四、重要概念界定

（一）城市碳排放的定义

关于城市的界定。由于对城市的界定需考虑以下两个因素：一是控制温室气体排放和应对气候变化是一项全新的事业，目前还未建立规范统一的统计核算制度，而城乡人口的流动性导致城市和农村碳排放边界难以清晰准确地划分，而研究的基础数据的可获得性和可比较性是开展研究的基础保障；二是国家目前按年度对地方政府实施控制温室气体排放目标责任考核，考核结果作为地方主要领导和领导班子考察的重要依据。因此，本书中"城市碳排放"中的"城市"实际上是以行政区划为单位的区域，包括了农村地区，是宽泛的城市概念。

关于碳排放的界定。温室气体是指包括 CO_2、CH_4、N_2O、HFCS、PFCS、SF_6 在内的六种温室气体，但考虑到二氧化碳是最主要的温室气体，占全球温室气体排放总量的70%左右（2015年），而在重庆市编制的2010年、2012年、2014年、2015年（按照国家要求编制的年度）温室气体排放清单数据中，二氧化碳排放占温室气体排放的比重超过80%，而能源活动导致的二氧化碳排放占全部二氧化碳排放的95%左右，因此，本书中的碳排放指的是能源活动中的二氧化碳排放。

（二）碳排放达峰的定义

政府间气候变化委员会（IPCC）第四次报告中将"达峰"描述为"在排放下降之前达到一个最高水平"。《中国与新气候经济》报告则指出[1]：CO_2排放达到峰值，指其年增长率为零。一般来讲，碳排放达峰并不单指在某一年达到最大排放量，而是一个过程，即碳排放首先进入平台期并可能在一定范围内波动，然后进入平稳下降阶段。现实中，达峰是一个平台期的概念，且可能存在多个平台期，研究达峰即需要找到排放下降之前达到最高水平的那个平台期，如图0-2所示。

---

[1]　2014年9月，全球经济和气候委员会发布的《"新气候经济"报告》，被认为是气候变化经济学在2006年《斯特恩报告》基础上的新发展。

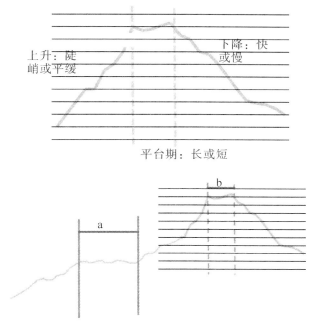

上升：陡峭或平缓　　　　　　下降：快或慢

平台期：长或短

图 0-2　达峰平台示意图

（三）碳排放峰值的判定

从国内外城市发展经验来看，尽管城市规模、发展阶段、产业结构等千差万别，但城市在实现二氧化碳排放峰值过程中，也呈现出一些共性的特征，主要表现在：

1. 城市由规模扩张进入内涵提升的发展阶段

从驱动能源需求和二氧化碳排放增长的因素来看，城市经济总量达到较高水平，经济增长速度下降，人口规模增速放缓，人均 GDP 达到较发达水平，将推动二氧化碳排放增速放缓并达到峰值，实现城市经济社会发展与碳排放增长"脱钩"。

2. 城市产业发展进入工业化后期和后工业化发展阶段

从城市发展阶段看，随着高耗能、高排放行业达到峰值并逐步实现"去产能"，高附加值新兴产业和服务业逐步在城市产业结构中占主导，将显著降低城市单位 GDP 二氧化碳排放强度，有利于实现城市达峰。

3. 城市新增能源需求主要依靠清洁低碳能源满足

从能源生产消费看，城市对煤炭、石油等高污染、高排放化石能源的消费达到峰值，新增能源需求主要依靠天然气、核电、可再生能源等清洁低碳能源来满足。

4. 城市能源消费结构出现根本性变化

城市工业能源消费率先达峰，建筑、交通运输等能源消费增速放缓。城市内部的发达地区率先达峰，其他地区排放增速放缓。这些能源消费的结构性转变，也是城市达峰的普遍步骤和特征。

5. 城市达峰判定的辅助指标

对一个既定的行政区划而言，其碳排放的历史轨迹中可能会出现多个平台期，如何判定在碳排放的某平台期是否是峰值期，可以用城市化率、人均GDP两个数据来做辅助判断。依据国际经验，一个城市的碳排放在城市化率达70%左右、人均GDP达1.4万美元左右将达到峰值。为此，需要把重庆的城市化率和人均GDP两个参数纳入达峰研究中，同时也需要对与重庆发展特征类似的国内外典型城市（区域）的城市化率、人均GDP、人均碳排放、碳排放峰值出现时段进行统计分析，摸清大致的规律，进而为重庆市碳排放峰值的时点判断做出科学参考。

（四）关于数据的相关说明

本书研究内容涉及经济、社会、能源、环境等多方面的指标数据，以尽可能使用最新公开数据为基本原则，这在经济和社会类指标数据中已经有所体现。但是，能源和碳排放数据主要来源于重庆市发展改革委、重庆市统计局、重庆市生态环境局，由于国家和地方对碳排放数据的公开和使用有比较严格的规定，特别是碳排放数据，因此，涉及能源和碳排放数据以"十二五"期末数据为时间下限。考虑到重庆市1997年直辖前后经济社会发展以及统计体系的大的变化，本书进行数据分析和使用的时限基本以1997—2015年为样本。

第三节　研究方法与主要创新点

上述两节介绍了研究背景、研究思路和研究内容，本节主要介绍研究方法和主要创新。

一、研究方法

本研究将基于统计核算和能源活动碳排放的清单数据，以区域经济学基础理论为根本，统筹使用统计学、经济计量等相关学科的工具方法，通过借鉴专家学者优秀的研究成果和经验，建立适合研究对象的研究框架，具体研究方法包括：

（1）文献研究。该方法为广泛查阅国内外相关文献，掌握国内外关于碳排放相关研究的最新动态。

（2）数据核算。该方法一是基于重庆市能源平衡表，按照 IPCC 关于分能源品种碳排放因子核算碳排放数据；二是基于国家发展改革委对省市温室气体排放清单编制的基础数据和核算结果[①]；三是按照国家发展改革委对省市控制温室气体排放目标责任考核要求中关于碳排放数据的核算方法。

（3）计量分析。该方法通过 EVIEWS（计量经济学软件包）、SPSS（统计产品与服务解决方案）等统计软件，在研究对象的不同环节和不同内容，分别选用投入产出模型、LMDI 因素分解模型、岭回归、多元统计、主成分分析、灰色模型等方法，保证研究的客观性、严肃性和科学性。

（4）案例分析。该方法是指对国内部分超大城市、特大城市、大城市碳排放达峰进程以及峰值预测方法进行案例分析和经验借鉴。

二、主要创新点

第一是研究框架的创新，本书建立了"双维度四环节"的城市碳排放控制分析思路，从政府和市场两个维度，着重对城市碳排放投入产出、影响因素、峰值预测以及控制机制进行系统性的研究，探寻城市控制碳排放的对策。

第二是研究方法的创新，本书集中应用多种计量模型，实证分析结果互为应用，形成系统化、体系化和集成化的研究方法。

第三是研究内容的创新，一是本书各研究内容和板块相对独立又共成体系，能够从经济产出、影响因素的角度分析城市碳排放，又能立足长远对城市碳排放的峰值进行预测，并基于预测结果，对城市碳排放实施阶段性的总量控制；二是本书从政府管控和市场交易两个维度构建城市碳排放控制机制，能够系统性、整体性地构建城市碳排放的控制体系，并提出有针对性的对策建议。

第四节　文献综述

本节结合研究的重点内容，分别从碳排放的产业分布、碳排放的影响因

[①]　数据出自国家发展改革委办公厅《关于开展"十二五"单位国内生产总值二氧化碳排放降低目标责任现场考核的通知》（发改办气候〔2016〕1557 号）。

素、碳排放的峰值预测、碳排放的总量控制等环节，分析综述国内外学者的研究成果。

一、碳排放的产业分布

对碳排放进行产业分布的研究分析是深入把握碳排放情况的有效手段。张雷（2003）重点研究了经济结构和能源消费结构演进特征对碳排放变化的影响，通过采用"结构多元化系数"的方法来评价和衡量产业结构整体的演进状态。他在对比中、美、英、德、法、印六个具有代表性的国家的情况后发现，在各国工业化初期，在国家经济总量迅速增长的同时，经济结构的多元化水平也随之迅速提高；碳排放的变化是由国家工业化的不同阶段的经济结构多元化和能源消费变化所导致的。在国家工业化初期阶段，制造业的大规模发展和煤炭消费量的增长导致碳排放量迅速提升。随着工业化的进一步发展，在工业化中期阶段后，高科技和第三产业的发展以及含碳量较低的能源，如石油和天然气等现代能源主导地位的确立，会使得碳排放增速放缓甚至出现下降。

袁漾、盛巧燕和马桢干（2012）核算了1994—2008年我国分行业碳排放总量，并对分行业碳排放总量进行了归类分析和研究。结果表明：我国的产业结构面临迫切调整的要求，第二产业的碳排放量占比最大，并且保持着上升趋势，其后依次是第一和第三产业。

丁志国、程云龙和孟含琪（2012）则通过引进产业结构变量，研究了1961年至2009年碳排放、产业结构同国内生产总值之间的关系。结果表明，经济增长同高的碳排放规模之间并无必然联系，取决于产业结构特征；从短期来看，经济增长对碳排放规模存在影响，影响方式与产业结构有关；而从长期来看，经济增长与碳排放规模无直接因果关系。通过适合的产业结构调整，我国可以实现在节能减排约束条件下的经济持续增长。

原媛、席强敏、孙铁山等（2016）则发现第二产业对碳排放的影响强度为正，而服务业的影响强度则逐步降低，逐步扩大服务业的份额最终将使得整体影响强度的下降。此外，他们还发现，产业结构调整所引起的碳排放变动强度差异明显。

杨建楠（2016）研究了占我国六成以上的碳排放量的东中部地区的制造业强省市的产业结构优化对碳排放的影响。结果发现，产业结构合理化及高级化水平的提升有利于降低碳排放量并且弱化经济增长同碳排放量之间的关系。

张明志（2017）对我国工业的碳排放进行测算后发现，从制造业生产者角度来看，碳排放量最多的是黑色金属冶炼及压延加工业等三类工业（吴露，

2017）。从消费者角度的碳排放测算方面来看，制造业细分行业50%以上属于净出口隐含碳行业。此外，利用碳排放规律，可以明显提高碳减排的投入产出比。

在国外，Soytas、Sari、Ewing（2007），以及 Soytas、Sari（2009）在对美国和土耳其两国的能源消耗、经济增长和碳排放量之间的关系进行分析之后发现，就两国而言，长期来看，能源消耗量的增加会导致碳排放量的增加，而经济增长则同碳排放量的增加无关。

为实施调整产业结构、转变经济发展的理念，低碳经济的发展理念应运而生。贾立江、范德成、武艳君（2013）利用通径分析方法和面板协整模型，揭示了各行业发展和能源消费的依赖关系。结果表明，提高第三产业产值比重，降低第一产业比重是目前实现低碳经济的有效方式。王银（2017）也得出了类似的结论，此外，他还指出，要推进产业结构合理化，制定跨区域的产业结构发展方案，使得各个产业能够协调发展。熊永兰、张志强、曲建升等（2012）指出，省域减排需因地制宜，考虑各地经济发展情况、产业结构以及能源利用结构等因素。

除了国家层面，我国许多地方对低碳背景下的产业结构转型调整也进行了大量深入的研究工作（李炎亭，2015；张雳，2015；王秀艳，2016；吴潜，2017）。刘华华（2012）认为，产业结构调整是成都市低碳经济发展的前提。杨朝远（2013）则认为使长三角城市群实现碳减排，需改善城市之间的碳排放竞争状态，优化产业结构，控制中心城市碳排放量，通过大力发展新能源新技术，提高能源使用效率，这样才能构建低碳城市群。邹媛（2014）针对开封市产业结构特点运用SWOT分析，给出了开封市经济低碳转型的方案，具有较高的实践价值。

邱振卓（2016）采用数据包络分析（DEA）方法详细分析了吉林省在低碳条件下的主导产业选择。结果表明，只有通过技术进步，大力发展高技术产业，实施创新升级才能解决经济发展和碳排放量增加之间的矛盾。而重庆的碳排放主要来自工业，占据碳排放总量的60%，且工业领域的"6+1"支柱产业占据90%的工业碳排放量。因此，实施节能减排、进行产业结构调整、推进能源替代工作是实现低碳发展的对策（王伟，2016）。李文举（2017）则针对山西省在低碳条件下的经济发展模式进行了详细研究，结果表明，对于煤炭资源型省份的山西来说，通过合理调整产业结构，完全可以实现低碳发展目标。

二、碳排放的影响因素

探明影响碳排放的因素是减少碳排放量的重要前提。由于我国目前已经是全球二氧化碳排放第一大国（沙青，2014），因此在我国工业化、城市化进程仍在高速进行的过程中要实施碳减排，势必带来巨大的发展压力（许泱，2011）。然而，碳排放量受到多种因素的影响，对于了解各类碳排放因素的作用和地位，学者们做了大量工作，得到了许多富有意义的成果（彭水军 等，2015；李炎亭，2015；田成诗 等，2015）。

邓吉祥、刘晓、王铮（2014）对碳排放同人口、经济发展、能源强度和能源结构之间的关系进行了深入探讨，得到了碳排放同上述几个因素的关联关系。佟昕（2015）测算了七个方面的影响因素——人口、经济增长、技术进步、城镇化率、产业结构、能源价格和国际贸易对不同区域碳排放的灰色关联度关系。张翠菊（2016）则指出，技术进步、外商直接投资、对外开放水平、城市化和能源结构等因素不仅会影响本地区的碳排放强度，还能够影响周边地区的碳排放强度。戴新颖（2015）通过 Kaya 理论分析了影响我国煤炭碳排放的因素，发现我国人均耗电量与碳排放二者互为因果，并存在长期稳定的协整关系。

涂正革、谌仁俊、韩生贵（2015）研究发现：经济规模和能源强度效应是导致中国碳排放变化和造成区域显著差异的根本原因，并且，经济规模扩张是促进碳排放的决定因素。通常情况下，当工业化水平低于60%时，经济规模效应是碳排放增长的最重要因素。

苗二森（2016）和曹玲娟（2017）则将着眼点放在省域研究上。他们的研究发现，在全国范围内，中国省域之间的碳排放影响因素存在明显的空间异质性。施开放（2017）则基于 DMSP - OLS 技术，对碳排放影响因素进行了研究，结果发现，在省级尺度上，第二产业的比例对碳排放的影响程度最高，而人口、城市化率、第二产业的比例对碳排放的影响表现出东高西低的空间分布模式，GDP 对碳排放的影响则呈现出西高东低的空间分布模式，城市化率对碳排放的影响则呈现北高南低的空间分布模式。

李敏（2016）和马嫘、陈雄（2018）通过对长江经济带碳排放量进行研究发现，近年来，长江经济带碳排放量逐年升高，且下游排放量高于上游和中游。能源强度对碳排放有抑制作用，经济增长与城镇化水平的提高以及人口规模的增加会导致碳排放增加。

在碳排放影响因素的研究中，基于 IPAT 模型的随机特殊形式——STIRPAT 模型受到了普遍认可（York et al.，2003；York et al.，2003）。我国学者采用该模型分别对重庆（黄蕊 等，2013）、青岛（王乃春 等，2016）、宁夏（李俊 等，2016）、浙江（魏丹青 等，2017）、新疆（汪菲 等，2017）和山西

（薛智涛，2018）碳排放影响因素进行了定量分析，得出了不同地区的人均GDP、人口规模、能源强度、能源结构、产业结构对碳排放量的影响。

吴玉鸣、吕佩蕾（2013）等采用空间计量经济学模型研究分析了空间效应及驱动因素对中国省域碳排放的影响，发现碳排放具有显著空间相关性和集群特性，主要表现为在经济发达、人口密集和能源消费强度大的地区，能源消费强度、人口规模和人均GDP对碳排放强度和总量的影响较大，而产业结构、技术创新等因素对碳排放的影响相对较小。

三、碳排放的峰值预测

中国为应对全球气候变化，郑重地向国际社会承诺2030年实现碳排放达峰。张建民（2016）提出了中国实现2030年二氧化碳排放达到峰值的战略措施，包括节约能源、能源优质化和适当的经济发展速度。该举措同时也是中国向高质量经济发展转型与推进可持续发展的必然选择（王勇 等，2017）。

中国碳排放达峰是全社会关注的焦点，而准确的碳排放峰值预测是平衡经济发展和控制碳排放的基础和前提。国内外多家机构采用多种模型对中国的碳排放达峰情况进行了模拟，详见表0-2。目前，在城市层面，学界还没有统一的方法来对温室气体的排放量和峰值预测进行测算。峰值时间和峰值研究手段通常是模型模拟，目前主要有三种模型，分别为目标分解法模型、自上而下的模型以及系统优化模型（马丁 等，2016），而各模型的计算方法、计算范围以及对数据的处理和运用均不同。杨秀、付琳、丁丁（2015）采用基于KAYA的分解方法，通过测算人口、人均GDP、能耗强度、能源的排放特性等参数进行研究，提出在测算排放达峰过程中应考察一次能源消费量而非终端能源消费量，人口测算应采用常住人口而非当地户籍人口，GDP测算应采用不变价GDP，在测算二次能源的输入输出时，应以当地的物理排放源为准。马丁等人以中国能源系统优化模型（China TIMES）为基础，综合分析了碳排放峰值与达峰路径对各部门减排举措的贡献后，指出我国能源消费和碳排放总量将在2010—2050年持续增长，在这严峻的挑战下，需通过发展清洁可再生能源和推进高能耗产业的节能减排，同时使得电力、工业等高耗能行业于2030年达峰（马丁 等，2017）。

不少学者分别从国家、省级层面进行预测（Chen et al.，2015；Wang，et al.，2013），还有学者按照行业进行分别预测。郭建科采用历史法对G7国家进行研究，他通过对西方国家发展历史中碳排放的演变过程，考虑GDP等指标，构建了碳强度指数模型，预测我国将于2033年达到峰值（郭建科，

2015）。员开奇、董捷（2014）从产业、来源、土地承载三个方面对湖北省的碳排放结构进行分析，研究出各产业对碳排放的影响。有的学者采用了基于IPCC清单历年碳排放核算方案，并结合了土地承载特征，再通过研究湖北省碳排放的时序性，建立了预测模型并提出了湖北省在保障经济发展的同时进行碳减排的具体应对措施（余光英 等，2015）。孙维（2016）采用最优经济增长模型对广州市达峰路径进行了定量研究。

徐西蒙（2015）对昆明市的社会发展及能耗数据进行了研究，对STIRPAT预测模型进行了拓展，对昆明市的碳排放峰值出现年份及峰值量进行了计算，并分别构建了高、中、低三种碳排放模式，发现在高排放模式下，碳排放峰值将在2035年达到，而在中、低排放模式下，昆明市的碳排放峰值将分别在2028年和2021年达到。

娄伟（2011）从碳足迹计算法出发，考虑城市能源消费排放量、工业产品生产过程排放量、城市垃圾处理排放量以及森林二氧化碳吸收量等，对北京市的碳排放量进行测算。

张娟（2014）采用Laspeyres完全指数分解方法对我国工业部门的39个行业分别进行了二氧化碳排放的预测和分析。蔡宇航等对基于结构减排的碳排放总量控制优化模型进行了优化，并对相关的九大类行业使用的能源种类及相应碳排放进行了研究和预测（蔡宇航 等，2014）。

陈亮、何涛、李巧茹等（2017）建立了改进的STIRPAT模型，并采用最小二乘回归和岭回归法对交通领域的碳排放影响因素进行了定量分析，得出了区域内的交通运输行业各影响因素对碳排放总量及达峰的驱动力的影响程度。

袁从贵、张新政（2012）等提出了一种基于最小二乘支持向量回归模型的时序峰值预测方法，该研究对原有的预测模型提出了进一步的优化和改进，使得优化后的模型预测误差不受样本分布的影响，并提高了整体预测精度。

国内外不同研究机构对碳排放峰值预测的模型设计和情景描述如表0-2所示[①]。

---

① 本书综合比较了美国劳伦斯伯克利国家实验室、麦肯锡公司、国际能源署、唐纳多中心以及国家发展改革委下属单位能源研究所，在碳排放峰值预测中采用的方法以及得出的结论，以期对重庆碳排放峰值预测有所启发；下文综合分析了这些机构对我国碳排放峰值预测的结论。

表0-2　不同研究机构采用的峰值预测模型方法和情景描述的比较

机构	美国劳伦斯伯克利国家实验室（LBNL）	麦肯锡公司（McKinsey）	国际能源署（IEA）	廷纳多中心（Tyndall）	国家发展改革委能源研究所（ERI）
模型方法					
方法学	自下而上，基于技术端使用统计数据模型，包括5个终端应用和10个能源转化子部门	自下而上，基于技术减排的潜力和成本分析10个行业的排放	采用大规模的自下而上的数学模型，将包括中国在内的24个地区分为6个供需模块	倒推法，采用一个选择和累计排放总量的与中期发表的中期研究路径已研究发表的中期路径	综合方法，采用自上而下和自下而上相结合的IPAC/AIM技术评估模型
预测期限	2050年	2030年	2030年	2050年	2050年
情景设置					
基准情景	继续发展情景（CIS）：延续当前的政策	基准情景：各行业可持续发展，成熟技术的推广应用	参考情景：除2009年中期已经采用的政策外，没有新的与能源相关的措施		BAU情景：趋势照旧，经济继续保持较快的增长速度
选择情景	选择发展情景（AIS）：在各行业加速能效提高、先进技术的推广，非化石能源发电比重提高，更高的电气化水平	减排情景：基于潜力和成本分析采用200多种可商业化的技术，最大限度地实现减排	450情景：协调全球的温室气体努力使全球气候稳定在450ppmCO₂当量浓度		低碳情景（LC）：采取可能的措施强化能源安全、环保、低碳发展的政策　强化低碳情景（ELC）：在全球一致努力下，采取更具挑战性的政策减少温室气体排放
是否考虑CCS技术	在CIS中区分有和没有CCS技术两种情况	在发电、水泥、钢铁和化工行业采用CCS技术	只在发电行业采用CCS技术	在4个情景中，CCS技术的利用程度不同	在ELC情景中，2030年后IGCC中考虑了CCS技术

四、碳排放的总量控制

碳排放的总量控制手段以行政手段和市场手段为主。

行政手段是指出台政令或强化政府引导，如调整能源结构、征收碳税、行政考核等。目前在行政手段方面的研究相对较少。王锋（2011）研究了当前中国碳排放量增长的趋势及其驱动因素，并对能源结构调整、经济结构调整、能源价格提高和征收碳税五个政策措施进行了评价，并对这五项措施对 CO_2 减排或宏观经济的影响进行了分析。付强（2011）对碳税和总量控制与交易进行了对比分析，他认为：碳税简单易于操作，但是无法保证最终的减排目标能够实现，具有较大的不确定性，而碳总量控制与交易则可以通过制定减排总量的方式保证目标的完成，但该方式复杂且成本高。

市场手段的核心内容为总量目标制定、主要分配机制及交易体系的确立。国内外众多学者都对该体系的设计进行了深入研究和探讨。碳排放总量控制与交易制度构建是诸多学者研究的重点（Zhou et al.，2013；袁杜娟，2014；Wang，2016）。刘长松对我国完成达峰目标的对策进行了研究（刘长松，2015），我国完成达峰目标面临巨大的困难，尤其是能源、电力和交通行业。完成达峰目标需大力推动低碳技术进步、提升能效、加强管理、设计科学的减排政策、调整能源结构、大力发展可再生能源、改变消费行为等举措。张阳、丁峰、范英英等（2014）通过引入低碳经济理论和区间-模糊线性规划法，对城市碳排放总量的相关因素进行了综合考虑，对基于技术减排的城市低碳排放总量模型在不确定城市条件下的应用进行了优化。根据该模型采取相应的措施，可以保证我国能在预期年内完成单位 GDP 降低 40%～45% 的减排目标。

大量学者对碳交易的基础问题——配额分配进行了深入研究（GrüBler，1994；Grubb，1990），并提出了大量的分配原则（于立宏 等，2013；刘春兰等，2013；何艳秋，2015；伊文婧，2011；孙振清 等，2014）。

国内对于分配机制的研究大多基于公平和效率原则（Zhang et al.，2016），应用不同方法对中国各省份碳减排目标分解问题进行研究。主要方法有基于地区差异的综合指数法（Yi et al.，2011；Wei et al.，2012）和政策方向研究（Castells et al.，2005）。

程纪华（2016）考虑地区差异并综合考虑公平、效率和可行性三类因素，考虑各地在经济发展、人民生活和技术水平上的差异均由不同权重体现，对省域碳排放总量进行分解。周德群、王梅、张钦等（2015）提出了一种基于熵的新的企业碳排放配额分配模型，新模型公平有效且可执行。基于信息熵的分配模型能有效满足各行业减排责任、能力、潜力和效率的要求；而基于玻尔兹曼熵的分配模型，既可满足企业发展的需要，同时兼顾对高排放效率企业的鼓励和对低排放效率企业的惩罚。

熊小平、康艳兵、冯升波等（2015）以人口、人均 GDP 和碳生产力等几个因素为核心指标，提出了简明的计算方法和分配机制，数据要求相对较低，分配过程简单透明，可作为区域碳排放总量控制下的模板分解。

王科、李默洁（2013）根据数据包络分析方法（DEA），提出了一种适应范围更广的 DEA-CEA（DEA based carbon emissions allocation，基于 DEA 的碳排放分配）配额分配模型，该模型的核心是将 CO_2 排放配额分配问题看作一种总量控制的资源配置问题。其目标为效率优先，辅以人均公平原则，将国家排放控制总量分配给各省份。其研究成果为：在相同生产水平和减排约束条件下，DEA-CEA 模型得出的分配结果所需的减排成本更低，因而更有利于地区经济协调发展，地区间分配配额更符合当地实际情况且有所减小，也有助于提高减排政策的可执行性。

刘红光、刘卫东、范晓梅等（2010）通过对全球的二氧化碳排放研究趋势着手，通过比对分析，总结出有利于提高我国对碳排放总量估计的启示：首先要加快我国 CO_2 排放基本数据库的建设，只有建立了完善的数据库体系，才能按照不同的能源品种确定各自准确的燃烧排放因子和生产过程排放因子，才能更真实地反映企业、行业、地区乃至全国的能源活动和生产活动的排放水平，有利于制定我国的 CO_2 减排目标，也有利于制定减排政策和实现目标。

国内外的大量学者还对交易体系进行了大量深入研究。有的学者对欧盟碳排放交易体系（EU-ETS）各阶段进行梳理和研究，分析其交易体系中的结构缺陷，归纳提出对中国碳排放交易市场的启示（邱玮 等，2012；熊灵 等，2012）。王毅刚（2010）将世界主要温室气体排放交易体系进行了对比分析，提出了一个关于中国交易体系的系统设计。贺城（2017）还对我国碳交易体系中所面临的法律法规不完善、交易基础薄弱、政府监管缺位与越位等问题进行了系统阐述，并且分析欧美等地交易体系中的优缺点，提出我国建立健全监督和管理机制的措施。

郝海青（2012）对欧美碳排放权交易法律制度进行了研究，从立法原则、基本法律制度、具体制度设计及监管机制四个方面，系统全面地阐述了欧美国家和地区在碳交易中的法制制度的优缺点，进而提出有关我国建立碳交易制度的建议。

张丽欣、王峰、王振阳等（2016）还对碳排放权交易体系的监测、报告和核查体系（MRV）进行了国内外的对比，分析了欧美各国及日本、韩国的 MRV 机制的缺点，并结合国内 7 个试点碳交易地区的经验，提出了全国碳排放权交易体系下 MRV 的建设思路及主体内容，包括监测、报告制度、报送体系、三方核查制度、MRV 体系等内容。

朴英爱、张益纲（2014）从对国内外的各碳交易体系研究中，梳理了碳排放总量控制交易体系的各设计要素，对碳排放限制的设定、初始配额分配、配额交易、监管、控制减排成本五个方面分别展开论述和分析，得出以拍卖方式为优的结论。

此外，多家机构对中国的碳排放总量进行了预测（见表 0-3）[①]。

表 0-3　不同研究机构预测的中国 CO_2 排放结构的比较（单位：$MtCO_2$）

机构情景		2005 年	2010 年	2020 年	2030 年	2040 年	2050 年
LBNL	继续发展情景（无 CCS）	5 703	8 154	10 465	11 931	11 900	11 192
	继续发展情景（有 CCS）	5 703	8 154	10 434	11 707	11 541	10 716
	加速发展情景	5 703	7 961	9 430	9 680	8 854	7 352
Tyndall	情景 1	5 317		6 321			1 595
	情景 2	5 317			6 915		4 519
	情景 3	5 317		9 038			2 127
	情景 4	5 317			9 570		2 924
Mckinsey	基准情景（CO_2 当量）	7 300			15 950	n/a	n/a
	基准情景（估算的 CO_2）	5 110			11 165		
	减排情景（CO_2 当量）	7 300			7 210	n/a	n/a
	减排情景（估算的 CO_2）	5 110			5 047		
IEA	参考情景		6 900	9 600	11 600	n/a	n/a
	450 情景		6 900	8 400	7 100	n/a	n/a
ERI	基准情景	5 167	7 825	10 190	11 656	12 925	12 705
	低碳情景	5 167	7 124	8 294	8 598	8 793	8 822
	强化低碳情景	5 167	7 124	8 045	8 169	7 385	5 115

————————————

①　这里承接上文中这些机构采用的碳排放峰值预测方法，综述了这些机构按照不同情境对我国碳排放峰值的预测结果。

第五节　全球应对气候变化形势分析

上一节从碳排放产业分布、碳排放的影响因素、碳排放的峰值预测、碳排放的总量控制等环节综述了国内外学者的研究成果，本节着重从宏观视野分析全球应对气候变化的新形势、新任务和新要求。

一、国际政策行动

2015 年 12 月 12 日，《联合国气候变化框架公约》（UNFCCC）197 个缔约方在巴黎气候变化大会上通过了《巴黎协定》[①]，各方承诺将加强应对气候变化威胁，确保将全球平均气温在 21 世纪的上升幅度控制在 2 摄氏度之内，并为把升温控制在前工业化时期水平之上 1.5 摄氏度内而努力。2016 年 11 月 4 日，《巴黎协定》正式生效；11 月 7 日，UNFCCC 第 22 次缔约方大会在摩洛哥南部城市马拉喀什召开，这是《巴黎协定》生效后的第一次缔约方会议，也是落实气候变化行动的大会。

（一）《巴黎协定》的内容及生效

《巴黎协定》是继 1997 年《京都议定书》之后[②]，全球气候治理领域的又一实质性文件，将在全球应对气候变化过程中发挥里程碑式作用，大大推动世界迈向绿色低碳可持续发展的历史进程。协定主要对 2020 年后全球应对气候变化的行动做出安排，涵盖减缓、适应、资金、技术、能力建设、透明度等多个应对气候变化的关键要素，重点体现在五个方面。一是在全球应对气候变化长期目标中加入有关 1.5 摄氏度的内容。协定考虑到小岛国的实际情况，首次提出为把全球平均气温较前工业化时期水平的升高控制在 1.5 摄氏度以内而努力，体现了缔约方强化应对气候变化的力度的意愿。二是全球应对气候变化新模式首次写进有法律约束力的文件，协定明确规定各方将以"国家自主贡献"的方式参与全球应对气候变化的行动，这种参与模式得到广泛支持，目前已有 180 多个国家向联合国提交了自主贡献的文件，覆盖全球 95% 以上的碳排放。三是在应对气候支持资金问题上，协定首次提出 2020 年前应制定切实路线图，

---

① 详情见网址：https：//baike．so．com/doc/57459-24187433．html。

② 《京都议定书》是 1997 年在日本京都召开的《气候框架公约》第三次缔约方大会上通过的国际性公约。

以敦促发达国家落实 2020 年之前每年向发展中国家提供 1 000 亿美元的承诺。四是在透明度问题上，协定提出从 2023 年开始，每五年对全球应对气候变化行动的总体进展进行盘点。五是降低了有法律约束力的"协定"部分的生效门槛，规定只要 55 个国家批准协定即可生效。《巴黎协定》生效至少需要 55 个缔约方加入协定，温室气体排放量涵盖全球 55% 的碳排放。从 2015 年 12 月制定开始，不到一年时间，全球共 97 个缔约方批准了《巴黎协定》，碳排放量占全球碳排放的 69.22%[①]。

（二）国际社会政策行动

2016 年，国际社会各领域为了应对气候变化，制订了多方面的气候变化计划和方案。在国家和地区层面，英国资助 7 500 万英镑开展汽车行业低碳技术研发；欧盟进入"全球气候变化联盟"第二阶段，资助适应气候变化的相关项目；美国发布了海上风电战略、制定了减少温室气体排放的相关标准；加拿大发布了省级五年气候行动计划；等等（见表 0-4）。

表 0-4   2016—2018 年国际社会应对气候变化的政策行动[②]

时间	欧盟及成员国（含英国）	北美地区	国际组织
2016.1	英国：资助 7 500 万英镑开展汽车行业低碳技术研发	—	—
2016.2	—	1. 美国："创新使命"发展计划 2. 北美三国签署气候变化和能源合作备忘录	—
2016.3	—	美国：甲烷挑战计划	国际可再生能源机构：发布 2030 年国际可再生能源发展行动方案
2016.4	欧盟：投入 2 800 万欧元资助气候变化适应项目	—	世界银行：气候变化行动计划

---

① 详情见《应对气候变化 中国做出表率》。网址：http://www.gov.cn/xinwen/2016-11/15/content_ 5132540.htm。

② 表格内容根据世界银行、全球气候变化信息中心、世界资源环境研究所等官方网站整理而来。

表0-4（续）

时间	欧盟及成员国（含英国）	北美地区	国际组织
2016.5	—	—	1. 巴黎会议后全球碳定价发展势头渐增 2. 世界资源研究所：提出推进《巴黎协定》的关键要素 3. G7峰会做出气候变化能源与资源利用承诺
2016.6	—	加拿大安大略省五年气候行动计划	—
2016.7	—	—	联合国：出台应对2015—2016年厄尔尼诺行动计划
2016.8	—	美国：中重型车辆温室气体排放新标准	—
2016.9	—	美国：国家海上风电战略	—
2016.10	欧盟：进入全球气候变化联盟第二阶段	—	—
201.11	欧盟委员会提出题为《所有欧洲人的清洁能源》的立法提案	—	国际能源署（IEA）发布题为《能源、气候变化与环境：2016深度解读》的报告
2016.12	—	—	国际运输论坛建议提高交通运输业的气候变化适应能力
2017.1	1. 英国能源研究中心总结了英国供热行业低碳发展的4个关键政策经验 2. 英国自然环境研究理事会投入1 000万英镑，研究气候对北冰洋的影响	—	—

表 0-4（续）

时间	欧盟及成员国（含英国）	北美地区	国际组织
2017.2	欧洲委员会发布《第二份能源联盟现状报告》	—	—
2017.3	瑞典科学家发布快速脱碳路线图	美国签署能源独立行政令影响其实现气候方面的承诺	国际机构向 G20 提交《实现气候政策、可持续基础设施和融资的综合方法》政策简报
2017.4	英国政府宣布投入 860 万英镑，开展"温室气体清除研究计划"项目		国际研究机构绘制 2020 年气候行动路线图
2017.5	—		
2017.6	1. 瑞典通过气候政策框架以实现 2045 年碳中和目标 2. 英投资 3 500 万英镑支持清洁能源创新项目	—	
2017.7		—	世界银行发表题为《扩大气候投资需要在五个重点领域创新》的报告
2017.8		美研究发布全球 100% 清洁可再生能源路线图	—
2017.9	欧盟资助 2.22 亿欧元支持环境治理与气候行动	《美国国家科学院院刊》提出 3 种气候变化减缓策略	WRI 提出全球南部城市能源挑战的解决方案
2017.10	英国发布《清洁增长战略》	—	WRI 为各国长期气候战略的制定提出建议
2017.11	欧洲环境署发布题为《2017 年欧洲趋势与预测：跟踪欧洲气候和能源目标的进展》的报告		全球气候适应卓越中心成立以共同促进气候适应
2017.12	欧盟宣布面向清洁社会的 10 项转型举措	—	—

表0-4(续)

时间	欧盟及成员国（含英国）	北美地区	国际组织
2018.1	—	—	国际组织为应对东北大西洋渔业管理的气候挑战提出建议
2018.2	欧盟委员会与国际可再生能源机构（IRENA）联合发布题为《欧盟可再生能源前景》的报告，分析欧盟可再生能源的前景	—	

二、国内政策行动

2015—2017年，我国在应对气候变化领域主要有三个重要方案：一是2015年提交 UNFCCC 秘书处的《国家自主贡献方案》，主要针对国际社会的履约承诺和自我减排愿景；二是2016年国务院印发的《"十三五"控制温室气体排放工作方案》（国发〔2016〕61号），主要针对国内碳减排目标任务和地方碳减排具体行动；三是2017年国家发展改革委印发的《全国碳排放权交易市场建设方案（发电行业）》，它的印发标志着我国碳排放权交易体系完成了总体设计，并正式启动，明确了要"坚持将碳市场作为控制温室气体排放政策工具的工作定位"[1]。

（一）《国家自主贡献方案》的重点内容

该方案包括减缓和适应两方面内容的五个目标：一是在2030年左右达到二氧化碳排放峰值；二是到2030年非化石能源占一次能源消费比重达到20%；三是到2030年单位国内生产总值二氧化碳排放比2005年下降60%~65%；四是到2030年森林蓄积量比2005年增加45亿立方米；五是到2030年在农业、林业、水资源等重点领域和城市、沿海、生态脆弱地区形成有效抵御气候变化风险的机制和能力，逐步完善预测预警和防灾减灾体系。

（二）《"十三五"控制温室气体排放工作方案》的重点内容[2]

该方案的重点内容包括：一是到2020年单位国内生产总值二氧化碳排放

---

[1] 2017年国家发改委印发了《全国碳排放权交易市场建设方案（发电行业）》（发改气候规〔2017〕2191号），兑现了国家领导人对国际社会的推动碳排放权交易市场建设的承诺。

[2] 2016年国务院印发了《"十三五"控制温室气体排放工作方案》（国发〔2016〕61号），明确了全国和各省份"十三五"碳强度下降目标。

比 2015 年下降 18%，单位工业增加值二氧化碳排放量比 2015 年下降 22%；二是到 2020 年能源消费总量控制在 50 亿吨标准煤以内，单位国内生产总值能源消费比 2015 年下降 15%，非化石能源比重达到 15%，煤炭消费控制在 42 亿吨左右；三是到 2030 年左右碳排放达到峰值并争取尽早达峰，支持优化开发区域碳排放率先达到峰值，力争部分重化工业 2020 年左右实现率先达峰；四是 2020 年工业领域二氧化碳排放总量趋于稳定，钢铁、建材等重点行业二氧化碳排放总量得到有效控制；五是到 2020 年森林覆盖率达到 23.04%，森林蓄积量达到 165 亿立方米。

三、国内外新转变[①]

（一）国际新形势

应对气候变化的国际新形势，概括而言，是以下"五个强化"。

一是攀升国际共识新高度，190 多个国家的参与，180 多个国家自主贡献方案的提交，以及集各方共识且有约束力文件的达成，《巴黎协定》的生效空前体现了全球对人类未来发展的深刻关注和对气候变化的广泛共识，强化了绿色低碳发展道路的可持续性和不可逆性。

二是催生全球履约新模式，在"共同但有区别责任"的原则上，明确规定各方以"国家自主贡献"的方式参与全球应对气候变化行动，这种"自下而上"的履约新模式，强化了各方履约承诺的兑现力度。

三是增添气候行动盘点新抓手，在透明度问题上，国际社会提出从 2023 年开始，每五年将全球应对气候变化行动的总体进展进行盘点，强化了各方履约内容的实效性。

四是构建中国气候变化目标新体系，中国在 2020 年应对气候变化目标基础上，再次自主提出 2030 年应对气候变化目标，形成了"进度目标（2020年）+目标年目标（2030）"的目标体系。这种带有强烈时间维度特征的目标体系，体现了自我加压的大国典范，但一定程度上削弱了我国碳减排的进度弹性，强化了目标实现的过程压力。

五是凸显中国气候变化目标新特点，国家在单位国内生产总值二氧化碳排放下降率目标基础上，首次在国际社会提出碳排放峰值概念以及达峰时间（2030 年），提前 15 年量化了我国经济增长摆脱高碳排放路径依赖的发展愿景，强化了国内实施碳排放总量控制的政策信号。

---

① 该部分内容由笔者 2016 年在英国伦敦参加关于欧盟碳交易培训时整理培训资料而得。

（二）国内新转变

上述应对气候变化工作在新形势下的"五个强化"，将促使国内应对气候变化产生五个方面的新改变或转变。

一是工作边界将更加强调"减缓"和"适应"并重。"十二五"期间国内应对气候变化更多体现在控制温室气体排放，适应气候变化工作基本处于机制设计的宏观层面。"十三五"期间，适应气候变化将同减缓气候变化一并进入微观操作层面。

二是工作思路将更加注重目标导向和过程管理齐抓。类比国际履约机制新特点来看，国内应对气候变化的目标导向将更为清晰，实施目标进度的过程管理也将成为新常态。

三是工作重心将更加突出强度和总量双控。"十三五"期间国家在下达地方省市单位地区生产总值二氧化碳排放下降率目标的同时，也要求实施碳排放总量控制，由"十二五"碳强度"单控"转变为连同总量的"双控"。

四是工作手段将变为更强化行政考核和市场配置并举。国家依然将实施单位生产总值二氧化碳排放下降率目标考核工作，强化对地方控制温室气体排放工作的力度；但同时，国家已在 2017 年 12 月建立全国统一碳市场，"十三五"后期通过市场调配资源推动碳减排的效果将更加明显。

五是工作方式将更加依赖试点示范和量化评价联动。"十三五"应对气候变化诸多专项工作已陆续启动，参照国家传统做法，预计将实施一系列的先行试点示范，同时加强对试点示范的量化评价和经验总结，由点到面开展相关专项工作。

第一章 城市碳排放理论建构：一个分析框架

导论部分主要对本书的研究背景、研究内容、技术路线、文献综述、重要概念等进行了阐明，并概要分析了应对气候变化新形势，特别是《巴黎协定》后国内外碳排放新形势的转变。

本章基于区域经济学和人口、资源与环境经济学理论，按照理论研究和学术创新均是为解决经济社会发展实际问题服务的思路，围绕城市碳排放的关键问题，在不可能穷尽所有细节和问题的情况下，着重从"碳排放最优水平—碳排放驱动因素—碳减排最佳路径"三个中心环节完成城市碳排放的理论推演过程，在分析经济发展、人口集聚、生活方式与碳排放的理论关系的基础上，构建分析城市碳排放的一般性框架——"双维度四环节"分析框架。

第一节 城市碳排放理论推演

从导言中应对气候变化新形势的归纳分析可以看出，国家应对气候变化和控制温室气体排放的工作动向主要定位于目标导向下的碳排放总量控制，并在碳排放控制手段上注重行政考核和市场配置资源并举。研究城市碳排放，离不开对城市碳排放的碳源分布和重点环节的系统研究。

由于应对气候变化已成为国际社会的共识，因此对气候变化的科学原理、发展哲学、政治利益等宏大的命题在此不做赘述，下面仅对碳排放最优水平、碳排放驱动因素、碳减排最佳路径加以分析推演。

一、碳排放最优水平

碳排放与人类的生产生活密切相关，从经济学角度去理解碳排放，需要分析碳排放的成本和效益，理解有关生物、物理和经济系统与相关要素之间的相互作用（见图1-1）。将相关的主要生物物理元素和经济元素组合成一个综合的系统，揭示自然和人类行为的实质，描述碳排放如何提高环境温度以及升高的温度怎样导致经济损失。从缓解气候变化的成本和效益分析来看，要避免损害现值最大（即特定气候政策的收益最大），同时保证减缓气候变化（控制碳排放）的成本最低，那么，从长期愿景来看，理论上就应该存在一个碳排放的最优水平或平衡点①。

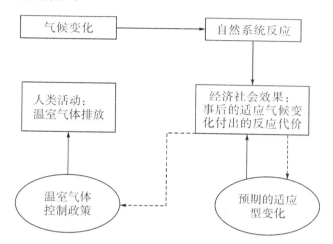

图1-1　气候变化及其与自然、经济、社会系统相互作用的过程

注：图示为整体评价模型的主要构成部门。实线代表物理
变化，虚线表示政策变化。

但是，如何找到这个碳排放的最优水平呢？在探寻这个碳排放最优水平之前，我们先简要分析碳排放存在的长期性、普遍性、客观性。我们知道，在现实社会中，经济学家和实践工作者在控制碳排放领域，可以在单一项目和社区建设中主张"零碳排放"的导向，例如，近年来国家和部分地区鼓励推动的零碳排放示范工程等，但从全社会来看，是不可能实现零排放的。其主要原因在于：

一是碳排放的广泛存在性。无论是能源活动、生产活动，还是生活废弃物的处理，都不可避免地会产生能源的消费；而在当前和未来很长时间内，碳基能源在我国能源消费中会保持高占比，非化石能源不可能全部替代化石能源。因此，碳排放是长期客观存在的，并且一定时期内，随着经济社会的不断发展

---

① 伯特尼. 环境保护的公共政策 [M]. 2 版. 上海：上海人民出版社，2006.

会保持一个增长的态势。

二是碳减排技术的局限性。这种局限性表现在三个方面。第一个方面是减碳技术的先进性不足，包括高能耗、高排放领域的节能减排技术，煤的清洁高效利用，油气资源和煤层气的勘探开发技术等。第二个方面是无碳技术应用规模不足，比如核能、太阳能、风能、生物质能等可再生能源的相关技术，实际产生的可再生能源占能源消费的比重还非常小。第三方面是去碳技术还很不成熟，典型的就是碳捕捉封存技术，目前难以实现量化使用和市场化推广。

三是碳减排经济效益不足。控制温室气体排放量除了技术上的可行性，还要考虑经济上的可行性，例如某种碳减排技术的成本超过了碳排放造成的损失，社会就难免会从经济效益的角度否定技术的采用或大规模使用，例如目前的 CCUS 技术就是这样。

四是碳减排目标并非人类社会发展的唯一目标，在多重目标并存的时候，碳减排往往不是排在首位的目标，至少目前还未排在首位。如经济社会快速发展、贫困地区脱贫等目标的实现，会在一定程度上增加碳排放。

因此，在经济社会发展各项目标并存和不同目标交错推进的进程中，将控制碳排放而不是消除碳排放作为远景目标的大背景下，就不可避免地产生了上述谈到的碳排放最优水平的问题。从成本-收益对碳排放最优水平的分析如图1-2所示[①]。

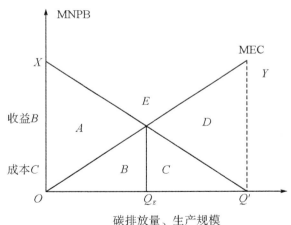

图 1-2　最优碳排放水平分析图

①　这里借鉴了杨云彦教授和陈浩教授在《人口、资源与环境经济学》一书中对污染物排放最优水平的分析。

图 1-2 中，横轴 Q 代表碳排放量，它同时也反映生产规模。纵轴 C、B 代表成本和收益。MNPB 是边际私人净收益曲线，它是指厂商从事上述生产活动所得的边际收益减去边际成本之后的差额，该线向右下方倾斜，意味着随生产规模的扩大，边际生产成本将上升，同时该产品的市场价格将随着产量的增加而下降，从而导致厂商的边际收益下降。MEC 是边际外部成本曲线，该线向右上方倾斜，意味着随生产规模的扩大，碳排放量增加，边际外部成本是逐步上升的。

从厂商角度看，只要边际私人净收益大于零，厂商扩大生产规模都是有利可图的，因此厂商可将生产规模扩大到 Q'，其总收益为 $A+B+C$，而社会支付的总外部成本为 $B+C+D$。这表明，由于外部性的存在，在私人净收益和社会净收益之间存在不一致性，这里的社会净收益等于私人净收益减去外部成本，即 $(A+B+C)-(B+C+D)=A-D$。

在 $MNPB$ 线和 MEC 线的交点 Q_E 上，社会净收益为 $(A+B)-B=A$。这一交点的社会净收益达到最大化，因此 Q_E 理论上被称为碳排放最优水平。

以上就是从经济学投入-产出效益角度分析得出的碳排放最优水平，属于理论上的碳排放最优水平。实际上，国务院印发的《"十三五"控制温室气体排放工作方案》（国发〔2016〕61 号）提出全国在 2030 年左右达到碳排放峰值，一定程度上就是全国在 2030 年的碳排放最优水平。国家要求各地分区域梯度达到碳排放峰值，鼓励加入中国碳排放达峰城市联盟，实际上就是在鼓励各省市按照科学方法探寻城市碳排放的最优水平，并将这个最优水平尽可能地控制为地区碳排放的峰值，从而在最优愿景下和峰值目标下，找准碳源和碳排放影响因素，建立碳减排的最优控制路径。

二、碳排放驱动因素

在分析得出区域碳排放存在的碳排放最优水平后，根据 KaYa 恒等式，可以将一个国家和地区的碳排放量分解为如图 1-3 所示的变量因素。

图 1-3　碳排放的驱动因素

由图 1-3 可以看出，碳排放是一个全社会的综合问题，与一个国家或地区的人口、经济、能源、科技水平等有着密切的联系。一个国家或地区的碳排放受到人口、人均 GDP、能耗强度（单位 GDP 能耗）、能源碳强度等因素的综合影响。因此，碳排放的驱动因素可以从恒等式中归结出人口、经济发展、能源消费以及技术水平等驱动因素。其中：

人口涉及人口的规模、人口的结构以及对应的人们的生活方式、生活水平、消费模式、交通出行方式等，涉及城市人口和农村人口的既定生活方式，以及城镇化进程中人口身份转变引起的各种变化，特别是在提升城市品质和乡村振兴战略的推动下，人口的结构对碳排放的影响尤为值得关注。

经济发展涉及经济发展阶段、经济总量规模、经济发展水平、产业结构等，特别是经济发展方式的转变将成为碳排放最优水平定位的重要影响因素。因此在碳排放最优水平定位过程中，经济发展是影响最优水平坐标的极为重要的因素，包括对碳排放最优量以及对应的时间点坐标都会产生较大影响。而经济发展的影响主要通过发展方式转变和产业结构调整发挥作用。因此，研究一个地区的碳排放绕不开对产业碳排放的评价。

能源消费涉及能源消费总量、分能源品种消费结构、非化石能源利用等。实质上，人的生活和生产活动，最终均是由于消费了碳基能源而导致碳排放。因此，控制碳排放的科技水平可以从两个方面进行分析：一是对能源需求量进行控制，通过节能技术有效降低能源消费，提高单位能源的产出水平；二是实施碳基能源的减量化和替代化，通过低碳技术降低能源消费中的碳排放，积极发展非化石能源。2018 年 3 月 23 日，国家能源局已发布《可再生能源电力配额及考核办法（征求意见稿）》①进行广泛的意见征求，旨在解决可再生能源的消纳利用过程中存在的问题，因此大幅度降低碳基能源的消费比重已指日可待。

当然，碳排放最优水平也可以按照上述恒等式进行同样的分解。如此，图 1-3 中的碳排放总量就调整为最优碳排放量，对应的人口、GDP、能源消费均是在达成碳排放最优水平情境下的发展状态。

三、碳减排最佳路径

碳减排的核心目标是在保证经济社会稳定持续发展的前提下，逐步减少碳

---

① 国家开展可再生能源配额分配及考核工作，旨在缓解目前弃风、弃光现象，通过提高清洁能源供给，推动能源结构优化和绿色发展支撑。

排放。碳减排不仅涉及传统的能源结构和产业结构调整的问题，也涉及人类生活生产方式和生活模式的问题。从本质上来看，碳减排将推动人类发展方式的变革，促使人类找寻正确的人类文明的发展方向。

基于上文对碳排放驱动因素的分析得知，一个地区的碳排放由生产碳排放和生活碳排放两类组成。生产碳排放主要是三次产业的碳排放，生活碳排放可分为城市（此处的城市与本研究的城市不是一个概念）和乡村两个区域的碳排放，能源消费品种主要为煤炭、油料、天然气和电力。由此建立的碳减排最佳路径设计矩阵如图 1-4 所示。

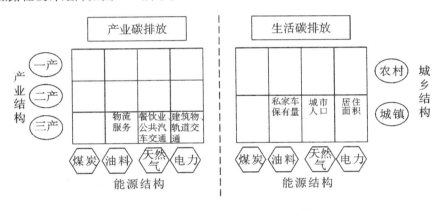

图 1-4　碳减排路径设计矩阵图①

基于碳减排最佳路径设计矩阵，在保持经济社会稳定健康发展的前提下，达到碳排放最优水平需要重点关注的是基于能源消费的产业碳排放和生活碳排放。

一是产业碳排放的控制重点在三次产业结构上，不同地区可根据生产力布局和支柱产业分布情况，针对产业结构的不同特征实施不同的分产业减排路径政策。摸清产业碳排放情况和产业内部碳排放与经济产出的关系，结合经济产出高低和碳排放水平高低的不同组合，分类施策。

二是在能源结构方面要摸清"两个分布"，即能源消费在不同产业间的分布，产业内部对不同能源需求的分布，从能源消费水平和二氧化碳排放水平分析能源结构对碳排放路径设计的影响。

三是生活碳排放要厘清城乡不同区域的碳源分布，随着城市化进程的加快，居民的生活水平显著提升，将导致建筑和交通两个领域的碳排放更快增

---

① 该矩阵仅提供一个思路框架，三次产业内部的主要碳排放源需要结合区域特点进行界定。

加。因此，在人口城镇化、城市品质提升和乡村振兴战略的多重拉动下，生活领域的碳减排也非常重要。

第二节　城市发展与碳排放理论分析

上一节展示了城市碳排放最优水平—碳排放驱动因素—碳减排最佳路径的理论推演过程。从区域经济发展的角度，与碳排放关系密切的宏观层面因素可归结为经济发展、人口集聚、生活方式等三个领域。本节将着重从理论逻辑和应用框架两个层面探讨这三个领域与碳排放的关系。

一、经济发展与碳排放

党的十九大报告明确指出必须坚持节约优先、保护优先、自然恢复为主的方针，形成节约资源和保护环境的空间格局、产业结构、生产方式、生活方式，还自然以宁静、和谐、美丽。

建立健全绿色低碳循环发展的经济体系是推动经济高质量发展的必由之路，也是实现经济高质量发展的现实路径。换句话说，从控制碳排放的目标出发，经济发展模式需由直线粗放型的工业化转向绿色循环低碳型的产业化，其中就涉及对产业结构调整、能源结构优化等方面的考虑，以此实现产业的低碳化转型。

（一）产业低碳化转型与碳减排的理论逻辑

产业低碳化发展覆盖城市和农村区域。一般而言，推动碳减排将倒逼区域产业的低碳化转型，从而提高区域产业的碳生产力水平，而区域产业的低碳化转型反过来又将促进区域碳排放的控制。二者良性互动的理论逻辑如图 1-5 所示。

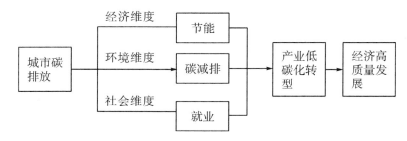

图 1-5　产业低碳化转型与碳减排的理论逻辑

从经济维度来看，在国家环境规制愈加严格的情况下，降低碳排放水平和提高碳生产力水平是提升产业竞争力的重要手段。这是因为，提高碳生产力水平意味着可以通过更低的资源消耗获得更高的经济产出，对于单个厂商而言，提高碳生产力水平有利于抢占发展先机，有利于降低企业的生产成本，从而保证更多的经济利润；对于一个地区的整个产业而言，可以形成低碳技术集成推广的溢出效应，发挥产业集群优势，进而提高整个产业的竞争力，推动整个区域经济的低碳转型，实现高质量发展。

从环境维度来看，推动碳减排是完成国家控制温室气体排放目标的必要要求。降低碳排放水平不仅仅要关注输入端能源活动的碳排放，而且还要关注生产过程中的碳排放。一定程度上，推动碳减排既能推动非化石能源的应用，又能推动生产工艺的升级改造，为产业自身的良性发展的专业化升级创造良好的条件。

从社会维度来看，按照社会化大生产的规律，在推动实现碳减排的过程中，生产性服务、技术性服务以及其他方面将会催生出大批量的专业化的社会中介服务机构，极大促进低碳服务业的快速发展，在创造就业机会方面的作用显著。

（二）产业低碳化转型应用框架

通过产业低碳化转型推动经济高质量发展，从产业结构和能源结构调整优化中挖掘碳减排的宏观潜力，这是基于碳减排的产业低碳化转型的基本应用思路，具体如下：

首先，发展低碳排放的工业领域的产业业态，有效降低工业领域的碳排放。重点发展资源节约型和环境友好型的科技创新，把过程创新、产品创新、产品替代自己系统创新有机融入企业的低碳行动中。其次，大力推动以现代服务为导向的第三产业的发展，进一步提高服务业在国民经济中的比重，这有利于结构性的碳减排。再次，要大力推进低碳技术的应用和推广，特别是在提升城市品质和推进乡村振兴过程中，要大力推广低碳技术和产品的应用。最后，要充分发挥节能、循环经济对碳减排的协同效应。

二、人口集聚与碳排放

人口不断向城市集聚是城市化最重要的特征之一。城市中人口的大规模集聚会引起城市产业结构、就业结构、生活方式和物理空间的急剧变化，从而引起城市碳排放的改变。因此，要实现碳减排目标，除了从宏观层面通过产业结构挖掘潜力，还需要从中观层面通过城乡空间进一步挖掘潜力。总体来说，可以从人口集聚而产生的对土地资源、能源消耗、自然资源的刚性需求出发，立足于节地、节能、节水、节材这四个方向，推动形成使城镇化顺利推进的低碳路径。

（一）新型城镇化与碳减排的理论逻辑

城市是各种经济活动因素在地理上的大规模集中的结果，也是社会生产、消费和居住的重要单元。城市发展的质量水平决定一个城市的可持续发展能力。我们需要将低碳发展的理念和方法、积极控制碳排放的途径和经验融入城市的规划、建设和发展中，这将影响城市可持续发展的能力，影响城市环境承载力的大小，影响城镇化的深入推进。人口在城市区域的集聚导致的碳排放不像工业生产领域的碳排放那么直接和直观，其碳排放绝大部分是能源消费产生的排放以及日常产品使用过程中产生的碳排放，因此城市碳减排可从以下内容进行考虑：

（1）通过提高水资源生产率构建节水型城市。城市用水主要包括工业用水、生活用水和公共服务用水，如果辅以必要的技术支持和政策引导，一方面加强对水资源输入、循环和输出这三个环节的控制，另一方面充分调动政府、企业和社会公众在节水运动中的积极性，就可以挖掘水资源调度过程中产生的碳排放潜力。

（2）通过提高土地生产率构建节地型城市。随着城市经济规模的增大以及人口数量的增多，城市对工业用地和居住用地的需求量也在相应增加。然而，城市土地资源的有限性决定了我们不能一直延续以往的扩张速度和规模，这就要求我们必须通过提高土地生产率来提高单位土地面积的经济产出，以紧凑型城市（compact city）发展模式来推进节地型城市的构建，从资源节约角度推动碳减排。

（3）通过提高能源生产率推动节能型城市的建设。城市的能源消耗主要体现为工业、交通、生活和建筑四个领域，从目前的技术水平来看，完全有可能实现上述领域能源消耗水平的进一步下降，从能源消费的控制推动碳减排。

（4）通过提高材料生产率构建节材型城市。通过提高再生材料的利用技术水平和增加生物量的运用，来减少输入端的材料投入量；通过建立城市的循环利用设备和系统进而实现材料再利用的最大化；同时对生活垃圾和工业废弃物要尽可能回收再利用，从而使最终的废弃物输出最小化，帮助推动城市碳减排。

总之，资源节约型和环境友好型社会的建立，将协同推动城市的碳减排。

（二）低碳型城镇化的应用框架

基于上述的理论分析逻辑，我们可以从两个方面来描述低碳导向的新型城镇化的应用框架（见图1-6）。

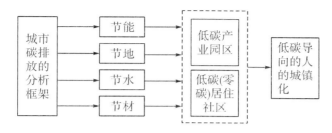

图1-6　人口集聚与碳排放的应用框架

一方面，按照规划目标，中国的城市化水平将在2020年提高到55%，那么，在未来的20~30年，如果我们能够在全国范围内围绕区域性大都市，发展若干个相对紧凑的城市区域（大都市带），那么，这些大都市带或者城市区域累加起来能够吸纳中国将近4亿~6亿的人口，这样中国就可以用相对有效的土地资源和空间资源基本实现城市化。

另一方面，在城市建设中要注意发展两类具有减少碳排放功能的生态聚集空间。一是要发展企业与企业之间的物质流能够闭路循环的生态型低碳产业园区，发展具有集中提供能源、水、材料以及污染处理能力的产业集群；二是要发展以最大限度地减少物质消耗和废物排放为特征的生态型低碳居住社区。前者使一个企业的废物排放成为另一个企业的生产原料，从而有利于实现生产系统的碳减排；后者通过自然化的设计降低了居民社区的能源、水、土地等的消耗，并能实现生活废水、生活垃圾等所谓废弃物的回收利用，从而有利于实现生活系统的碳减排。

人口增长和集聚与碳排放总量之间存在着同步增长效应。但是也有部分研究指出，城市人口增长并不是城市碳排放总量增长的关键动因，人口向城市聚集后，伴随着收入增加而来的生活方式城市化才是城市碳排放增长的重要原因。由此，本书接下来将分析生活方式与碳排放的理论关系。

三、生活方式与碳排放

从碳减排的目标出发，除了要在宏观和中观层面挖掘潜力，还需要在消费端从物质消费型转向功能使用型的低碳生活方式，通过微观层面产品和服务功能的开发带动消费模式的转变。

（一）消费模式与碳减排的理论逻辑

要分析消费模式与碳减排的理论逻辑，首先要确定消费的实质。人类消费的过程严格意义上并不是消费物质，因为物质不灭，不可能被消费掉。人类消费的本质是消费效用。因此，消费可以分为两种形式：一种是基于物质以及产品使用意义上的消费，即循环经济和功能经济；一种是基于物质以及产品一次性或短暂性使用意义上的消费，即线性经济和产品经济。在资源节约和绿色低碳发展理念下，消费就应该更多地从交换价值转移到使用价值上来。

在当下提升城市品质和乡村振兴战略的推动下，生活品质的提升和生活方式的普遍城市化，将较大地影响消费层面的碳排放。生活方式主要从两个层面影响碳排放：一方面是直接能源消费需求，如大量天然气用于制冷与取暖，以及电器的使用、食物烹饪、室内照明、摩托车和小汽车出行方式的普及等；另一方面是间接的能源消费需求，如食物、衣服等日常消耗品使用的增加，房屋居住面积的扩大等。据此，一些研究者把家庭节能减排行为分成一次性节能减排的投资行为和减少能耗的重复操作行为两类。前者如购买环保节能电器、汽车和住房等，后者如随手关灯、及时关电器、减少私车出行等。虽然节能行为的普及能改变人们的能耗习惯并使人们形成较好的行为惯性，带来较好的减排效果，但购买节能设备的节能效果往往可能被更频繁地使用所带来的反弹所抵消。

城市化进程中生活方式的改变以及脱贫、乡村振兴中生活方式的改变均有其必然性，影响因子包括社会、经济、文化以及个体自身特性等多个方面。但是，无论一次性节能减排投资行为模式还是重复性减少能源消费操作行为模式，都应被统一到减排政策目标中来，并使减少直接和间接的能源使用和碳排放两类政策的设计高度协调，综合发挥效果。总体而言，可以从两个方面努力：一是通过技术进步实现消费效率的提高，从而意味着单位消费的碳排放水平的降低，例如共享消费模式的兴起和推广。二是通过消费模式的改变进而降低消费水平，从而保证消费效率的提高不至于被消费量规模的增长所抵消，也就是上面所提到的预防反弹效应的发生。因此，一方面需要借助技术创新手段提高消费效率；另一方面要改变消费观念，从以往的物质占有型消费向功能使用和分享型消费模式转变，这就是日益流行的功能服务经济和共享经济模式，通过消费模式的转变控制碳排放的效果更为显著（见图1-7）。

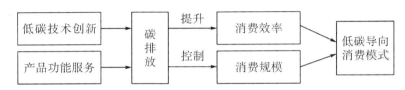

图1-7 消费模式与碳排放的理论逻辑

（二）消费模式低碳化转型的应用框架

上述理论逻辑为构建消费模式低碳化转型的应用框架提供了重要依据。消费模式的低碳化关键要素有领域、对象、主体与制度。其中：主体立足于低碳的吃、穿、住、行，对象主要是用电、用气、用油、用煤（针对部分乡村区域，国家正加紧推进乡村煤改气行动），行动主体涉及政府、企业和公众，制度层面主要是从消费效率和功能服务两个方面进行考虑。根据图1-7，消费效率只立足于单体的效率提升，对于碳减排的效应较弱，而功能服务则是通过实施功能经济模式来控制消费的整体规模，碳减排的效应较强。事实上，低碳消费意味着消费方式和生活方式的变革，要求社会从关注物质的占有型消费转变为关注物质的功能服务型消费模式，因此，推行功能服务型经济是推动低碳消费的必由之路（见图1-8）。

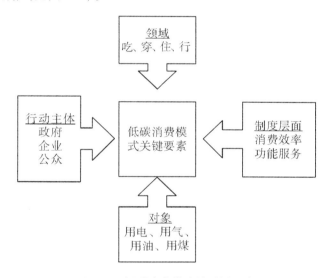

图 1-8　低碳消费模式的关键要素

低碳生活方式的形成除了依靠法制法规和行为指导的科学制定，还应从社会宏观因素和个人微观因素两个层面着手，倡导低碳生活理念，全面有效地改变人们的环境行为。比如在可持续消费理念指导下，自认为是"绿色消费者"的人群更有可能购买有机食品，或者更加主动改变原有的高能耗行为。

基于市场的价格调节机制也能很好地影响人们的能源使用行为，比如当私人小汽车出行面临较高的成本时，人们不得不改变他们的行为，积极寻找公共交通工具等节省成本的替代产品。其他类型的经济奖赏和激励措施也能鼓励节能减排行为的发生。

消费者要培养使用具有共同享用性质的生活用品和城市设施的习惯，下面以交通领域的低碳化为例。在城市交通方面，人们可以采用不同类型的出行方式，如图1-9所示：从拥有程度来看，一是适合私人拥有的车辆主要用于周末休闲旅游，适合于集体拥有的单位班车则用于员工上下班；从共享的角度来看，适用于私人租赁的车辆，如出租车以及网约车等可以满足特殊需要，或作为上下班的补充，还有公共交通、轨道交通工具可以替代小汽车。

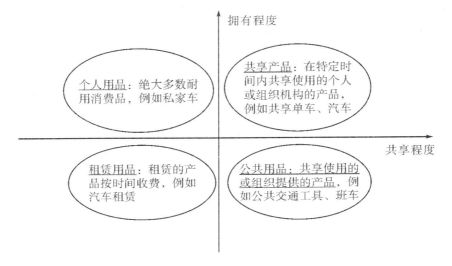

图1-9　共享消费模式在交通领域的运用

　　魏茨察克（2001）在《四倍跃进》中用德国柏林的汽车共享案例进行了实证[①]。总之，共享服务不仅延长了汽车等产品为社会服务的时间，而且可以降低小轿车的拥有量，从消费规模的角度有效控制碳排放。

　　综上可以发现，城市人口的集聚是城市碳排放总量增加的重要因素，两者存在着同向波动的长期关系。但是从城市人均碳排放量来说，大部分发达国家，城市人均碳排放量远低于全国人均水平，在新兴工业化国家，城市人均碳排放量大大高于农村地区，而在欠发达国家，城市人均碳排放量与农村地区相差不大。因此，城市人口控制不应成为城市碳减排的主要手段，城市化本身也不应成为碳排放总量增加的批评对象，城市人口集聚带来的减排规模效应更应得到积极关注。

----

　　① 魏茨察克引用PETERSON（1995）的调查数据来进行实证研究，"共享汽车"的设立，使105辆汽车的购买中，最终只有27辆完成购买，接近于四倍跃进。

第三节　城市碳排放：一般性分析框架的提出

基于前两节对碳排放中排放最优水平、驱动因素和减排最佳路径的理论分析，以及城市碳排放与经济、人口、生活等方面的理论关系的分析，结合研究内容的设定，下面将城市碳排放涉及的关键要素在实际操作层面进行整合分类，建立一个城市碳排放的一般性分析框架。

一、一般性分析框架的提出

随着科学技术的进步、能源结构的优化、产业水平的提升、生活方式的转变，某个区域的碳排放规模和趋势会不断地发生深刻变化。因此，进行碳排放峰值和减碳路径研究，就必须搞清楚该区域碳排放的特殊性。它的特殊性既与其产业结构的历史和现状有关，与产业结构的演进趋势有关，又与这个区域的社会结构（包括它的城市化水平、交通的发生量及产业交通、公共交通和私人交通的相对占比，建筑物的体量及产业用、公用和居民建筑的相对占比，节能建筑与非节能建筑的相对占比）相关。某个区域碳排放的特殊性还与这个城市的能源结构，该区域政府在推进能源结构优化和改善方面的规划目标、推进力度及落实效果密切相关，与该区域政府推出并落实各行业、企业和全体居民节能减排政策的广度、深度及力度密切相关。正因为如此，在考虑某个区域碳排放时，亟须有一个涵盖区域碳排放关键环节并有利于实行的思路框架。

以第一节中的碳排放理论推演为总体思路，把握城市碳排放最优水平、碳排放驱动因素、碳减排最佳路径的核心问题，并将第二节中人口集聚、经济发展、生活方式对城市碳排放的影响关系内化为城市碳减排的重点环节，结合笔者多年从事应对气候变化研究工作期间对国家政策的全面认知和深刻理解，这里建立城市碳排放的一般性分析框架——"双维度四环节"城市碳排放分析框架，如图1-10所示。该框架将基于行业视角的城市碳排放、基于影响因素的城市碳排放影响因素分析、基于长期目标设计的城市碳排放峰值预测、基于五年规划的阶段性碳排放总量控制等四个环节有机结合，并从政府考核和市场交易两个维度分析建立碳排放系统控制机制①。

----

① 研究范式主要体现在构建一般性的分析框架，然后在分析框架内针对实体对象进行实证分析。因此，分析框架的建立难免会出现不能涵盖全部信息的状况，但本着发现问题、分析问题和解决问题的思路，本书着重体现分析框架的实用性。

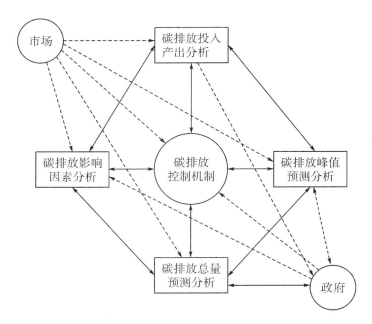

图 1-10　城市碳排放一般性分析框架

二、要素间关系分析

本书通过建立"双维度四环节"城市碳排放一般性分析框架，将城市碳排放涉及的环节归类到经济生产和宏观调控中，建立有机的集合体。

对一个区域和城市来说，研究其碳排放首先要找准碳源分布和排放的原因，基于 IPCC 和省级温室气体排放清单编制指南。城市碳排放的来源主要有五个方面：一是由于能源活动产生的温室气体，主要是由能源品种煤、油、气的能源活动产生的二氧化碳；二是生产过程，主要是在产品生产过程中产生的温室气体；三是农业和土地利用，这里主要是指非二氧化碳温室气体的排放；四是林业，主要体现在碳汇和森林损毁导致的碳排放；五是城市废弃物，主要排放的是甲烷①。

通过编制温室气体排放清单，人们可以摸清一个区域的碳排放实情，但是从控制碳排放的角度，仅仅盯着这五个方面是难以发挥作用的。因此，要深究

①　政府间气候变化专门委员会（IPCC）是评估与气候变化相关的科学的国际机构。IPCC 由世界气象组织（WMO）和联合国环境规划署（UNEP）于 1988 年成立，旨在为决策者定期提供针对气候变化的科学基础、其影响和未来风险的评估，以及适应和缓和的可选方案。

其理，并且讲究方法。从五个方面的碳排放比重来看，能源活动的碳排放占比达到95%左右，因此，抓好能源活动领域的碳排放就能够有效地控制温室气体排放。

从经济社会大系统中探究碳排放的来源，可将其分为生产、消费、流通三个领域，其对应的是经济发展，进一步而言就是产业的发展和布局以及产业结构的调整优化，因此可以明确一个控制碳排放的大的环节就是产业布局。

将碳排放放到区域发展的基本面中，可以发现，影响碳排放的直接因素和间接因素很多。但是从人类活动和对美好生活向往的角度而言，可以有选择地确定碳排放的影响因素，如人口的规模、人口的结构、能源的结构、产业结构、技术水平、管控水平、经济发展水平等因素。因此要研究区域或城市的碳排放，绕不开对其影响因素的分析和影响程度的分析。

国家和地方对各领域的工作习惯性地实施五年规划，通过设定规划目标，引导工作向前推进。碳排放的控制目标可以从两个方面进行分类：一是远期的城市碳排放极限在哪里，即碳排放的峰值以及达到峰值的时间点在哪儿，由此可建立远期愿景和推进路径；二是阶段性总量控制目标，主要指的是五年规划期的目标。同步推动两个目标的协同实现，便可形成城市碳排放的方向和里程碑。综上，可抽象提炼出城市碳排放的重点环节：一是产业布局和行业分布的碳减排，二是通过碳排放影响因素控制减排，三是在碳排放峰值预测方面找准目标愿景，四是阶段性的总量控制目标的设定。这样可以建立城市碳排放情况的基本面。

由于气候变化外部性的存在，市场失灵难以避免，因此市场和政府同时发挥作用，才能有效实现碳排放的控制：一是发挥政府在行政制度设计上的作用，特别是政府考核机制的建立，可以有效推动城市碳排放工作体系的建立和减排目标的实现；二是要充分发挥市场在资源配置中的决定性作用，通过市场机制，降低全社会碳减排的成本，提高减排效益。因此，从政府管理和市场机制两个维度建立城市碳排放的管控机制，能够很好地发挥看得见的手和看不见的手的协同效应。

三、一般性分析框架的应用

简要而言，按照碳排放的最优水平—驱动因素—减排路径的思维导向建立的"双维度四环节"城市碳排放分析框架，为研究提供了基本遵循：一是指导研究抓住研究对象的主要矛盾和关键内容，形成系统的研究框架；二是帮助研究结构沿着"4+2"形成的核心内容，更好地明确研究边界，逐步推进研究进程，得出研究结论，可以更好地形成构建城市碳排放控制机制的决策意见；三是分析框架为研究内容和下一步研究的拓展和深化提供了平台支撑。

第二章 重庆市碳排放测度及其分析

上一章基于区域经济学和人口、资源与环境经济学理论，在"碳排放最优水平—碳排放驱动因素—碳减排最佳路径"总体思路框架下，基于对经济发展、人口集聚、生活方式与碳排放的理论关系分析，构建了分析城市碳排放的一般性分析框架——"双维度四环节"分析框架，为后续章节的研究提供基本遵循。

本章主要在总体分析重庆市人口、经济、资源环境的基础上，着重对重庆市能源消费进行结构性、分行业的分析，对重庆市基于能源活动的二氧化碳排放进行核算，为后续的研究提供基础数据保障。

第一节 重庆市人口、经济社会及资源环境情况

本节着重分析重庆市人口经济社会以及资源的基本情况，对重庆产业发展、人口规模、资源环境等情况进行总体描述。

一、人口发展情况

2017 年，重庆市常住人口达到 3 075.16 万人，比上年增加 26.73 万人，其中城镇人口达 1 970.68 万人，占常住人口的比重（常住人口城镇化率）为 64.08%；人口自然增长率为 3.91‰。除了经济活动，人类的社会活动也是影响碳排放的重要因素。人口的数量、就业情况、家庭居住以及收入情况都是潜在影响因素（见表 2-1 和图 2-1）。

表 2-1 　　　　　　　　　　重庆市人口社会发展历史数据①

年份	年末常住人口/万人	城镇人口/万人	乡村人口/万人	就业人数/万人	人均居住面积/平方米		人均可支配收入/元		道路长度/千米
					城镇	农村	城镇	农村	
1997	2 875.3	890.7	1 982.6	1 715.4	8.7	24.7	5 302.1	1 692.4	27 045
1998	2 873.4	935.9	1 934.9	1 711.0	9.2	26.5	5 442.8	1 801.2	27 210
1999	2 870.8	981.1	1 879.3	1 699.1	9.5	26.7	5 828.4	1 835.5	28 086
2000	2 860.4	1 013.9	1 834.9	1 661.2	10.7	29.6	6 176.3	1 892.4	30 354
2001	2 848.8	1 058.1	1 771.1	1 616.1	11.5	31.0	6 572.3	1 971.2	30 654
2002	2 829.2	1 123.1	1 691.7	1 551.8	19.6	31.0	7 238.1	2 097.6	31 060
2003	2 814.8	1 174.6	1 628.6	1 500.0	21.3	31.5	8 093.7	2 214.6	31 407
2004	2 803.2	1 215.4	1 577.9	1 471.3	22.8	32.5	9 221.0	2 510.4	32 344
2005	2 793.3	1 266.0	1 532.1	1 456.3	22.2	32.9	10 244.0	2 809.3	98 218
2006	2 798.0	1 311.3	1 496.7	1 454.8	24.5	34.3	11 569.7	2 873.8	100 299
2007	2 808.0	1 361.4	1 454.7	1 468.9	27.3	34.6	13 715.3	3 509.3	104 705
2008	2 839.0	1 419.1	1 419.9	1 492.4	27.3	35.0	15 708.7	4 126.2	108 632
2009	2 859.0	1 474.9	1 384.1	1 513.0	27.4	35.7	17 191.1	4 478.4	110 951
2010	2 884.6	1 529.6	1 355.1	1 540.0	31.7	37.6	17 532.4	5 276.7	116 949
2011	2 919.0	1 606.0	1 313.0	1 585.2	31.8	40.2	20 249.7	6 480.4	118 562
2012	2 945.0	1 678.1	1 266.9	1 633.1	32.2	41.0	22 968.1	7 383.0	120 728
2013	2 970.0	1 732.8	1 237.2	1 683.5	35.1	53.3	23 058.0	8 492.0	122 846
2014	2 991.4	1 783.0	1 208.4	1 696.9	35.6	54.1	25 147.0	9 490.0	127 392
2015	3 016.6	1 838.4	1 178.1	1 707.4	35.2	52.2	27 239.0	10 505.0	140 551
2016	3 048.4	1 908.5	1 140.0	1 717.5	36.0	52.1	29 610.0	11 549.0	149 520
2017	3 075.1	1 970.7	1 104.4	1 791.7	—	—	32 193.0	12 638	—

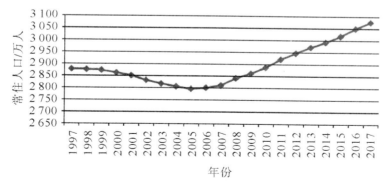

图 2-1　重庆市常住人口变化趋势（1997—2017 年）

---

① 数据来源于重庆市统计年鉴（1998—2017）、《2017 年重庆市国民经济和社会发展统计公报》。

二、经济发展情况

直辖以来,重庆市的经济结构和社会生活都有了深刻的变化和发展。从表2-2和图2-2中可以看出,直辖以来,重庆市的经济主要由二产和三产支撑,三产相对于二产的拉动力在2000年以来有了显著提高,尤其是"十二五"期间,三产的拉动力由30%左右提升到近48%,二产的拉动力则由66%下降到近49%。工业的拉动力也在"十二五"期间有了显著下降。2017年,全年实现地区生产总值19 500.27亿元,比上年增长9.3%。按产业分,第一产业增加值1 339.62亿元,增长4.0%;第二产业增加值8 596.61亿元,增长9.5%;第三产业增加值9 564.04亿元,增长9.9%。三次产业结构比为6.9:44.1:49.0,人均地区生产总值达到63 689元(9 433美元)。

表2-2 重庆市地区生产总值与一、二、三产产值及人均产值

年份	生产总值/亿元	第一产业产值/亿元	第二产业产值/亿元	第三产业产值/亿元	人均产值/元
1997	1 509.75	307.21	650.40	552.14	5 253.00
1998	1 602.38	300.89	675.64	625.85	5 579.00
1999	1 663.20	286.16	697.81	679.23	5 804.00
2000	1 791.00	284.87	760.03	746.10	6 274.00
2001	1 976.86	294.90	841.95	840.01	6 963.00
2002	2 232.86	317.87	958.87	956.12	7 912.00
2003	2 555.72	339.06	1 135.31	1 081.35	9 098.00
2004	3 034.58	428.05	1 376.91	1 229.62	10 845.00
2005	3 467.72	463.40	1 564.00	1 440.32	12 404.00
2006	3 907.23	386.38	1 871.65	1 649.20	13 939.00
2007	4 676.13	482.39	2 181.82	2 011.92	16 629.00
2008	5 793.66	575.40	2 586.58	2 631.68	20 490.00
2009	6 530.01	606.80	2 938.67	2 984.54	22 920.00
2010	7 925.58	685.38	3 531.10	3 709.10	27 596.00
2011	10 011.37	844.52	4 462.81	4 704.04	34 500.00
2012	11 409.60	940.01	5 174.81	5 294.78	38 914.00
2013	12 783.26	1 002.68	5 812.29	5 968.29	43 223.00
2014	14 262.60	1 061.03	6 529.06	6 672.51	47 850.00

表2-2(续)

年份	生产总值 /亿元	第一产业 产值/亿元	第二产业 产值/亿元	第三产业 产值/亿元	人均产值 /元
2015	15 717.27	1 150.15	7 069.37	7 497.75	52 321.00
2016	17 559.25	1 303.24	7 755.65	8 500.36	57 904.00
2017	19 500.27	1 339.62	8 596.61	9 564.04	63 689.00

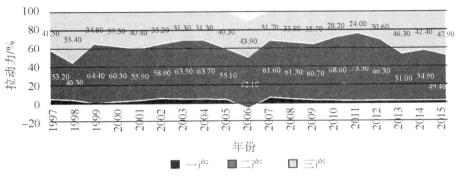

图2-2 三次产业拉动力

重庆市比较早地确定了工业中的支柱产业是汽车及其零配件产业、电子及通信设备产业、装备制造业、材料工业、化学医药工业、消费品制造业和能源产业。相关产值及拉动力见表2-3和图2-3。

表2-3 　　　　　　　重庆市主要支柱产业产值（规上统计）　　　　单位：万元

年份	能源及 消费品 工业	化学医药 工业	材料 工业	装备 制造业	电子及 通信 设备产业	汽车及其 零配件 产业	其他
1997	—	—	—	—	—	—	—
1998	—	—	—	—	—	—	—
1999	1 883 817	1 227 356	1 397 732	339 716	478 977	1 929 773	1 289 211
2000	1 441 722	940 666	988 981	235 645	445 018	1 874 318	566 949
2001	1 423 006	990 140	983 421	257 490	378 470	2 018 927	444 127
2002	2 470 941	1 551 312	1 881 563	503 134	727 705	4 575 569	504 341
2003	2 950 434	1 769 458	2 541 966	1 145 472	1 012 163	6 358 581	35 340
2004	4 829 871	2 159 723	3 502 851	1 432 221	1 499 524	7 886 738	30 559

表2-3(续)

年份	能源及消费品工业	化学医药工业	材料工业	装备制造业	电子及通信设备产业	汽车及其零配件产业	其他
2005	5 809 465	2 758 520	4 389 971	1 748 944	1 884 629	8 533 125	43 471
2006	7 277 145	3 079 796	5 770 410	2 036 574	2 460 328	11 365 161	49 118
2007	9 803 813	4 035 822	7 918 468	2 598 920	3 275 793	15 824 573	62 880
2008	13 439 049	5 753 318	10 008 894	3 461 808	4 214 807	18 909 779	81 362
2009	17 017 877	6 723 851	10 370 136	4 826 285	5 292 857	23 230 575	121 502
2010	23 150 043	8 843 047	15 018 439	6 599 186	8 413 762	29 037 983	167 448
2011	26 852 867	12 092 458	21 228 423	19 168 262	16 210 776	21 993 269	743 841
2012	29 218 704	12 846 380	21 329 172	18 398 187	24 144 830	23 907 301	901 014
2013	34 523 347	14 891 564	25 076 769	21 212 910	31 310 737	30 113 047	487 269
2014	38 475 202	17 027 894	29 096 239	24 314 590	40 144 947	37 761 966	719 532
2015	43 319 491	19 869 971	31 928 693	25 763 027	46 059 555	46 000 803	738 292

注：数据来源于《重庆市统计年鉴》（1997—2016年）。

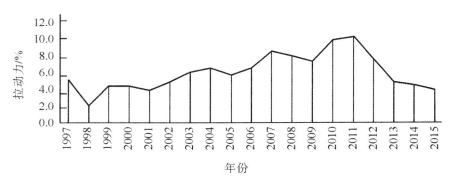

图2-3　工业拉动力（1997—2015年）

　　第三产业涵盖较多的服务业，其比重在重庆的经济结构中不断提升，尤其是近几年，其经济拉动力大有超越第二产业的趋势。这里也将第三产业的细分行业经济数据进行了统计。近年来，在"互联网+"、新金融、现代物流、专业服务，以及文化、旅游、健康、体育、养老五大"幸福产业"和现代金融等新兴服务快速发展的推动下，重庆服务业发展迅猛。新兴服务业的迅速发展，与重庆市大力实施第三产业"补短板"的结构性改革有关，也与工业的规模化、专业化、集约化发展有关。从 2008 年开始，重庆市第三产业增加值的比重开始超过第二产业，之后，第三产业增加值比重一直稳中有升（见表 2-4）。

表 2-4　重庆市第三产业细分行业产值（规上统计）（1997—2016 年）

单位：亿元

年份	交通运输、仓储及邮政业	批发和零售业	住宿和餐饮业	金融业	房地产业	其他服务业
1997	81.14	130.86	30.91	116.53	32.60	160.10
1998	87.08	142.99	31.68	126.66	45.00	192.44
1999	94.39	151.89	33.62	120.18	50.69	228.46
2000	101.25	163.38	35.93	118.53	65.45	261.56
2001	128.26	178.39	38.46	125.90	76.38	292.62
2002	151.54	195.64	42.36	134.52	90.48	341.58
2003	167.22	216.35	47.11	147.04	113.69	389.94
2004	190.62	246.52	57.67	162.38	129.12	443.31
2005	218.97	277.68	66.56	185.18	143.88	548.05
2006	259.59	314.33	77.24	213.70	158.20	626.14
2007	293.63	369.91	101.51	238.73	198.65	809.49
2008	377.32	464.98	136.02	315.36	194.68	1 143.32
2009	427.88	535.19	160.37	401.45	230.69	1 228.96
2010	501.47	682.37	182.98	543.56	299.43	1 499.29
2011	592.24	827.03	214.09	773.49	437.46	1 859.73
2012	604.08	923.79	236.14	934.38	608.50	1 987.89
2013	659.65	1 117.79	290.93	1 080.14	743.59	2 076.19
2014	705.83	1 229.88	321.64	1 225.27	817.04	2 372.85
2015	761.31	1 345.38	355.76	1 410.18	847.72	2 758.88
2016	848.22	1 470.85	391.19	1 642.59	926.19	3 221.32

三、资源环境情况

2017 年，重庆市全年能源消费总量比上年增长 3.71%。万元地区生产总值能耗下降 5.12%。煤炭消费量下降 0.5%，成品油消费量增长 5.2%，天然气消费量增长 6.6%，电力消费量增长 7.3%。重庆市全年水资源总量 656.45 亿立方米，年平均降水量 1 277.9 毫米，全年总用水量 77.44 亿立方米，治理水土流失面积 1 651.6 平方千米。重庆市有自然保护区 53 个，其中国家级自然保护区 6 个；完成营造林面积 38.852 万公顷。重庆市森林覆盖率为 45.4%。重庆市 211 个监测断面水质Ⅰ—Ⅲ类水质比例为 83.9%，水质满足水域功能要求的断面比例为 87.7%，全市 64 个城区集中式饮用水水源地达标率为 100%。重庆市区域环境噪音平均等效声级为 53.5 分贝，比上年下降 0.3 分贝。重庆市环境空气质量满足优良天数 303 天，比上年增加 2 天；主城区环境空气细颗粒物（PM2.5）平均浓度为 45 微克/立方米，下降 16.7%。

第二节　重庆市能源消费情况

上一节分析了重庆市人口、经济社会和资源环境的基本情况，本节着重就重庆市能源消费的总体情况、消费结构以及分行业的能源消费情况进行分析。

一、能源消费总体情况

"十二五"末，重庆市能源消费总量为 8 934 万吨标准煤左右（等价值，下同），比 2010 年增长 39%，年均增速 6.85%，比"十一五"年平均增速放缓了近 4 个百分点；能源消费弹性系数预计 0.4 左右，比 2010 年下降 40% 以上。单位地区生产总值能耗比 2010 年下降 23% 以上，超额完成国家下达的16% 的节能目标。全市非化石能源消费化石能源占一次能源消费比重达到13%，比 2010 年提高 5 个百分点。能源消费总体呈现清洁能源消费比重上升、能源消费产业结构趋于合理、六大高耗能行业能耗占比持续降低、居民生活用能逐步上升等趋势特点。2015 年，重庆市单位地区生产总值二氧化碳排放比2010 年下降 26% 以上，超额完成国家下达的 17% 的碳强度下降目标。其中，煤炭消费产生的二氧化碳排放占比下降，由 2010 年的 71.6% 下降至 70.6%。据统计，2016—2017 年重庆市单位地区生产总值二氧化碳排放累计下降 22%以上，超过"十三五"进度目标。

二、能源消费结构分析

能源消费结构是指各类能源消费量在能源总消费量中的比例，由于各类能源消费的二氧化碳排放系数不同，能源结构就成为决定二氧化碳排放量的关键因素。按照煤炭、天然气、油料和电力消费量折算成标准煤后，四大类能源在能源消费总量中所占的比例，反映了能源消费结构。

　　重庆能源消费结构情况显示（见图 2-4），重庆能源消费以煤炭为主，尽管呈现下降趋势，但其比例在 2011 年之前均在 60% 以上，1997 年占比为 70%，2011 年以来维持在 59% 左右，下降了约 10 个百分点。能源消费中，天然气消费稳定维持在 13% 左右，油料和电力消费呈现增长趋势，其中油料消费从 1997 年的 6% 增加到了 2015 年的 15%，电力从 1997 年的 10% 增加到了 2015 年的 15%（见图 2-5）。

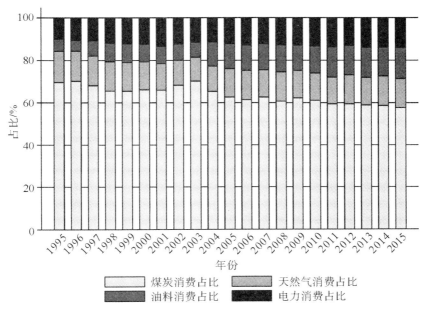

图 2-4　重庆能源消费结构

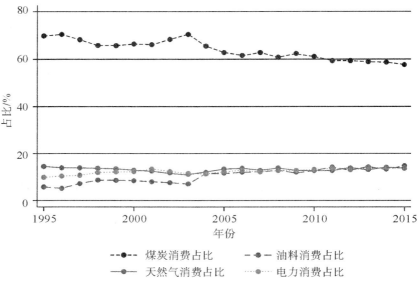

图 2-5　能源消费分能源品种占比

三、能源消费分行业分析

（一）三次产业能源消费情况

重庆市产业能源消费中，第一产业的占比较低，并从 1997 年的 8.13% 下降到 2015 年的 1.41%。第三产业能源消费增长较快，从 1997 年的 5.85% 左右上升到 2015 年的 19.87%。第二产业是能源消费的主要产业，占比在 75% 以上，并呈现缓慢下降趋势，2015 年时的占比为 78.71%（见图 2-6）。

重庆市第一产业自 1997 年以来持续增长，到 2015 年时，第一产业增加值达到 1 150.15 亿元。但是，第一产业在地区经济发展中的比重日趋下降（见图 2-7）。

但是，重庆市第一产业能源消费在"十二五"中后期大幅下降，其中 2010 年时为 258.43 万吨标准煤，2012 年时达到最高（310.3 万吨标准煤），2015 年时迅速下降至 83.65 万吨标准煤。第一产业能源消费占终端能源消费的比重持续下降，2015 年时为 1.21%，而在 1997 年时为 7.21%（见图 2-8）。

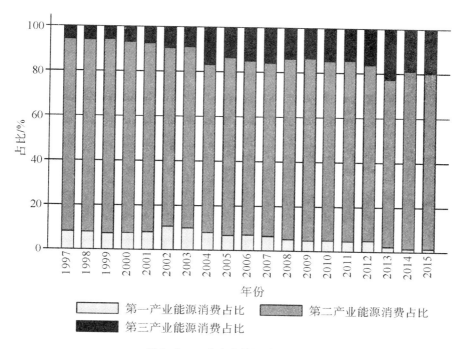

图 2-6　三次产业能源消费占比

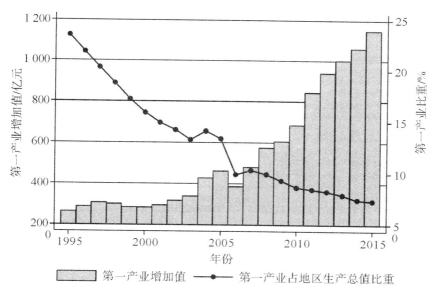

图 2-7　第一产业增加值及占比

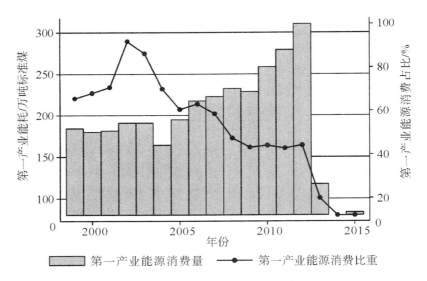

图 2-8　第一产业能源消费量及占比

综合考虑第一产业增加值和能源消费，重庆市第一产业能源消耗强度呈下降趋势，2010 年时为 0.497 1 吨标准煤/万元，而在 2015 年时为 0.106 2 吨标准煤/万元（见图 2-9）。

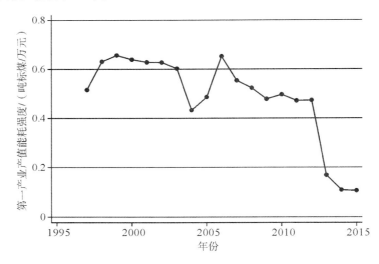

图 2-9　第一产业单位增加值能耗

重庆市第三产业快速发展，2015 年时第三产业增加值达到 7 497.75 亿元，而在 2010 年时为 3 709.10 亿元，2005 年时为 1 440.32 亿元。第三产业在重庆地区经济中的比例逐步上升, 2015 年时为 47.7%, 而在 2010 年时为 46.8%, 2005 年时为 41.54% (见图 2-10)。

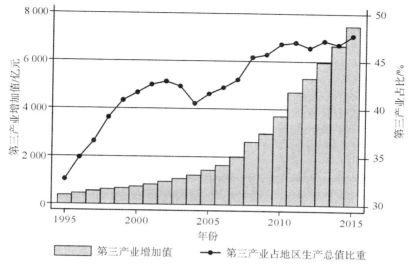

图 2-10　第三产业增加值及占比

重庆市第三产业能源消费快速增加, 2015 年时为 1 176.47 万吨标准煤, 而在 2010 年时为 800.39 万吨标准煤, 2005 年时为 397.3 万吨标准煤。第三产业能源消费在终端能源消费中的比重显著提升, 2015 年时为 16.96%, 而在 2010 年时为 13.66%, 2005 年时为 12.37% (见图 2-11)。

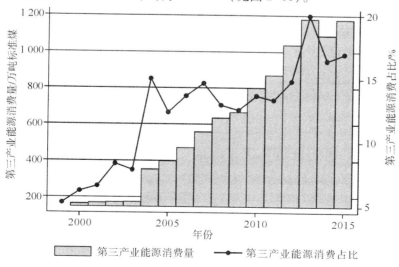

图 2-11　第三产业能源消费量及占比

重庆市第三产业能源消耗强度呈下降趋势，其中"十五"期间达到高峰，2005 年时为 0.319 3 吨标准煤/万元，2010 年时为 0.284 5 吨标准煤/万元，2015 年时为 0.229 1 吨标准煤/万元。

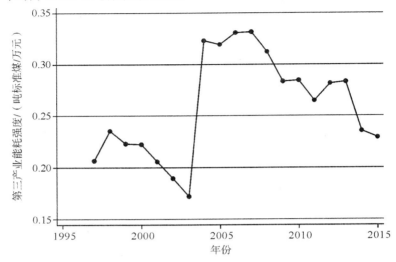

图 2-12　第三产业单位增加值能耗

总体来看，重庆市产业综合能源消耗强度呈现缓慢下降趋势。但是，与第一产业和第二产业相比较，第三产业综合能耗强度较低且发展比较平稳，而第二产业综合能源强度较高（见图 2-13）。

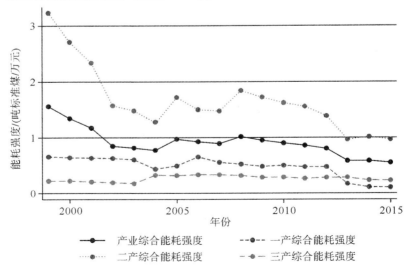

图 2-13　三次产业单位增加值能耗

（二）工业内部分行业能源消费分析

重庆为国家制造业基地，工业门类涵盖采矿业、制造业、能源工业等，目前已经形成了以电子信息、汽车制造、装备制造、化工医药、材料、能源和消费品制造为支柱的主导工业体系。为分析工业能耗及其二氧化碳排放，本书按照主导产业将重庆工业各行业进行归类。

重庆工业产值能耗呈现明显下降趋势，2015 年产值能耗（按照 1990 不变价计算）为 0.49 吨标准煤/万元，而在 2010 年时为 0.84 吨标准煤/万元，2005 年时为 1.65 吨标准煤/万元（见图 2-14 和表 2-5）。

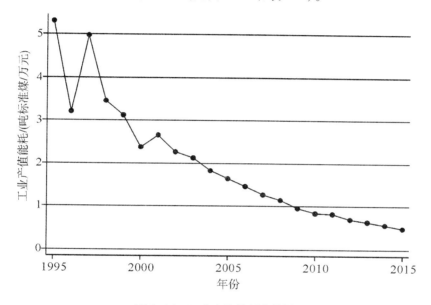

图 2-14　工业产值能耗走势图

表 2-5 工业各行业归类

电子信息	汽车制造	装备制造	化工医药	材料工业	能源工业	消费品制造业	采矿业	其他工业
通信设备、计算机及其他电子设备制造业 仪器仪表制造业	汽车制造业	通用设备制造业 专用设备制造业 铁路、船舶、航空航天和其他运输设备制造业 电气机械及器材制造业	石油加工、炼焦及核燃料加工业 化学原料及化学制品制造业 医药制造业 化学纤维制造业 橡胶和塑料制品业	黑色金属冶炼及压延加工业 有色金属冶炼及压延加工业 金属制品业 非金属矿物制品业	电力、热力的生产和供应业 燃气生产和供应业 水的生产和供应业	农副食品加工业 食品制造业 饮料制造业 烟草制品业 纺织业 纺织服装、服饰业 皮革、毛皮、羽毛及其制品和制鞋业 木材加工及木、竹、藤、棕、草制品业 家具制造业 造纸及纸制品业 印刷业、记录媒介的复制业 文教体育用品制造业	煤炭开采和洗选业 石油和天然气开采业 黑色金属矿采选业 有色金属矿采选业 非金属矿采选业	废弃资源综合利用业 金属制品、机械和设备修理业 工艺品及其他制造业

其中,能源工业为高能耗行业,其产值能耗呈下降趋势,2015 年时为 2.13 吨标准煤/万元。材料工业、化工医药工业和采矿业产值能耗较高,2015 年时分别为 1.25、1.37 和 1.12 吨标准煤/万元。汽车和装备制造业、电子信息工业、消费品制造业和其他工业的产值能耗较低,2015 年时分别为 0.11、0.03、0.23 和 0.12 吨标准煤/万元(见图 2-15)。

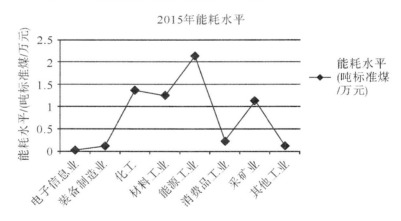

图 2-15 2015 年重庆市工业内部分行业产值能耗水平对比

从工业耗能结构来看,能源工业消费能源逐步减少,从 2000 年的 46.87% 下降到 2015 年的 18.46%,化工工业和材料工业能耗占比分别从 2000 年的 19.91%、18.77% 上升到 2015 年的 25.23%、35.91%。工业行业结构显示,

2000 年工业主要行业为装备制造、材料、化工和消费品工业，而到 2015 年时，工业主要行业演化为装备制造、电子信息、材料、消费品和化工五大行业。其中能源、化工、材料和采矿四大高能耗行业的产值比例 2000 年为 37.57%，2015 年时下降到 31.69%（见图 2-16 和图 2-17）。

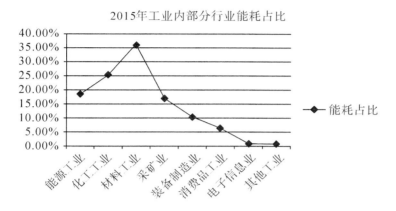

图 2-16　2015 年重庆市工业内部分行业能耗对比

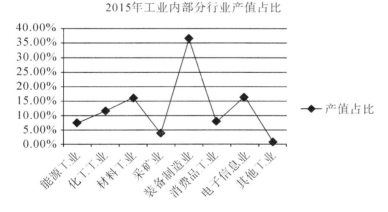

图 2-17　2015 年重庆市工业内部分行业产值占比

　　综合考虑工业各行业能源消费占比与产值占比，电子信息工业、装备制造业、消费品工业和其他工业的能源消费占比与产值占比的比值在 1 以下，表明其 1% 的能耗占比创造了大于 1% 的产值。而能源工业、采矿业、化工工业和材料工业的能源消耗占比与产值占比之比大于 1，说明其 1% 的能耗占比创造的产值小于 1% 的比例（见图 2-18）。

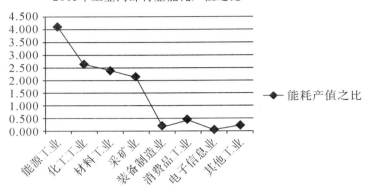

图 2-18　2015 年重庆市工业内部分行业的能耗和产值之比

第三节　重庆市碳排放核算分析

上一节分析了重庆市能源消费的总体情况、消费结构以及分行业的能源消费情况，本节对重庆市碳排放量进行核算，根据重庆市煤炭、油品、天然气和电力消费情况，核算出重庆市碳排放数据信息。

一、碳排放总量核算方法

前面两节分别对能源平衡表下分行业部门和分能源品种的排放量核算方法进行了描述。考虑到在能源平衡表里，能源分类平衡计算比较清晰，本书决定根据能源品种分类的排放来进行重庆市碳排放总量的核算。总量核算的公式如下：

$$E_{总} = E_{化石} + E_{电} \qquad (2-1)$$

其中：

$$E_{化石} = E_{煤} + E_{油} + E_{气} \qquad (2-2)$$

式（2-1）和式（2-2）中：

$E_{总}$：重庆市碳排放总量；

$E_{化石}$：重庆市化石燃料所产生的排放量；

$E_{电}$：重庆市电耗所产生的排放量；

$E_{煤}$：重庆市燃煤消耗产生的排放量；

$E_油$：重庆市油料消耗产生的排放量；

$E_气$：重庆市天然气消耗产生的排放量。

需要注意的是，式（2-1）中的 $E_电$ 需要准确定义。重庆市境内的电和输出电有三个来源：境内火力发电、境内一次能源发电（无排放清洁发电）和调入电。境内火力发电排放又是能源加工转换所消耗的化石能源所产生的排放，所以 $E_电$ 需要和 $E_{化石}$ 进行区分以避免重复计算排放量。以下给出式（2-1）中 $E_电$ 的计算公式：

$$E_电 = E_{调入电} - E_{调出电} \qquad (2-3)$$

其中：

$$E_{调入电} = Q_{调入电} \times EF_{调入电} \qquad (2-4)$$
$$E_{调出电} = Q_{调出电} \times EF_{混合} \qquad (2-5)$$

且：

$$EF_{混合} = \frac{(E_火 + E_{一次} + E_{调入电})}{(Q_火 + Q_{一次} + Q_{调入电})} \qquad (2-6)$$

式（2-3）至式（2-6）中：

$E_{调入电}$：重庆市调入电产生的排放量；

$E_{调出电}$：重庆市调出电产生的排放量；

$Q_{调入电}$：重庆市调入电量；

$EF_{调入电}$：重庆市调入电排放因子（参考华中电网排放因子）；

$Q_{调出电}$：重庆市调出电量；

$EF_{混合}$：重庆市电网混合电排放因子；

$E_火$：重庆市境内火力发电排放量；

$E_{一次}$：重庆市一次能源发电产生排放量（取零）；

$Q_火$：重庆市火力发电量；

$Q_{一次}$：重庆市一次能源发电量；

$Q_{调入电}$：重庆市调入电量。

二、碳排放总量数据核算

根据所叙述的核算方法，结合《中国能源统计年鉴》、重庆地区能源平衡表的基础数据，本书得到重庆市 1997—2015 年的历史排放数据汇总（见表 2-6、表 2-7、表 2-8 和表 2-9）。

（一）历史基础排放数据汇总

表 2-6   分能源品种的排放量核算   单位：tCO_2

年份	能源活动	煤	油	气	电
1997	76 825 781	65 833 992	2 478 688	6 065 668	4 542 292
1998	82 190 483	72 950 388	3 925 304	4 974 543	3 282 317
1999	91 494 838	80 671 614	4 179 491	6 737 644	3 197 309
2000	92 897 945	81 225 807	4 279 319	7 874 591	4 936 202
2001	81 351 532	71 114 266	4 343 527	12 031 301	6 724 177
2002	89 021 653	78 434 785	4 521 200	13 676 261	7 509 855
2003	66 859 989	57 410 011	4 475 436	14 498 289	8 988 313
2004	82 208 704	67 232 816	8 238 245	12 482 980	10 711 554
2005	97 571 507	80 824 163	8 872 753	14 021 235	12 553 878
2006	110 064 921	88 103 917	9 929 703	15 161 256	12 313 997
2007	117 886 002	93 001 915	11 207 825	17 280 419	8 858 545
2008	160 134 373	133 068 206	12 567 877	17 492 105	9 775 674
2009	167 914 954	142 394 848	13 037 126	19 469 615	9 593 347
2010	173 398 080	143 800 920	15 575 925	20 733 287	11 137 877
2011	196 226 437	161 847 352	19 217 829	6 065 668	13 245 330
2012	193 079 138	156 180 313	19 618 406	4 974 543	13 344 029
2013	161 057 341	121 792 841	21 772 396	6 737 644	16 396 760
2014	175 615 450	134 554 417	21 591 418	7 874 591	14 345 192
2015	178 730 599	133 302 545	24 320 159	12 031 301	15 182 430

表 2-7   能源平衡表分行业部门的排放量核算——终端消费量 单位：tCO_2

年份	农林牧渔	工业	建筑业	交通运输、仓储及邮电通信业	批发和零售贸易业、餐饮业	生活消费	其他
1997	6 019 157	58 513 448	944 521	1 691 738	515 405	8 550 499	355 709
1998	6 664 838	65 699 171	980 537	2 028 920	598 545	7 901 775	322 816
1999	6 842 332	73 139 102	1 189 078	2 143 934	625 593	8 210 909	349 778
2000	6 625 691	77 742 052	1 213 372	2 332 793	667 828	7 854 525	405 623
2001	7 114 042	62 882 214	1 606 686	2 596 010	884 261	10 193 859	542 696
2002	7 466 133	72 109 003	1 609 545	2 656 453	866 130	9 870 441	536 054
2003	7 643 949	55 271 019	1 924 847	2 811 677	1 022 437	10 561 179	380 652
2004	6 568 426	61 290 926	1 397 243	6 634 076	1 643 058	11 433 185	395 703
2005	7 430 504	74 048 751	1 758 489	7 020 625	1 958 657	11 689 166	1 734 855

表2-7（续）

年份	农林牧渔	工业	建筑业	交通运输、仓储及邮电通信业	批发和零售贸易业、餐饮业	生活消费	其他
2006	8 056 637	78 141 208	2 027 680	7 407 464	2 802 236	13 376 757	2 581 165
2007	7 988 754	82 393 424	2 378 229	9 153 386	3 152 472	13 968 446	3 273 218
2008	8 322 500	118 968 018	2 879 361	10 236 982	3 025 214	13 848 447	2 782 448
2009	7 983 180	128 990 702	2 327 474	9 626 286	3 144 078	14 958 027	3 144 086
2010	9 164 700	124 837 089	2 809 675	11 645 325	3 415 701	15 906 432	4 047 758
2011	9 606 688	143 873 191	3 390 024	12 642 906	2 766 386	18 344 774	4 826 195
2012	10 889 872	136 729 967	3 815 204	14 733 842	4 207 124	19 751 896	4 585 757
2013	3 225 242	106 970 413	3 746 069	15 200 531	4 886 222	17 797 498	6 068 271
2014	2 228 003	124 023 866	3 543 947	15 713 937	5 027 788	16 556 085	5 585 612
2015	2 334 635	125 649 793	3 459 067	18 623 527	5 278 915	17 659 265	3 471 432

表 2-8　　分行业部门的排放量核算—— 三级分类之生活消费　单位：tCO_2

年份	城镇	乡村
1997	3 115 336	5 435 163
1998	2 803 813	5 097 963
1999	2 965 519	5 245 390
2000	2 971 459	4 883 066
2001	3 868 905	6 324 954
2002	3 810 720	6 059 720
2003	4 245 297	6 315 882
2004	4 916 264	6 516 921
2005	5 533 610	6 155 557
2006	6 656 756	6 720 000
2007	7 241 525	6 726 922
2008	6 704 134	7 144 313
2009	7 389 405	7 568 622
2010	7 502 650	8 403 782
2011	9 456 242	8 888 532
2012	11 016 924	8 734 972
2013	10 880 142	6 917 356
2014	11 197 226	5 358 859
2015	12 399 313	5 259 952

表 2-9

分行业部门的排放量核算——各工业部门分类

单位：tCO₂

年份	采矿业	化医	冶金	有色金属	建材	装备制造	汽车制造	电子信息	消费品	其他	电力热力转换
1997	4 541 260	18 433 868	14 497 387	1 432 731	6 988 892	1 810 631	0	334 032	4 514 000	2 805 266	3 576 464.05
1998	7 424 408	17 042 923	9 349 420	1 762 529	20 150 063	1 660 601	0	31 385	4 695 242	576 017	3 112 739.19
1999	17 600 343	17 862 800	9 714 774	1 279 976	17 785 021	1 729 474	0	95 211	4 085 986	473 782	2 621 931.25
2000	18 315 585	17 672 999	10 511 873	1 617 339	21 040 437	2 239 159	0	34 064	3 933 878	1 492 603	894 372.33
2001	14 462 853	14 976 149	7 633 416	1 521 582	14 959 425	815 213	2 135 947	25 132	2 938 044	438 925	2 982 978.35
2002	12 185 816	15 467 938	9 379 984	1 914 230	21 632 913	1 013 472	2 054 132	26 320	3 633 292	1 169 584	3 640 252.55
2003	14 561 900	10 291 423	6 827 251	1 540 185	13 457 441	1 131 133	1 754 451	28 524	2 442 579	400 899	2 857 999.46
2004	17 551 466	10 581 982	8 175 019	2 071 172	12 696 164	1 160 911	2 112 830	32 317	3 129 728	527 959	3 281 101.65
2005	23 676 747	12 745 440	8 464 621	2 858 064	15 098 840	1 294 936	2 718 099	33 890	3 059 133	554 133	3 583 669.28
2006	24 802 954	13 068 526	10 559 353	3 089 089	14 838 783	1 183 790	2 802 236	41 482	3 204 582	585 209	4 009 174.12
2007	25 486 723	13 876 235	9 720 075	4 662 314	15 265 826	1 433 216	3 367 274	59 894	3 364 780	596 780	4 634 940.29
2008	43 768 569	20 361 603	11 483 307	5 374 064	20 549 807	2 163 742	4 113 570	77 980	5 658 171	660 414	4 790 776.09
2009	52 618 444	20 637 894	10 917 995	5 735 498	20 187 262	2 034 342	4 202 785	83 237	7 218 392	695 776	4 695 982.55
2010	56 134 544	18 204 500	12 366 819	3 429 794	17 912 763	1 731 939	3 927 245	143 966	6 078 020	643 114	4 291 154.10
2011	60 846 540	20 666 267	15 723 136	4 271 717	22 519 293	1 993 246	4 564 528	362 662	6 615 725	711 056	5 614 402.03
2012	58 589 341	22 376 058	13 176 125	4 784 017	20 443 447	1 159 096	3 920 093	427 922	6 676 979	566 403	4 630 823.87
2013	42 418 411	16 747 900	11 350 973	4 134 810	17 165 518	966 175	3 211 092	478 310	5 872 019	464 523	4 220 702.22
2014	47 764 311	18 890 417	9 581 114	10 895 712	20 934 059	1 552 369	3 242 289	591 391	6 129 697	463 451	4 002 701.85
2015	47 099 278	20 720 837	8 948 456	10 763 577	22 066 377	1 795 904	1 222 071	1 047 465	7 452 452	670 490	4 211 163.18

（二）历史排放数据归类

本书将历史基础排放数据从产业一侧进行整理归类，可以得到吻合重庆市主导产业结构特点的分类排放数据汇总（见表2-10）。

表2-10　　　　　　　　　分行业部门的排放量核算　　　　　　　单位：tCO_2

年份	能源及消费品工业	化医	材料	装备	电子信息	汽车	其他
1997	24 193 087.6	12 595 750.8	10 884 953.4	1 237 193.2	228 242.4	—	1 916 821.4
1998	25 159 312.4	11 944 114.2	7 787 536.8	1 163 791.7	21 995.5		403 687.3
1999	25 734 678.9	12 755 132.6	7 850 923.9	1 234 950.4	67 986.2		338 309.0
2000	29 165 633.3	11 774 883.2	8 081 257.8	1 491 871.2	22 695.3		994 467.7
2001	22 489 337.1	10 620 602.8	6 492 430.1	578 123.0	17 823.1	1 514 744.8	311 271.2
2002	26 803 004.5	10 809 393.5	7 892 687.4	708 240.2	18 393.3	1 435 480.2	817 335.7
2003	18 310 576.4	7 613 230.8	6 189 933.1	836 771.9	21 101.1	1 297 880.5	296 570.7
2004	20 987 503.0	7 772 829.1	7 526 178.8	852 728.9	23 738.2	1 551 946.1	387 803.9
2005	24 529 768.7	9 365 233.7	8 319 806.3	951 507.2	24 901.8	1 997 234.7	407 171.9
2006	27 292 164.3	9 371 330.9	9 787 183.4	848 885.7	29 746.7	2 009 460.3	419 648.1
2007	29 810 862.2	9 812 003.6	10 169 909.6	1 013 439.4	42 351.4	2 381 028.0	421 988.5
2008	37 453 273.9	15 296 325.1	12 663 827.3	1 625 476.2	58 581.3	3 090 253.2	496 125.0
2009	39 067 487.4	15 852 925.6	12 792 322.9	1 562 672.5	63 938.3	3 228 354.2	534 457.7
2010	35 181 257.8	14 259 411.9	12 373 336.9	1 356 611.7	112 767.2	3 076 173.8	503 745.1
2011	42 322 968.6	15 942 630.1	15 424 680.3	1 537 654.8	279 769.2	3 521 225.1	548 532.0
2012	35 062 823.1	18 138 708.8	14 559 033.3	939 598.0	346 886.3	3 177 745.7	459 143.4
2013	30 625 847.8	13 200 299.6	12 205 529.0	761 516.5	376 992.4	2 530 907.2	367 691.3
2014	30 788 912.2	15 464 970.6	16 763 711.9	1 270 874.3	484 152.7	2 654 356.6	379 412.3
2015	32 241 100.7	16 991 586.5	16 164 343.7	1 472 684.3	858 946.8	1 002 127.9	549 731.3

本书将"交通运输、仓储及邮电通信业"和"城镇、乡村"的燃油排放进行汇总，得到公用交通和居民私人交通的排放分类数据（见表2-11）。

表2-11　　　　　　　交通碳排放量核算——公用、私人　　　　　　单位：tCO_2

年份	交通	公用	私人
1997	1 386 519	1 344 916	41 602.61
1998	1 918 531	1 754 015	164 516
1999	2 015 914	1 846 404	169 510.2
2000	2 208 085	2 037 230	170 854.7

表2-11(续)

年份	交通	公用	私人
2001	2 284 184	2 107 759	176 425.4
2002	2 372 441	2 190 710	181 730.6
2003	2 459 029	2 276 061	182 968.1
2004	6 225 524	6 042 262	183 262.1
2005	6 466 347	6 279 738	186 608.9
2006	7 110 852	6 801 784	309 068.5
2007	8 617 245	8 304 270	312 974.7
2008	9 789 970	9 446 653	343 317
2009	9 875 407	8 557 789	1 317 618
2010	11 928 483	10 479 523	1 448 960
2011	12 754 992	11 019 704	1 735 288
2012	14 326 401	12 351 065	1 975 336
2013	14 808 755	12 616 891	2 191 864
2014	15 745 640	13 157 992	2 587 648
2015	18 810 403	15 938 743	2 871 659

第三章　重庆市碳排放投入产出分析

本章采用投入产出法研究碳排放在国民经济行业部门的投入情况、产出情况以及分布情况，描述国民经济各部门在一定时期（通常是一年）生产中的投入来源和产出使用方向，揭示国民经济各部门间相互依存、相互制约的数量关系。研究结论可以为城市生产力布局和产业发展方向提供决策参考。本章借助 2012 年重庆投入产出表、重庆市能源平衡表等数据源信息，编制了重庆市碳排放投入产出表，为进一步深入分析提供基础。

本章对碳排放的投入产出的分析主要是从国民经济行业能源碳排放的特性分析入手，分析了重庆市碳排放产出效率、碳排放效益，对重庆市各行业碳排放特性进行了具体评价分析。本章通过对四种常规一次能源消费产生的碳排放和终端行业与重庆国民经济关系的实证分析，得出重庆市碳排放的行业分布情况。

第一节　投入产出分析基本原理

本节提出投入产出的基本模型和基本参数。

一、基本模型

投入产出表具有如下平衡关系：

（1）行平衡关系：中间使用+最终使用=总产出。用公式表示：

$$\sum_{j=1}^{n} X_{ij} + Y_i = X_i$$
$$i = 1, 2, \cdots, n \qquad (3-1)$$

其中：X_{ij} —— i 部门提供给 j 部门生产或劳务活动的数量；

Y_i —— i 部门的总产出；

X_i —— i 部门的最终使用。

（2）列平衡关系：中间投入＋最终投入＝总投入。用公式表示：

$$\sum_{i=1}^{n} X_{ij} + N_j = X_j (j = 1, 2, \cdots, n) \tag{3-2}$$

其中：N_j——j 部门的增加值合计；

X_j——j 部门的总投入。

（3）总量平衡关系：总投入＝总产出

用公式表示：

$$\sum_{j=1}^{n} X_j = \sum_{i=1}^{n} X_i \tag{3-3}$$

二、基本参数

1. 直接消耗系数和完全消耗系数

它们是经济系统中相对稳定的两个基本经济参数，决定着经济系统的基本结构。

直接消耗系数 a_{ij} 表示第 j 部门单位总产出所消耗的第 i 部门的货物或服务的数量：

$$a_{ij} = \frac{x_{ij}}{X_j} (i, j = 1, 2, \cdots, n) \tag{3-4}$$

直接消耗系数矩阵 A 从行方向看，表示第 i 部门对所有 j 部门生产单位产值的直接投入量；从列方向看，表示第 j 部门生产单位产值对各 i 部门产品和服务的直接消耗量。

完全消耗系数 b_{ij} 表示第 j 部门增加一个单位的最终使用时，对第 i 部门货物和服务的直接和全部间接消耗之和。

$$b_{ij} = a_{ij} + \sum_{k=1}^{n} b_{ik} a_{kj} (i, j = 1, 2, \cdots, n) \tag{3-5}$$

完全消耗系数矩阵记为 B：

$$B = (I - A)^{-1} - I \tag{3-6}$$

2. 完全需要系数

完全需要系数 $\overline{b_{ij}}$ 表示第 j 产品部门增加单位最终产品时，对第 i 产品部门的产品和服务的完全需要量。完全需要系数又称为里昂惕夫逆系数，$\overline{b_{ij}}$ 的计算公式为：

$$\text{若 } i \neq j \text{，则 } 0 + a_{ij} + \sum_{k=1}^{n} a_{ik} a_{kj} + \sum_{k=1}^{n} \sum_{l=1}^{n} a_{ik} a_{kl} a_{lj} + \cdots = \overline{b_{ij}} \tag{3-7}$$

$$\text{若 } i = j \text{，则 } 1 + a_{ii} + \sum_{k=1}^{n} a_{ik} a_{ki} + \sum_{k=1}^{n} \sum_{l=1}^{n} a_{ik} a_{kl} a_{li} + \cdots = \overline{b_{ii}} \tag{3-8}$$

完全需要系数矩阵 $\bar{B}$:

$$\bar{B} = (I - A)^{-1} = B + I \qquad (3-9)$$

完全需要系数 $\bar{B}$ 与完全消耗系数 B 只是主对角线上的元素相差 1，但两者的经济意义是不同的，前者基于生产消耗的角度，后者基于社会需求的角度。

3. 影响力和感应度

影响力和感应度从绝对指标的角度分别反映某行业对国民经济发展的影响能力和受到国民经济发展的拉动能力。在里昂惕夫逆阵中，纵列第 j 列的数值之和（$\sum_{i=1}^{n} \bar{b}_{ij} \quad i = 1, 2, \cdots, n$）反映了该行业影响其他行业的程度。影响力系数是某行业的影响力与国民经济各行业影响力的平均水平之比，反映该行业对国民经济发展影响程度大小的相对水平，影响力系数大于或小于 1，说明该行业的影响力在全部行业中居平均水平以上或以下。在里昂惕夫逆阵中，横行第 i 行的数值之和（$\sum_{j=1}^{n} \bar{b}_{ij} \quad j = 1, 2, \cdots, n$）反映了该行业受其他行业影响的程度。感应度系数是某产业的感应度与国民经济各产业感应度的平均水平之比，反映某一产业受国民经济发展的拉动力程度大小的相对水平，感应度系数大于或小于 1，说明该产业的感应能力在全部产业中居平均水平以上或以下。

4. 生产诱发额和诱发系数

生产的诱发额是指对于某产业的一个最终需求量（消费、投资或出口），由产业波及效果所激发的全部生产额。各项最终需求的生产诱发额之和就是经济体系的总产出。其计算公式：

$$U = (I - A)^{-1}F \qquad (3-10)$$

其中：U 为某项最终需求对生产的诱发额向量，F 为对应的最终需求向量。

生产诱发系数是生产诱发额与相应的最终需求之比，经济意义是某项单位最终需求所能激发的某产业的总产出。诱发系数实际上是对影响力系数的进一步补充。最终需求的生产诱发额和诱发系数可以分析各部门产出受最终需求中的消费、投资或出口影响的感应波及程度。

第二节　碳排放投入产出模型及分析原理

上一节分析了投入产出的基本模型和基本参数，本节主要结合上节的模型参数，提出碳排放投入产出模型的基本形式和表征参数。

一、碳排放投入产出模型

目前，碳排放投入产出表的编制和应用方面的研究非常少，编制技术存在相当的复杂性，因此碳排放投入产出表尚未在各地推广运用。常见的做法是将碳排放作为产业部门直接纳入投入产出表进行核算，形成碳排放投入产出表。

基于全国碳排放权交易市场的建立，碳排放权在一定程度上可视为稀缺的资源要素或发展空间，然而当前的碳排放的市场化程度正在逐步加强，还未形成充分性的市场，碳排放的市场机制目前还难以充分体现在碳排放部门的产出中。我们建议不将碳排放作为产业部门直接纳入价值型投入产出表中，而是建立价值型—实物型兼得的碳排放投入产出表，本节拟采用以下的碳排放投入产出表（见表3-1）。由表3-1可以构建以下投入产出数学模型：

$$X = (I - A)^{-1}Y \tag{3-11}$$

引进第 j 行业的碳排放定额（直接碳排放系数）w，则表3-1中第Ⅴ象限各行业占碳排放总量 W 表示为：

$$W = wX = w(I - A)^{-1}Y \tag{3-12}$$

式（3-11）和式（3-12）构成了能源投入产出分析模型。该模型反映了总产出与总投入的平衡关系及各行业对碳排放总量的占用情况。

表 3-1　　　　　　　　　　碳排放投入产出简表

产出\投入	中间使用				最终使用								调入	总产出
					最终消费				资本形成					
	部门1	部门2	…	部门n	中间使用合计	城镇居民消费	农村居民消费	政府消费	消费合计	固定资本形成总额	库存	资本形成总额	最终使用合计	
中间投入 部门1／部门2／……／部门n／中间投入合计	第Ⅰ象限 x_{ij}					第Ⅱ象限 Y_i								X_i

表3-1(续)

投入 ＼ 产出	中间使用				最终使用									调入	总产出
					最终消费				资本形成						
	部门1	部门2	…	部门n	中间使用合计	城镇居民消费	农村居民消费	政府消费	消费合计	固定资本形成总额	库存	资本形成总额	调出	最终使用合计	
最终投入 劳动者报酬	N_{ij} 第Ⅲ象限					第Ⅳ象限									
生产税净额															
固定资产折旧															
营业盈余															
增加值合计															
总投入	X_j														
碳排放量	W_j 第Ⅴ象限														

二、碳排放投入产出分析原理

下面分别以降低单位实物投入产生的碳排放、提高单位碳排放的价值产出量为目的，建立碳排放效率评价分析和碳排放效益评价分析，基于两个方面评价国家经济部门的碳排放特性。

（一）碳排放效率分析

1. 碳排放投入系数

碳排放投入系数是部门碳排放强度的测度指标，用以反映各部门生产活动对碳排放的影响程度，反映碳排放在各部门的"利用"效率。

（1）直接碳排放系数。

直接碳排放系数表示生产一单位产品的碳排放数量，反映各部门在生产本部门产品过程中的直接碳排放强度。按总产值口径计算的直接碳排放系数物理含义清晰。对第 j 部门而言，直接碳排放系数 w_j 可采用以下公式得到：

$$w_j = W_j / X_j \qquad (3-13)$$

式中：W_j 为第 j 个部门的碳排放量，X_j 是第 j 个部门的总产出。直接碳排放系数向量记为 w。

（2）完全碳排放系数。

完全碳排放系数是用里昂惕夫逆阵右乘直接碳排放系数得到的：

$$\overline{w} = w \, (I - A)^{-1} \qquad (3-14)$$

式中：w 为完全碳排放系数向量。

产业对国民经济影响力和该行业的直接碳排放强度决定了各行业的完全碳排放系数，本书使用"完全碳排放系数"来表示 j 部门增加一个最终产品，整个国民经济系统对碳排放总量的全部影响程度。

（3）增加值碳排放系数。

增加值碳排放系数表示各部门创造单位增加值所直接产生的碳排放量。其计算公式为：

$$w_j^N = W_j / N_j \qquad (3-15)$$

（4）碳排放乘数。

碳排放乘数为某一行业增加单位碳排放量，导致整个经济系统产生的碳排放总量。碳排放乘数反映了经济行业碳排放量的乘数效应。第 j 行业碳排放乘数计算公式为：

$$MW_j = \frac{\overline{w_j}}{w_j} \qquad (3-16)$$

其行向量表示为 $MW = (MW_1, \ MW_2, \ \cdots, \ MW_n)$

2. 碳排放效率评价指标

下面在碳排放投入系数的基础上，计算相对碳排放系数、相对碳排放乘数、相对碳排放结构系数，通过对比某行业碳排放水平与当地经济系统总体碳排放水平来判定该行业的碳排放影响程度（效率）。

（1）相对碳排放系数。

该系数为行业直接碳排放系数和经济系统综合平均直接碳排放系数的比值。该指标可以用来分析不同经济行业碳排放水平的高低。计算公式为：

$$Rw_j^X = \frac{w_j^X}{w_o^X} \qquad (3-17)$$

$$Rw_j^N = \frac{w_j^N}{w_o^N} \qquad (3-18)$$

式（3-17）和式（3-18）中，Rw_j^X 和 Rw_j^N 分别为第 j 行业产值相对碳排放系数和增加值相对碳排放系数，w_o^X 和 w_o^N 分别为系统产值和增加值综合平均碳排放系数，即：

$$w_o^X = \frac{\sum_{j=1}^{n} W_j}{\sum_{j=1}^{n} X_j} \qquad (3-19)$$

$$w_o^N = \frac{\sum_{j=1}^{n} W_j}{\sum_{j=1}^{n} N_j} \qquad (3-20)$$

（2）相对碳排放乘数。

某行业的相对碳排放乘数为该行业碳排放乘数和经济系统平均碳排放乘数的比值。计算公式为：

$$RMW_j = MW_j / (\sum_{j=1}^{n} MW_j / n) \qquad (3-21)$$

式中：RMW_j 为第 j 行业相对碳排放乘数；MW_j 为第 j 行业碳排放乘数。

相对碳排放乘数指标主要反映各经济行业碳排放量的变化对经济系统碳排放总量的影响程度。

（3）相对碳排放结构系数。

相对碳排放结构系数指标反映某行业碳排放量占经济系统碳排放总量的比例与国民经济各行业平均水平的对比情况。相对碳排放结构系数 RS_j 的计算公式为：

$$RS_j = (W_j / W_o) / [\sum_{j=1}^{o} (W_j / W_o) / n] \qquad (3-22)$$

其中，W_o 为总碳排放量：

$$W_o = \sum_{j=1}^{n} W_j$$

3. 碳排放效率评价标准

碳排放效率的具体评价标准为：

（1）高碳排放行业：

$$Rw_j^N \geqslant 1 \text{ 或 } RS_j \geqslant 1 \qquad (3-23)$$

（2）低碳排放行业：

$$Rw_j^N < 1 \text{ 且 } RS_j < 1 \qquad (3-24)$$

（3）潜在高碳排放行业：

$$RMW_j \geqslant 1 \qquad\qquad (3-25)$$

（4）潜在低碳排放行业：

$$RMW_j < 1 \qquad\qquad (3-26)$$

（二）碳排放效益分析原理

1. 碳排放产出系数

部门碳排放产出水平采用碳排放产出系数进行测度，以此刻画各部门碳排放产生创造的经济效益。本书中碳排放产出系数采用增加值的统计口径进行表征。

（1）直接产出系数。

直接产出系数反映的是行业碳排放带来的直接经济效益，具体指的是某一个行业平均单位碳排放创造出的产值或增加值。

第 j 行业碳排放产值产出系数为：

$$O_j = X_j / W_j (j = 1, 2, \cdots, n) \qquad\qquad (3-27)$$

其列向量为 $DO^X = (O_1, O_2, \cdots, O_n)^T$

第 j 行业碳排放增加值产出系数为：

$$O_j^N = N_j / W_j (j = 1, 2, \cdots, n) \qquad\qquad (3-28)$$

其列向量为 $DO^N = (O_1^N, O_2^N, \cdots, O_n^N)^T$

（2）碳排放完全产出系数。

碳排放完全产出系数指的是单一行业单位碳排放量的变化导致的整个经济系统碳排放总量的变化，或同时增加，或同时减少。

设定完全产出矩阵 $CO = (I - A)^{-1} O = [Co_{ij}]_{(n \times n)}$，则对于第 j 行业碳排放完全产出系数：

$$Co_j = \sum_{i=1}^{n} Co_{ij} \qquad\qquad (3-29)$$

O 为直接产出系数构成的对角矩阵，$O = [O_{ij}]$，$O_{ij} = O_i = O_j (i = j)$

碳排放完全产出系数行向量为 $CO^X = (Co_1, Co_2, \cdots, Co_n)$，碳排放完全增加值产出系数行向量为 $CO^N = (Co_1^N, Co_2^N, \cdots, Co_n^N)$。

（3）碳排放产出乘数。

碳排放产出乘数为某一个行业每增加一单位碳排放所引起的整个经济系统产出价值量的增加量。第 j 行业碳排放产出乘数计算公式为：

$$MO_j = Co_j / O_j = Co_j^N / O_j^N \qquad\qquad (3-30)$$

其行向量可表示为：$MO = (MO_1, MO_2, \cdots, MO_n)$

碳排放产出乘数很好地体现了该行业在经济系统中的影响程度，可以说是该行业影响力表征指标。

2. 碳排放效益评价指标

（1）相对产出系数。

某行业相对产出系数为该行业的产出系数与经济系统平均产出系数的比值。计算公式为：

$$RO_j^x = O_j/O_o \qquad (3-31)$$

$$RO_j^N = O_j/O_o^N \qquad (3-32)$$

其中：RO_j^x 和 RO_j^N 分别为第 j 行业产值相对产出系数和增加值相对产出系数，O_o 和 O_o^N 分别为系统产值和增加值综合平均产出水平值，即：

$$O_o = \sum_{j=1}^n X_j / \sum_{j=1}^n W_j \qquad (3-33)$$

$$O_o^N = \sum_{j=1}^n N_j / \sum_{j=1}^n W_j \qquad (3-34)$$

当某行业的相对产出系数等于 1 时，表示该行业产出水平和整个经济系统产出水平持平；大于 1 则表示其产出水平高于平均水平；小于 1 表示其产出水平低于平均水平。

（2）相对产出乘数。

碳排放相对产出乘数为某行业产出乘数与经济系统平均产出乘数的比值。设定 RMO_j 为第 j 产值相对产出乘数，其计算公式为：

$$RMO_j = MO_j / \left[\sum_{j=1}^n MO_j/n \right] \qquad (3-35)$$

行业相对产出乘数的大小反映了该行业碳排放增加所引致的经济产出对整个经济系统产出的影响程度。

3. 碳排放效益评价标准

碳排放行业相对产出系数小于或等于 1，表明该行业单位碳排放产生的增加值低于国民经济平均水平，可以判定为低效碳排放行业，反之为高效碳排放行业；碳排放相对产出乘数小于或等于 1，表明该行业在国民经济中具有较小的影响力，对国民经济发展拉动作用不大，可以判定其为潜在的低效碳排放行业，反之为潜在的高效碳排放行业。碳排放效益的具体评价标准如下：

（1）高效碳排放行业：

$$RO_j^N \geqslant 1 \qquad (3-36)$$

（2）低效碳排放行业：

$$RO_j^N < 1 \qquad (3-37)$$

（3）潜在高效碳排放行业：
$$RMO_j \geq 1 \qquad (3-38)$$
（4）潜在低效碳排放行业：$RMO_j < 1$ (3-39)

在经济产出方面，国家经济体系旨在增加总产出；在碳排放方面，国家经济体系旨在减少碳排放。在特定的经济制度中，这两个目标可能是重叠的或有分歧的。如何以尽可能少的碳排放来确定国民经济发展的方向和创造尽可能多的经济产出，需要科学的判断和正确的选择。综合分析和评价经济碳排放特性有助于掌握碳排放的特点。

第三节　重庆市碳排放投入产出

上一节主要结合碳排放投入产出模型的基本形式和表征参数，提出碳排放投入产出分析的基本原理。本节在上一节提出的碳排放投入产出基本原理的基础上，对重庆市碳排放投入产出表的编制以及相关分析进行阐释。

一、重庆市碳排放投入产出表的编制

在采用投入产出法分析重庆碳排放的基础上，需要建立投入产出表。

我们的统计制度规定每五年编制一份投入产出表，在此期间，每一个正式表格在三年后延长。本书利用重庆 2012 年的投入产出表和同一时期的相关能源和碳排放数据，编制了重庆碳排放的投入产出表。该表将各行业的碳排放量作为第 V 象限加入重庆市投入产出表中，形成包含 42 个部门的重庆市碳排放投入产出价值—实物表。

二、重庆市碳排放投入产出分析

下面根据碳排放投入产出分析原理，分别从行业碳排放效率和碳排放效益两个方面，分析重庆碳排放的投入与产出的关系及其对经济系统的影响程度，探析重庆国民经济行业部门的碳排放水平的分类和分布情况。

（一）碳排放效率分析

本节首先根据重庆市碳排放投入产出表计算了万元产值碳排放量、万元增加值碳排放量、直接碳排放系数、完全碳排放系数及碳排放乘数五个系数；其次依据这五个系数计算出相对增加值碳排放系数、相对碳排放乘数、相对碳排放结构系数三个评价指标；最后根据设定的效率评价标准对重庆市行业碳排放

效率进行评价（见表3-2）。

1. 碳排放系数

（1）万元产值碳排放量。

根据公式（3-13）计算万元产值碳排放量。可以看出，第一产业（农业）、第二产业、第三产业的万元产值碳排放量分别为0.80吨/万元、1.15吨/万元、0.625吨/万元。第二产业是三次产业中碳排放最多的产业，其万元产值碳排放约为第一产业的1.4倍，第三产业的1.8倍。其中：电力、热力的生产和供应业是二次产业内部万元产值碳排放最高的行业，高达9.25吨/万元；其次是非金属矿物制品业（6.875吨/万元）；最低的行业是通信设备、计算机及其他电子设备制造业（0.131吨/万元）。第三产业内部万元产值碳排放比较高的行业有：交通运输及仓储业（2.225吨/万元），邮政业（2.025吨/万元），文化、体育和娱乐业（0.7吨/万元）、住宿和餐饮业（0.6吨/万元）、研究与试验发展业（0.55吨/万元）。

（2）万元增加值碳排放量。

根据公式（3-15）计算万元增加值碳排放量。第一产业万元增加值碳排放量为1.175吨/万元，第二产业万元增加值碳排放量为4.225吨/万元，第三产业万元增加值碳排放量为1.075吨/万元。第二产业万元增加值碳排放量约为第三产业万元增加值碳排放量的3.9倍，第一产业万元增加值碳排放量的3.6倍。万元增加值碳排放量最高的是非金属矿物制品业，高达22.5吨/万元，最低的是信息传输、计算机服务和软件业，仅为0.05吨/万元。

（3）完全碳排放系数及碳排放乘数。

这里根据公式（3-14）和（3-16）计算完全碳排放系数和碳排放乘数，分别从绝对量和相对量的角度考察产业碳排放的扩张程度。

第一产业增加万元最终产品完全碳排放量为803.8万吨，是该产业直接碳排放强度的1.41倍；第二产业增加万元最终产品完全碳排放量为20 599.3万吨，是该产业直接碳排放强度的2.4倍；第三产业增加万元最终产品完全碳排放量为5 580.3万吨，是该产业直接碳排放强度的3.1倍。深入分析，第三产业扩张程度较高的原因有：一是第三产业本身的直接碳排放强度较低，基数较小；二是第三产业主要是产品和服务的供给，在产品生产和完成服务的过程中，产生的间接碳排放占的比重较大。由此可见，在实际研究中，同时分析绝对量和相对量两个角度的碳排放扩张程度是很有必要和实际意义的。例如，尽管造纸印刷及文教体育用品制造业、食品制造及烟草加工业、纺织业的直接碳排放量（即万元产值碳排放量）均低于第二产业平均碳排放量，但考虑部门关联，其完全碳排放量却超过了第二产业平均碳排放量。

总之，不能单单从直接碳排放强度的角度判断某个行业的碳排放效率，这样的做法很有可能会造成碳排放评估失准的结果。统筹考虑碳排放扩张程度能够更好地对部门碳排放特性进行全面和深入的把控。

比对和分析直接碳排放量和完全碳排放量的关系，了解掌握各行业最终产出变动对国民经济直接和间接碳排放量的影响，对科学的产业布局和招商引资具有重要的决策意义。对于间接排放量较大的行业，在生产力布局和招商引资中，要适当保持谨慎，统筹考虑行业结构，在产能设计和产品结构、产品规模等方面要多一把尺子丈量这些行业扩大生产过程中对全社会碳排放量的总体影响。

表 3-2   重庆市国民经济碳排放系数

行业	万元产值碳排放量/（吨/万元）	万元增加值碳排放量/（吨/万元）	直接碳排放量/万吨	完全碳排放量/万吨	碳排放乘数
（一）第一产业	0.8	1.175	571.1	803.8	1.41
农林牧渔业	0.8	1.175	571.1	803.8	1.41
（二）第二产业	1.15	4.225	8 583.05	20 599.3	2.4
1. 建筑业	0.15	0.65	210.2	589.925	2.81
2. 工业	1.4	4.975	8 536.35	8 536.35	1
采矿业	4.85	10.225	1 014.8	1 014.8	1
煤炭开采和洗选业	4.85	10.125	818.825	3 160.8	3.86
石油和天然气开采业	2.2	6.125	742.125	742.125	1
金属矿采选业	4	7.925	67.5	4 716.675	69.88
非金属矿及其他矿采选业	4.275	11.75	78.35	3 529.275	45.05
制造业	1.225	4.625	6 726.15	6 726.15	1
食品制造及烟草加工业	0.275	0.75	116.425	173.325	1.49
纺织业	1.1	4.525	144.25	237.7	1.65
纺织服装鞋帽皮革羽绒及其制品业	0.15	0.6	10.675	10.675	1
木材加工及家具制造业	0.375	1.625	14.3	44.15	3.09
造纸印刷及文教体育用品制造业	0.9	3.875	91.3	599.3	6.56
石油加工、炼焦及核燃料加工业	1.175	4.1	33.825	12 409.73	366.83
化学工业	2.8	8.725	1 579.8	4 803.625	3.04
非金属矿物制品业	6.875	22.5	2 037.5	22 446.55	11.02
金属冶炼及压延加工业	2.275	8.65	1 761.925	31 133.23	17.67
金属制品业	0.5	1.8	49.025	49.025	1
通用、专用设备制造业	0.625	2.325	229.9	229.9	1

表3-2(续)

行业	万元产值碳排放量/（吨/万元）	万元增加值碳排放量/（吨/万元）	直接碳排放量/万吨	完全碳排放量/万吨	碳排放乘数
交通运输设备制造业	0.25	1.075	508.25	6 759.65	13.3
电气机械及器材制造业	0.125	0.55	40.4	868.75	21.5
通信设备、计算机及其他电子设备制造业	0.131	0.325	8.121	8.121	1
仪器仪表及文化办公用机械制造业	0.211	0.675	16.45	16.45	1
工艺品及其他制造业	1.425	4.775	13.5	17.575	1.3
废品废料	0.225	0.775	3.5	3.5	1
电力、燃气及水的生产和供应业	2.4	6.325	1 005.6	1 005.6	1
电力、热力的生产和供应业	9.25	15.575	50.15	50.15	1
燃气生产和供应业	0.1	0.2	6.575	6.575	1
水的生产和供应业	2.975	6.675	46.675	46.675	1
（三）第三产业	0.625	1.075	1 800.1	5 580.3	1
交通运输及仓储业	2.225	4.175	1 093.4	1 783.05	1.63
邮政业	2.025	4.525	26.75	26.75	1
信息传输、计算机服务和软件业	0.025	0.05	4.75	4.75	1
批发和零售业	0.35	0.5	186.825	2 279.2	12.2
住宿和餐饮业	0.6	1.775	163.1	348.15	2.13
金融业	0.175	0.275	32.525	32.525	1
房地产业	0.175	0.2	26.025	26.025	1
租赁和商务服务业	0.125	0.425	16.275	16.275	1
研究与试验发展业	0.55	1.6	9.75	9.75	1
综合技术服务业	0.1	0.225	6.5	39.95	6.14
水利、环境和公共设施管理业	0.5	0.75	29.275	40.7	1.39
居民服务和其他服务业	0.4	0.7	35.775	439.525	12.28
教育业	0.3	0.475	65.05	65.05	1
卫生、社会保障和社会福利业	0.123	0.249	19.519	19.519	1
文化、体育和娱乐业	0.7	1.4	39.025	39.025	1
公共管理和社会组织业	0.15	0.275	45.55	45.55	1

2. 碳排放效率评价

按照公式（3-18）、（3-19）、（3-20）计算得出的结果见表3-3。

根据前述的行业碳排放效率判定标准［公式（3-21）～（3-24）］，对重庆市国民经济行业碳排放效率进行评价，结果如下：第一产业的碳排放程度较低，第二产业的碳排放程度最高。

从第二产业内部行业来看，潜在碳排放程度高的行业有非金属矿及其他矿采选业，纺织服装鞋帽皮革羽绒及其制品业，石油加工业，金属冶炼及压延加工业，金属制品业，通用、专用设备制造业，电气机械及其器材制造业，电力、热力的生产和供应业，等等。

第三产业碳排放程度较低，但第三产业内部包含着不少潜在碳排放程度高的部门：批发和零售业，房地产业，租赁和商业服务业，水利、环境和公共设施管理业，等等。

表 3-3　　　　　　　　重庆市国民经济行业碳排放效率评价

行业	相对产值碳排放系数	相对碳排放结构系数	相对碳排放乘数	碳排放程度	潜在碳排放程度
（一）第一产业	0.56	0.71	0.50	低	低
农林牧渔业	0.56	0.71	0.50	低	低
（二）第二产业	0.82	10.70	4.20	高	高
1. 建筑业	0.11	0.26	0.52	低	低
2. 工业	0.99	10.65	11.20	高	高
采矿业	3.44	1.27	0.83	高	低
煤炭开采和洗选业	3.45	1.02	0.75	高	低
石油和天然气开采业	6.56	1.06	0.08	高	低
金属矿采选业	2.84	1.08	0.07	高	低
非金属矿及其他矿采选业	3.04	0.10	1.05	低	高
制造业	0.87	8.39	0.70	高	低
食品制造及烟草加工业	0.19	1.15	0.23	高	低
纺织业	0.79	1.18	0.11	高	低
纺织服装鞋帽皮革羽绒及其制品业	0.11	0.01	1.24	低	高
木材加工及家具制造业	0.27	0.02	0.12	低	低
造纸印刷及文教体育用品制造业	0.64	1.11	0.01	高	低
石油加工、炼焦及核燃料加工业	0.84	0.04	1.38	低	高

表3-3（续）

行业	相对产值碳排放系数	相对碳排放结构系数	相对碳排放乘数	碳排放程度	潜在碳排放程度
化学工业	1.99	1.97	0.71	高	低
非金属矿物制品业	4.89	2.54	0.01	高	低
金属冶炼及压延加工业	1.61	2.20	18.09	高	高
金属制品业	0.36	1.06	1.11	高	高
通用、专用设备制造业	0.46	0.30	1.52	低	高
交通运输设备制造业	0.16	0.64	0.15	低	低
电气机械及器材制造业	0.11	1.1	22.0	高	高
通信设备、计算机及其他电子设备制造业	0.10	0.01	0.02	低	低
仪器仪表及文化办公用机械制造业	0.14	0.02	1.20	低	高
工艺品及其他制造业	1.01	1.02	0.07	高	低
废品废料	0.16	1.13	0.08	高	低
电力、燃气及水的生产和供应业	1.71	1.25	0.45	高	低
电力、热力的生产和供应业	1.56	1.35	1.20	高	高
燃气生产和供应业	0.07	1.02	0.58	高	低
水的生产和供应业	2.11	1.11	0.32	高	低
（三）第三产业	0.44	0.25	0.15	低	低
交通运输及仓储业	1.58	1.36	0.40	高	低
邮政业	1.44	1.03	1.02	高	高
信息传输、计算机服务和软件业	0.02	0.01	0.30	低	低
批发和零售业	0.25	0.23	1.26	低	高
住宿和餐饮业	0.43	0.20	0.35	低	低
金融业	0.12	0.04	0.12	低	低
房地产业	0.12	0.03	1.15	低	高
租赁和商务服务业	0.09	0.02	1.04	低	高

表3-3(续)

行业	相对产值碳排放系数	相对碳排放结构系数	相对碳排放乘数	碳排放程度	潜在碳排放程度
研究与试验发展业	0.39	0.01	0.21	低	低
综合技术服务业	0.08	0.01	0.01	低	低
水利、环境和公共设施管理业	0.36	0.04	1.20	低	高
居民服务和其他服务业	0.28	0.04	0.01	低	低
教育业	0.22	0.08	0.08	低	低
卫生、社会保障和社会福利业	0.09	0.02	0.13	低	低
文化、体育和娱乐业	0.50	0.05	0.06	低	低
公共管理和社会组织业	0.10	0.06	0.07	低	低

（二）碳排放效益分析

下面首先根据重庆市碳排放投入产出表计算增加值产出系数、增加值完全产出系数及产出乘数三个碳排放产出系数，其次依据这三个系数计算出相对增加值产出系数、相对产出乘数等两个评价指标，最后根据设定的效益评价标准对重庆市行业碳排放效益进行评价（见表3-4）。

1. 碳排放产出系数

（1）增加值产出系数。

增加值产出系数可以清楚地反映出不同行业单位碳排放所创造出的经济价值。经分析，重庆市第一产业排放1吨二氧化碳创造出的增加值为844.92元，第二产业排放1吨二氧化碳可以有2 368.33元的增加值，第三产业排放1吨二氧化碳可以产生增加值9 243.84元。

由此可见，单位二氧化碳排放产生的增加值最高，即碳排放效益最高的产业是第三产业。第三产业内部单位碳排放产生的增加值最大的是信息传输、计算机服务和软件业（250 556.53元），其次是房地产业（48 142.64元）、综合技术服务业（45 266.23元），除此之外，增加值系数较高的还有卫生、社会保障和社会福利业（39 166.24元），金融业（37 770.76元）。

第二产业内部各行业碳排放效益同样存在差异。第二产业内部增加值碳排放系数最高的是燃气生产及供应业（47 215.74元），其后依次是通信设备、计算机及其他电子设备制造业（33 904.98元），纺织服装鞋帽皮革羽绒及其制品业（16 415.47 元）等。

（2）增加值完全产出系数及产出乘数。

通过公式（3-27）和（3-28）计算出的增加值完全产出系数和产出乘数，分别从绝对量和相对量的角度考察产业碳排放产出的扩张程度。第一产业单位碳排放产生的完全经济效益为 1 698.29 元，第二产业为 6 441.78 元，第三产业为 25 605.452 元。它们都比碳排放直接产生的效益有所扩大，扩大程度为 2.01~4.2 倍。第三产业是完全经济效益最高的产业。第二产业内部碳排放完全增加值产出系数最高的是燃气生产和供应业，其单位碳排放产生的完全经济效益达 178 475.49 元，其次是通信设备、计算机及其他电子设备制造业，为 104 088.28 元，完全增加值产出系数低于第二产业平均碳排放产出水平（6 441.78 元）的行业占到 48%。第二产业部门的单位碳排放增加值不高，但是产出乘数较高，在重庆市国民经济系统中占有重要的地位。第三产业产出乘数较高，经济效益明显。第三产业产出乘数较大的部门有信息传输、计算机服务和软件业，房地产业，综合技术服务业，卫生、社会保障和社会福利业，公共管理和社会组织业，租赁和商务服务业，教育业。尤其是信息传输、计算机服务和软件业成为全行业产出乘数最大的行业，高达 781 736.37 元。

表 3-4　　　　　　　　重庆市国民经济碳排放产出系数

行业	直接碳排放/万吨	增加值/万元	增加值产出系数/元	完全增加值产出系数/元	产出乘数
（一）第一产业	571.1	1 206 354	5 280.75	10 614.3	2.01
农林牧渔业	571.1	1 206 354	5 280.75	10 614.3	2.01
（二）第二产业	8 583.05	50 818 086	14 801.9	40 261.15	2.72
1. 建筑业	210.2	8 016 882	95 346.18	273 643.5	2.87
2. 工业	8 536.35	42 801 203	12 534.98	62 674.88	5
采矿业	1 014.8	2 483 788	6 118.875	12 421.33	2.03
煤炭开采和洗选业	818.825	2 023 855	6 179.2	13 594.25	2.2
石油和天然气开采业	50.15	80 469.85	4 011.75	8 224.075	2.05
金属矿采选业	67.5	212 834.4	7 882.75	21 519.93	2.73
非金属矿及其他矿采选业	78.35	166 628.3	5 316.8	13 132.48	2.47

表3-4(续)

行业	直接碳排放/万吨	增加值/万元	增加值产出系数/元	完全增加值产出系数/元	产出乘数
制造业	6 726.15	36 341 231	13 507.45	37 550.7	2.78
食品制造及烟草加工业	116.425	3 900 659	83 759.05	232 012.6	2.77
纺织业	144.25	797 327.7	13 817.93	38 828.35	2.81
纺织服装鞋帽皮革羽绒及其制品业	10.675	438 087.9	102 596.7	319 075.8	3.11
木材加工及家具制造业	14.3	221 215.6	38 674.05	90 497.3	2.34
造纸印刷及文教体育用品制造业	91.3	589 562.2	16 143.55	47 462.03	2.94
石油加工、炼焦及核燃料加工业	33.825	206 761.8	15 279.73	52 409.48	3.43
化学工业	1 579.8	4 524 858	7 160.5	22 985.18	3.21
非金属矿物制品业	2 037.5	2 262 890	2 776.575	7 607.8	2.74
金属冶炼及压延加工业	1 761.925	5 085 934	7 216.45	24 247.25	3.36
金属制品业	49.025	677 423.9	34 550.4	123 344.9	3.57
通用、专用设备制造业	229.9	2 471 502	26 875.85	77 402.43	2.88
交通运输设备制造业	508.25	11 802 807	58 056.83	275 189.3	4.74
电气机械及器材制造业	40.4	1 879 316	116 273.8	411 609.4	3.54
通信设备、计算机及其他电子设备制造业	8.075	685 297.4	211 906.1	650 551.7	3.07
仪器仪表及文化办公用机械制造业	16.45	615 144.3	93 547.88	300 288.7	3.21
工艺品及其他制造业	13.5	70 765.05	13 109.45	36 444.25	2.78
废品废料	3.5	111 679.3	79 672.63	193 604.5	2.43

表3-4(续)

行业	直接碳排放/万吨	增加值/万元	增加值产出系数/元	完全增加值产出系数/元	产出乘数
电力、燃气及水的生产和供应业	1 005.6	3 976 185	9 885.1	34 301.33	3.47
电力、热力的生产和供应业	742.125	3 024 222	10 187.6	21 495.83	2.11
燃气生产和供应业	6.575	777 408.8	295 098.4	1 115 472	3.78
水的生产和供应业	46.675	174 553.6	9 348.025	18 882.98	2.02
(三)第三产业	1 800.1	41 599 613	57 774.03	160 034.1	2.77
交通运输及仓储业	1 093.4	6 560 403	15 000.1	31 950.23	2.13
邮政业	26.75	147 406.8	13 775.13	30 443	2.21
信息传输、计算机服务和软件业	4.75	2 978 491	1 565 978	4 885 852	3.12
批发和零售业	186.825	9 184 271	122 903.4	310 945.6	2.53
住宿和餐饮业	163.1	2 297 338	35 213.65	97 541.78	2.77
金融业	32.525	3 071 471	236 067.3	587 807.5	2.49
房地产业	26.025	3 131 919	300 891.5	947 808.2	3.15
租赁和商务服务业	16.275	984 814.2	151 381.8	449 603.9	2.97
研究与试验发展业	9.75	151 502.6	38 813.98	76 851.68	1.98
综合技术服务业	6.5	736 198.7	282 914	656 360.3	2.32
水利、环境和公共设施管理业	29.275	989 402.2	84 492.8	169 830.5	2.01
居民服务和其他服务业	35.775	1 286 003	89 854.25	199 476.4	2.22
教育业	65.05	3 483 380	133 862.9	290 482.5	2.17
卫生、社会保障和社会福利业	19.525	1 910 970	244 789	656 034.5	2.68
文化、体育和娱乐业	39.025	702 894.8	45 019.28	96 791.43	2.15
公共管理和社会组织业	45.55	3 983 148	218 669.3	599 153.8	2.74

2. 碳排放效益评价

计算重庆各行业相对增加值产出系数、相对产出乘数结果，可以发现农业碳排放效益太低，影响了所有部门的平均碳排放效益，导致第二产业及第三产业部门的碳排放特性难以体现，在第二产业及第三产业内部分别比较碳排放效益，有利于剔除部分产出程度较低的部门。根据行业碳排放效益判定标准［公式（3-36）～（3-39）］，对重庆市国民经济行业碳排放效益进行评价，结果如下：

第一产业碳排放产出程度低，潜在产出程度也低，总之第一产业碳排放产生的效益较低。

第二产业碳排放产出效益较高。非金属矿物制品业虽然碳排放产出程度低，但由于它们的基础工业地位，对国民经济的影响力较大，所以潜在产出程度高于全市平均碳排放产出水平；制造业中的食品制造及烟草加工业，纺织业，纺织服装鞋帽皮革羽绒及其制品业，石油加工、炼焦及核燃料加工业，化学工业，金属冶炼及压延加工业，金属制品业，通用、专用设备制造业，通信设备、计算机及其他电子设备制造业等行业碳排放产出程度高，潜在碳排放产出也比较高，对国民经济的影响力也大，是第二产业中碳排放效益较高的部门；煤炭开采和洗选业、石油和天然气采选业、金属矿采选业、非金属矿及其他矿采选业、木材加工及家具制造业五个部门虽然产出程度较高，但其在国民经济中的影响力较小，潜在产出程度较低；造纸印刷及文教体育用品制造业、交通运输设备制造业、电气机械及器材制造业等的碳排放产出程度低，但是潜在产出程度高。

第三产业碳排放产出程度整体而言，高于其他两个产业，潜在产出程度从数据结果来看，产出程度较高，高于工业产出程度36%，更是远远高于第一产业产出程度。但是从显示结果来看，潜在产出程度不够理想。从第三产业内部来看，信息传输、计算机服务和软件业，住宿和餐饮业，房地产业，租赁和商务服务业的产出程度和潜在产出程度都比较高；第三产业的其他行业尽管潜在产出程度不高，但基本为0.7~0.99（见表3-5）。

表 3-5　　　　重庆市国民经济行业碳排放效益评价

行业	相对增加值产出系数	相对产出乘数	产出程度	潜在产出程度
（一）第一产业	0.05	0.73	低	低
农林牧渔业	0.05	0.73	低	低

表3-5(续)

行业	相对增加值产出系数	相对产出乘数	产出程度	潜在产出程度
(二) 第二产业	1.14	1.08	高	高
1. 建筑业	1.91	1.04	高	高
2. 工业	1.21	1.81	高	高
采矿业	0.06	0.73	低	低
煤炭开采和洗选业	1.06	0.79	高	低
石油和天然气开采业	1.04	0.74	高	低
金属矿采选业	1.12	0.99	高	低
非金属矿及其他矿采选业	1.13	0.89	高	低
制造业	1.09	1.00	高	高
食品制造及烟草加工业	1.12	1.00	高	高
纺织业	1.13	1.02	高	高
纺织服装鞋帽皮革羽绒及其制品业	1.89	1.12	高	高
木材加工及家具制造业	1.37	0.85	高	低
造纸印刷及文教体育用品制造业	0.15	1.06	低	高
石油加工、炼焦及核燃料加工业	1.15	1.24	高	高
化学工业	1.07	1.16	高	高
非金属矿物制品业	0.03	0.99	低	低
金属冶炼及压延加工业	1.21	1.21	高	高
金属制品业	1.33	1.29	高	高
通用、专用设备制造业	1.26	1.04	高	高
交通运输设备制造业	0.55	1.71	低	高
电气机械及器材制造业	0.21	1.28	低	高
通信设备、计算机及其他电子设备制造业	2.01	1.11	高	高
仪器仪表及文化办公用机械制造业	1.89	1.16	高	高
工艺品及其他制造业	1.12	1.00	高	高
废品废料	0.76	0.88	低	低

表3-5（续）

行业	相对增加值产出系数	相对产出乘数	产出程度	潜在产出程度
电力、燃气及水的生产和供应业	1.09	1.25	高	高
电力、热力的生产和供应业	1.10	0.76	高	低
燃气生产和供应业	2.81	1.37	高	高
水的生产和供应业	0.09	0.73	低	低
（三）第三产业	1.55	0.90	高	低
交通运输及仓储业	1.14	0.77	高	低
邮政业	1.16	0.80	高	低
信息传输、计算机服务和软件业	14.89	1.13	高	高
批发和零售业	1.17	0.91	高	低
住宿和餐饮业	1.33	1.10	高	高
金融业	2.24	0.90	高	低
房地产业	2.86	1.14	高	高
租赁和商务服务业	1.44	1.17	高	高
研究与试验发展业	1.37	0.72	高	低
综合技术服务业	2.69	0.84	高	低
水利、环境和公共设施管理业	1.81	0.73	高	低
居民服务和其他服务业	1.25	0.80	高	低
教育业	1.27	0.78	高	低
卫生、社会保障和社会福利业	2.33	0.97	高	低
文化、体育和娱乐业	1.43	0.78	高	低
公共管理和社会组织业	2.08	0.99	高	低

三、分行业碳排放特性综合评价

根据上文对重庆市国民经济部门碳排放效率和碳排放效益的分析和评价，可以将重庆市国民经济部门按行业碳排放特性进行分类（见表3-6）。根据行业碳排放特性的不同，重庆市国民经济部门可按以下四种类型进行分类：高产出高碳排放类、低产出高碳排放、高产出潜在高碳排放、高产出低碳排放。总体来讲，重庆国民经济部门碳排放效率较高。其中，非金属矿及其他矿采选业，纺织服装鞋帽皮革羽绒及其制品业，石油加工、炼焦及核燃料加工业，通用、专用设备制造业，仪器仪表及文化办公用机械制造业，租赁和商务服务业，水利、环境和公共设施管理业7个行业虽然生产效益高，但是潜在碳排放程度也高，必须加以注意。低碳排放、高产出的行业的发展应当得到鼓励，但是其潜在碳排放程度不容忽视，不能因为眼前经济利益而盲目发展，我们应该有计划地扩大其生产规模，同时对其进行碳排放配额管理，在保证能源资源优化利用的基础上更好地发挥产业的经济效益。

第二产业中的煤炭开采和洗选业，石油和天然气开采业，金属矿采选业，制造业，食品制造及烟草加工业，纺织业，石油加工、炼焦及核燃料加工业，化学工业，金属冶炼及压延加工业，金属制品业，交通运输设备制造业，电力、燃气及水的生产和供应业，电力、热力的生产和供应业，燃气生产和供应业，第三产业中的交通运输及仓储业、邮政业等生产效益高，但是碳排放量大，它们均属于高产出高碳排放的行业。在能源相对丰富、供能条件不受制约的地方适度推动高产出高碳排放行业的发展，有利于促进区域经济的快速发展。农业碳排放量大、碳排放效率较低，提高农业碳排放产出效率是建设低碳农业的核心。

采矿业、造纸印刷及文教体育用品制造业、非金属矿物制品业、电气机械及器材制造业、废品废料、水的生产和供应业也是耗能量大、产出效益较低的。基础工业部门要为国民经济其他部门提供基础生产资料，原则上以满足生产需求为限。造纸印刷及文教体育用品制造业碳减排效益低，应该给予一定的限制。住宿和餐饮业，研究与试验发展业，教育业，卫生、社会保障和社会福利业，公共管理和社会组织业是第三产业中碳排放量较大、产出效益相对较低的行业。从上文对行业碳排放效率的分析可以发现，这些部门潜在碳排放程度是低的，在这些行业的发展过程中主要应注意节约用能。

表 3-6　　　　　　　　　重庆市行业碳排放特性分类

碳排放特性	行业
高产出 高碳排放	煤炭开采和洗选业，石油和天然气开采业，金属矿采选业，制造业，食品制造及烟草加工业，纺织业，化学工业，金属冶炼及压延加工业，金属制品业，交通运输设备制造业，电力、燃气及水的生产和供应业，电力、热力的生产和供应业，燃气生产和供应业，交通运输及仓储业，邮政业

表3-6(续)

碳排放特性	行业
低产出 高碳排放	采矿业,造纸印刷及文教体育用品制造业,非金属矿物制品业,电气机械及器材制造业,废品废料,水的生产和供应业
高产出 潜在高碳排放	非金属矿及其他矿采选业,纺织服装鞋帽皮革羽绒及其制品业,石油加工、炼焦及核燃料加工业,通用、专用设备制造业,仪器仪表及文化办公用机械制造业,租赁和商务服务业,水利、环境和公共设施管理业
高产出 低碳排放	农林牧渔业,木材加工及家具制造业,通信设备、计算机及其他电子设备制造业,建筑业,信息传输、计算机服务和软件业,批发和零售业,住宿和餐饮业,金融业,房地产业,研究与试验发展业,综合技术服务业,居民服务和其他服务业,教育业,卫生、社会保障和社会福利业,文化、体育和娱乐业,公共管理和社会组织业

第四章 重庆市碳排放的影响因素分析

上一章利用投入产出分析法，将重庆市国民经济部门按高产出高碳排放类、高产出低碳排放类、高产出潜在高碳排放类、低产出高碳排放类四种类型进行分类，分析得出了重庆市行业碳源的分布情况。本章借助因素分解模型，对重庆市碳排放的影响因素进行量化研究，分析各影响因素对碳排放的影响效应。

第一节 碳排放影响因素分解

本节主要提出碳排放的影响因素分解的相关模型，并对数据的获取和数据的基本信息进行说明，得出重庆市碳排放相关时间序列数据。

一、因素分解模型

评价分析碳排放影响因素的方法较多，目前较为常见和成熟的是指数因素分解法（IDA），运用较为广泛的有 Laspeyres 指数分解法、平均迪氏指数分解法和费雪指数分解法等。

Ang（2004）对比分析了平均迪氏和 Laspeyres 指数分解法，从适用性、解释性角度进行了比较，提出平均迪氏指数分解法是最理想的分解方法。

平均迪氏指数法（Logarithmic Mean Divisia Index，简称 LMDI）的基本思路是把一个目标变量分解成若干个影响因素的组合，从而分析各影响因素对目标变量的影响程度的大小（即贡献率），而且还可以逐层进行分解，以区分不同影响因素对目标变量的影响。由于该方法没有残差，而且能够处理出现零值的情况，因此运用较为广泛。

通过以上分析，本节选择平均迪氏指数分解法（LMDI）对重庆市碳排放进行影响因素分解分析。

二、基础数据核算

（一）数据来源

经济社会发展以及碳排放相关数据来源于《重庆统计年鉴》，碳排放的基础数据是根据重庆市年度能源平衡表中分能源品种数据，结合 IPCC 和我国省级温室气体排放清单编制指南的核算方法计算而得。鉴于重庆市 1997 年成为直辖市后，1997—2015 年的数据更具有可比性和体系性，因此本节在使用数据样本时选取 1997—2015 年的样本数据。

（二）数据生成及分析

本节核算得出 1978—2015 年重庆市碳排放总量数据，根据重庆市 1978—2015 年地区生产总值和常住人口数量等数据，计算得到 1978—2015 各年能源强度和人均 GDP。结果见表 4-1。

表 4-1　　　　1978—2015 年重庆市碳排放量及相关指标数据表

年份	碳排放/万吨	人口/万人	城镇化率/%	人均GDP/元	煤炭消费比重/%	二次产业占比/%	单位GDP碳排放/（吨/万元）
1978	2 151.09	2 498.26	12.56	1 255.77	79.16	48.10	6.86
1979	2 252.77	2 522.74	13.58	1 381.62	77.69	47.20	6.46
1980	2 354.38	2 540.06	14.60	1 477.86	76.36	46.80	6.27
1981	2 394.31	2 564.64	14.80	1 554.44	76.30	44.90	6.01
1982	2 502.33	2 579.47	14.55	1 683.05	75.60	43.60	5.76
1983	2 643.93	2 603.25	15.43	1 839.45	75.50	42.10	5.52
1984	2 763.24	2 613.28	16.56	2 123.74	75.18	42.80	4.98
1985	2 961.08	2 633.33	17.32	2 288.82	75.58	44.70	4.91
1986	3 013.85	2 659.94	17.46	2 460.79	73.84	44.10	4.60
1987	3 313.63	2 698.83	17.60	2 553.88	74.25	43.90	4.81
1988	3 627.03	2 727.24	18.71	2 767.36	76.47	45.00	4.81
1989	3 749.45	2 753.85	19.67	2 874.91	76.30	44.70	4.74
1990	3 604.92	2 775.19	20.76	3 052.50	74.56	41.40	4.26
1991	3 692.67	2 796.56	21.86	3 307.86	73.89	41.20	3.99
1992	3 780.05	2 811.21	23.31	3 833.57	73.27	42.10	3.51
1993	3 868.53	2 822.50	24.66	4 413.89	72.63	44.70	3.11

表4-1(续)

年份	碳排放/万吨	人口/万人	城镇化率/%	人均GDP/元	煤炭消费比重/%	二次产业占比/%	单位GDP碳排放/（吨/万元）
1994	3 966.38	2 840.20	26.20	4 978.53	71.71	45.20	2.81
1995	4 110.29	2 856.93	27.58	5 558.15	69.78	43.90	2.59
1996	4 330.11	2 875.21	29.50	6 152.43	70.40	43.30	2.45
1997	4 667.55	2 873.36	31.00	6 845.90	68.17	43.10	2.37
1998	4 823.88	2 870.75	32.60	7 441.41	65.74	42.20	2.26
1999	5 178.75	2 860.37	34.30	8 050.95	65.64	42.00	2.25
2000	5 493.66	2 848.82	35.60	8 786.86	66.36	42.40	2.19
2001	5 839.53	2 829.21	37.40	9 661.76	66.07	42.60	2.14
2002	6 478.32	2 814.83	39.90	10 730.78	68.33	42.90	2.14
2003	7 268.64	2 803.19	41.90	12 036.06	70.32	44.40	2.15
2004	7 705.85	2 793.32	43.50	13 576.33	65.46	45.40	2.03
2005	7 964.94	2 798.00	45.20	15 139.39	62.78	45.10	1.88
2006	8 729.55	2 808.00	46.70	16 956.08	61.46	47.90	1.83
2007	10 186.68	2 816.00	48.30	19 596.27	62.73	46.70	1.85
2008	10 543.82	2 839.00	50.00	22 255.95	60.78	44.60	1.67
2009	11 542.46	2 859.00	51.60	25 393.19	62.31	45.00	1.59
2010	13 022.09	2 884.62	53.00	29 471.33	61.11	44.60	1.53
2011	14 314.30	2 919.00	55.00	33 900.59	59.34	44.60	1.45
2012	15 148.61	2 945.00	56.98	38 171.07	59.34	45.40	1.35
2013	16 118.06	2 970.00	58.34	42 997.34	58.84	45.50	1.26
2014	17 046.94	2 991.40	59.60	47 342.92	58.59	45.80	1.20
2015	17 873.06	3 004.00	60.90	52 330.00	57.70	45.00	1.14

从碳排放时间序列数据可以看出，1978—2015 年重庆市碳排放一直呈增长态势；特别是成为直辖市以后，碳排放的增长幅度大大高于成为直辖市以前的增长幅度，2015 年的碳排放量是 1978 年的 8.3 倍，是成为直辖市当年（1997 年）的 3.8 倍。其中，"十二五"期间重庆市碳排放量年均增长 6.5%，相较于 GDP 增长的弹性系数为 0.5。也就是说，年均 6.5% 的碳排放增长背后是 GDP 年均 12.8% 的增长。

从重庆市人口增长来看，1978—2015年，重庆市人口数量曲线为相对平缓的过山型。其中2004—2005年人口出现下降，其主要原因应该是当时三峡库区百万大移民造成的户籍人口的阶段性下降。2015年重庆市户籍人口已超过3 000万人，是1978年的1.2倍。

从人均GDP来看，以2015年不变价计算比较，2015年重庆市人均GDP超过50 000元大关，是成为直辖市时人均GDP的7倍，是1978年人均GDP的41倍。特别是2000年以后，重庆人均GDP的增幅惊人，2000—2015年，人均GDP年均增长11.8%；同时，人均GDP的快速增长拉动了基础消费和生产力释放，导致碳排放的快速增长。

从重庆市的能源消费结构来看，重庆市煤炭消费比重持续下降，2015年煤炭消费占能源消费总量的比重下降至57.7%。从能源分品种消费产生碳排放的理论测算而言，煤炭消费的有效控制对碳排放的控制贡献最大，因此重庆市煤炭消费比重下降的良好态势有力支撑了国家温室气体排放目标责任的完成。

从产业结构来看，重庆市作为老工业基地，成为直辖市以来，虽然重庆市经济规模迅速扩大，但第二产业（建筑业和工业）几乎以同样的增速在发展和扩张（工业的占比有缓慢下降）。同时结合其他资料可知，农业和第三产业此消彼长的变化呈现出逐年递变的强烈规律。重庆三次产业比重变化的这种趋势，与东部发达省区相似，说明重庆新型工业化的步伐是基本健康的。这个时期，重庆开始通过改造传统产业技术、促进能源结构改善和推进产业结构优化升级来控制和减少城市碳排放强度。

现阶段重庆经济发展与碳排放关联的几个基本特征：

1. 支柱产业的碳排放占工业排放的比重较大

重庆市汽车及其零配件产业、电子及通信设备产业、装备制造业、材料工业、化学医药工业、消费品制造业和能源产业等支柱产业，大体可分为三类：第一类是在重庆有较好发展基础和一定的比较优势，改革开放之后又通过技术引进与改造、招商引资得到强化的产业，汽车及其零配件产业、装备制造业、材料工业、化学医药工业等属于这一类；第二类是在特殊历史条件下从国外和我国东部转移而来，经多年培育形成，对重庆经济有巨大支撑、对全国甚至世界经济都有重大影响的支柱产业，电子及通信设备产业属于这一类；第三类是只具备局部的产业优势，但存在巨大的需求和市场空间，对重庆产业结构优化调整作用巨大，必须大力发展的产业，消费品制造业和能源产业都属于这一类。

从碳排放强度的角度划分，上述支柱产业又可以细分为高排放产业和低排放产业两类。其中，材料工业、化学医药工业和能源产业属于高排放产业一类，支柱产业中另外4个产业，属于低排放产业一类。

所幸的是，在重庆市产业结构不断优化升级的过程中，支柱产业各自的比重也在不断发生着有利于减少碳排放的变化。几个高排放产业的比重持续降低，汽车及其零配件产业和电子及通信设备产业两个低排放产业两轮驱动产业升级的痕迹明显。

2016年，重庆已形成"5+10+1 000"的汽车生产产业体系，70%的零配件本地配套，年产汽车316万辆，占全国1/8，成为全国生产汽车数量第一的城市。当年，重庆市汽车制造业增加值占到全市工业增加值的22.3%。

2009年8月，重庆电子及通信设备产业开始发展，经过7年建设，形成"5+6+860"垂直整合的笔电产业集群，以及平板电脑、打印机、电子芯片、显示器、手机等电子产品的重要生产基地。2016年电子及通信设备产业增加值占到全市的13.5%。

2. 战略性新兴产业快速发展，降低了工业平均排放强度

重庆新一代信息技术、高端装备、人工智能、新材料、新能源汽车等战略性新兴产业从2010年起快速发展；2016年，战略性新兴产业实现增加值986.1亿元，比上年增长27.2%，是2011年的3倍，拉动全市规模以上工业增长3.5个百分点，贡献率为34.3%。2016年，全市规模以上工业实现新产品产值4 748.09亿元，新产品产值率19.7%，比1996年提高5.3个百分点。这说明重庆市在新技术、新材料、新工艺、新产品的研发和推广应用方面，成绩和进步是比较显著的。

战略性新兴产业多为低排放产业，这类产业的快速发展，降低了重庆工业的平均排放强度。

3. 新兴服务业崛起，服务业结构性改革使降排成效显著

近年来，在"互联网+"、新金融、现代物流、专业服务和文化、旅游、健康、体育、养老五大"幸福产业"，以及现代金融等新兴服务快速发展的推动下，重庆服务业发展迅猛。

新兴服务业发展迅速，与重庆市大力实施第三产业"补短板"的结构性改革有关，也与工业的规模化、专业化、集约化发展有关。从2008年开始，重庆市在第三产业产生的GDP的比重，开始超过第二产业，之后第三产业增加值比重一直稳中有升。

服务业的平均排放强度明显低于工业，其中新兴服务业表现尤佳。但近年来重庆物流业的快速发展和由人民群众生活条件改善导致的私人交通工具的快

速增加，导致交通运输行业碳排放规模快速增加，成为重庆碳排放源中越来越不可忽视的重要板块。

4. 产业主要布局于大都市区，集中排放痕迹明显

直辖后的重庆市辖原重庆市、涪陵市、万县市和黔江地区，而原重庆市又是在20世纪80年代由原永川地区并入老重庆的八区三县后而成的。历史上的重庆是国家六个老工业基地城市之一，这种历史演变格局大体决定了重庆城市化和产业的空间布局，也因此有了重庆直辖后的多次区域发展战略的空间规划调整。

重庆都市区泛指大都市区，内含主城区。2016年，大都市区和主城区分别占全市34.78%和6.64%的国土面积，64.38%（1 962.66万）和27.9%（851.80万）的人口，产出了77.16%和43.79%的地区生产总值，其中，产出了81%和39.7%的工业增加值。重庆支柱产业的龙头企业主要集中分布在大都市区，战略性新兴产业的生产项目和产出，绝大部分也分布于这个区域。主城区则大力发展新金融、创新研发设计、高端商贸、国际商务、专业服务等新兴服务业。2016年，主城区第三产业增加值为4 674.62亿元，占到区域GDP比重的61.2%，接近我国东部发达中心城市的水平。

5. 重庆的城市化进程快于全国平均，增加减碳压力

重庆市城市化进程起点较低，但进步很快。1996年，重庆市常住人口城镇化率仅为29.5%，低于全国平均水平1个百分点。自1997年成为直辖市以来，重庆一直坚持新型城市化和新型工业化双轮驱动，城市化水平持续提升。2002年，全市城市化率首次超过全国平均水平；2009年，重庆市城镇人口首次超过乡村人口。成为直辖市的20年，全市城镇人口由1996年的848.21万人，增加到2016年的1 908.45万人，年均增加53.01万人。建成区面积从278平方千米增加到1 497.47平方千米，20年间，仅房地产企业的房屋开发面积就达70 636.64万平方米，年均增长14.1%。城市化率提高到62.6%，领先全国平均水平5.25个百分点，位居全国各省份第9位，西部地区首位。

与此同时，与重庆市城市化水平提高同步发生的两个现象对城市碳排放的影响也值得高度重视。一个现象是在人口较快增长的同时，全市常住人口和户籍人口几乎在同步增长。1996年，重庆市常住人口为2 875.3万人，户籍人口为3 022.77万人；2016年，重庆市常住人口达到3 048.43万人，户籍人口数达到3 392.11万人，增长率在全国处于较快水平。另一个现象是人口在市内的流动加快，区域特征明显。成为直辖市以来，重庆经济社会发展和城市化进程的区域差异较为明显，导致大都市区人口快速上升，该区域常住人口从

2000 年的 1 666.04 万人增加至 2016 年 1 962.66 万人，增加了 296.62 万人。三峡库区和渝东南少数民族地区则从 2000 年的 1 182.78 万人减少至 2016 年的 1 085.77 万人，减少 97.01 万人。

三、LMDI 因素分解模型

这里将重庆市碳排放分解为：人口（P）、人均 GDP（A）、产业结构（Is）、能源结构（U）、能源强度（Si）和碳排放系数（F），分解方法及各分解项如式（4-1）所示。

$$I = \sum_{ij} \frac{I_{ij}}{E_{ij}} \times \frac{E_{ij}}{E_i} \times \frac{E_i}{Q_i} \times \frac{Q_i}{Q} \times \frac{Q}{P} \times P = \sum_{ij} F_{ij} U_{ij} S_i I_s AP \qquad (4-1)$$

$$C = C^T - C^0 = C_P + C_A + C_{Is} + C_U + C_{Si} + C_F \qquad (4-2)$$

式（4-1）中，I 表示二氧化碳排放总量，指不同能源种类消耗所产生的排放量，用 i 表示不同的产业，用 j 表示不同的能源种类，则 Iij 表示第 i 种产业中第 j 种能源消耗产生的二氧化碳；Ei 表示第 i 个产业的能耗量，Eij 表示第 i 产业第 j 种能源的消费量；Q 表示地区生产总值，Qi 表示第 i 产业的生产总值；P 代表人口。其中，Fij 表示碳排放系数，体现技术水平，是第 i 产业单位能源第 j 种能源的碳排放系数，$Fij = \frac{Iij}{Eij}$；Uij 表示第 i 产业第 j 种能源占总能耗量的比例，$Uij = \frac{Eij}{Ei}$；Si 表示第 i 产业的能源强度，$Si = \frac{Ei}{Qi}$；Isi 表示第 i 产业的生产总值占比，$Isi = \frac{Qi}{Q}$；人均 GDP，$A = \frac{Q}{P}$。

$$C_p = \sum_i \frac{I_i^T - I_i^0}{Ln I_i^T - Ln I_i^0} Ln\left(\frac{p_{ij}^T}{p_{ij}^0}\right) \qquad (4-3)$$

$$C_A = \sum_i \frac{I_i^T - I_i^0}{Ln I_i^T - Ln I_i^0} Ln\left(\frac{A_{ij}^T}{A_{ij}^0}\right) \qquad (4-4)$$

$$C_{is} = \sum_i \frac{I_i^T - I_i^0}{Ln I_i^T - Ln I_i^0} Ln\left(\frac{is_{ij}^T}{is_{ij}^0}\right) \qquad (4-5)$$

$$C_U = \sum_i \frac{I_i^T - I_i^0}{Ln I_i^T - Ln I_i^0} Ln\left(\frac{U_{ij}^T}{U_{ij}^0}\right) \qquad (4-6)$$

$$C_{Si} = \sum_i \frac{I_i^T - I_i^0}{Ln I_i^T - Ln I_i^0} Ln\left(\frac{Si_i^T}{Si_i^0}\right) \qquad (4-7)$$

$$C_F = \sum_i \frac{I_i^T - I_i^0}{Ln I_i^T - Ln I_i^0} Ln\left(\frac{F_{ij}^T}{F_{ij}^0}\right) \qquad (4-8)$$

四、LMDI 因素分解结果

计算过程中所用的主要数据，均来自重庆能源平衡表和《重庆统计年鉴》，包括 1997—2015 年重庆市地区生产总值、人口、三产业产值、能源消耗、排放量等。

根据上述碳排放影响效应公式进行计算，得到各影响因素在 LMDI 分解后各自的效应，结果如表 4-2 和图 4-1 所示。

表 4-2   1998—2015 年重庆市碳排放影响因素分解效应值

年份	碳排放系数的效应	能源结构的效应	能源强度的效应	产业占比的效应	人口的效应	人均GDP的效应	总效应
	$\triangle C_F$	$\triangle C_U$	$\triangle C_{Si}$	$\triangle C_{Is}$	$\triangle C_P$	$\triangle C_A$	
1998	40.81	2 005.44	1 167.15	−78.09	−5.63	373.99	3 503.68
1999	−628.38	3 442.01	1 512.96	−102.63	−28.61	639.90	4 835.24
2000	−715.14	2 177.29	1 596.72	−68.13	−55.84	1 168.05	4 102.94
2001	−746.32	3 693.08	−279.00	−48.43	−91.57	1 685.63	4 213.40
2002	−807.88	2 343.93	−426.84	−32.91	−128.86	2 579.09	3 526.53
2003	54−37	4 733.65	−2 481.24	60.18	−140.21	3 125.35	5 352.11
2004	277.07	3 306.18	−3 241.30	176.53	−166.62	4 284.09	4 635.94
2005	317.65	3 811.95	−3 183.28	175.85	−173.89	5 614.55	6 562.82
2006	1 272.00	4 900.77	−3 850.09	349.47	−155.90	6 598.58	9 114.83
2007	1 139.73	5 622.73	−5 043.26	545.03	−138.95	7 929.19	10 054.47
2008	227.86	2 004.32	−5 107.63	871.73	−97.54	11 000.53	8 899.27
2009	245.00	2 978.55	−5 782.89	951.46	−42.78	12 547.03	10 896.37
2010	1 684.07	4 138.93	−7 550.23	1 146.65	35.37	14 961.73	14 416.52
2011	1 963.60	8 286.19	−9 235.39	1 309.45	153.94	18 326.70	20 804.50
2012	1 311.16	6 120.16	−9 842.37	1 007.74	242.41	19 665.68	18 504.78
2013	1 409.33	6 123.21	−9 886.32	1 028.34	260.11	19 832.12	18 766.79
2014	1 487.51	6 200.35	−9 901.76	1 109.75	300.57	20 000.79	19 197.21
2015	1 503.27	6 281.73	−10 000.33	1 119.78	330.15	21 069.53	20 304.13

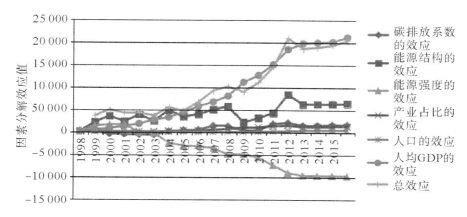

图 4-1　1997—2015 年重庆碳排放影响因素分解效应图

从表 4-2 和图 4-1 来看，人均 GDP、能源结构（煤炭消费占比）对碳排放的影响效应均大于零，二次产业占比对碳排放的效应自 2003 年后大于零，这三个指标分别反映经济增长、能源结构、产业结构三个方面，这说明：一是经济增长对碳排放的影响是正向影响，即经济增长导致碳排放总量的上升；二是二次产业在 GDP 中的比重增大，从目前的技术水平来看，将导致碳排放的总量的上升；三是能源结构的高碳化是导致高碳排放的重要原因。其中，经济发展产生的碳排放效应占比最高。

第二节　碳排放影响因子的影响程度分析

本节主要分析碳排放影响因子的影响程度。碳排放系数的效应先负后正，逐步提升。能源结构的效应逐步放大。能源强度的效应一直减小。产业结构的效应先负后正，逐步加大。人口效应先负后正，总量不大。人均 GDP 效应一直影响较大。

一、人口因素与碳排放

人口增长扩大社会总需求，各行业增产导致能源消耗增加，直接导致碳排放量增加。重庆市人口较为稳定，1997 年后重庆常住人口基本没有增加，直到 2010 年后人口数量超过 1997 年的 2 873 万人，基本保持在 2 900 万人上下。人口数量的环比上升会对碳排放增加起到正效应。重庆市人口数量发生突然变化的可能性较小，变动幅度也较小，因此，在进行重庆市二氧化碳减排政策分析时，人口因素可以不做重点考虑。

二、人均 GDP 与碳排放

重庆市 1997 年以来的经济快速发展与能耗增长、碳排放增加密切相关。1997—2015 年人均 GDP 对重庆市碳排放的影响效应为正，而且逐年增大，说明重庆市人均 GDP 的逐年增加对碳排放总量的增加产生正效应。

其中人均 GDP 提高的背后受惠于人口稳步增长提供的充足劳动力，以及城市化率的提高带来的生产效率的提高。从 GDP 的增长方式——投资、出口、消费来看，重庆成为直辖市以来每年稳定的固定投资，未来在国家稳增长的基调上不会减少；出口受全球经济疲软影响下滑明显；消费则很大程度上依靠人口聚集和城市化率提高。而人口方面重庆市未来常住人口预计在 3 200 万人以下，因此重庆人均 GDP 的增长背后是固定投资和城市化率的不断提高，尤其固定投资使得工业能耗排放增加，在人口缓慢增长的情况下，使得人均 GDP 快速增长。

三、能源强度与碳排放

能源强度因素对重庆市碳排放因素的影响效应总体上为负值，只有1997—1999 年的效应为正值，主要是因为重庆市能源强度从 1997 年到 1999 年逐渐增高，因此总体说明能源强度因素的降低对碳排放总量有一个向下拉动的作用。

能源强度效应分三产业来看，第一产业先增加后降低，第三产业逐步降低；第二产业的降幅最大，从 2012 年下降到 1997 年的 29.7%，对碳排放的减碳效应贡献最大。因此，能源强度的减碳效应主要是第二产业能源强度下降的贡献。

而重庆市 1997—2015 年能源强度的降低主要是通过提高能源利用技术从而减少化石能源消耗量、加大清洁能源使用占比或大力发展第三产业实现的。《重庆统计年鉴》显示，1997—2015 年重庆市 GDP 持续增长。能源强度的下降源自能源利用效率或清洁能源使用占比更高速的提高，而第三产业 2015 年的能源强度从 1997 年的 0.614 下降到 2015 年的 0.228。与 2015 年的三产业平均能源强度 0.581 3 相比，可以看出第三产业能源强度下降潜力较大，应坚持产业结构调整，大力发展第三产业。因此技术的进步、增加清洁能源使用比例和产业结构的调整可以有效降低能源强度。

四、能源结构与碳排放

从表4-2中可知，能源结构对重庆市碳排放的影响效应为正值，1997—2015年煤炭类消耗和碳排放占比逐渐减少，油类、气类和间接电力的消耗和碳排放占比逐渐增加，但各自能源消耗和排放总量都在持续升高，2015年的总能耗和排放量约是1997年的3.5倍。

其中，煤类消耗占比对重庆市碳排放的影响效应总体上为负值，主要是因为重庆市煤类消耗占比从1997年开始基本为下降态势。油类、气类和间接电力消耗占比从1997年开始逐步提高，贡献效应也逐渐增加，说明其对碳排放效应有一个向上拉动的作用。

因为按本书标准分类的各种能源排放因子相差并不大，能源结构因素对碳排放的影响并不体现在煤类、油类、气类能源直接消耗占比上，而是体现在能源消耗量上，也就是化石能源消耗占比。重庆煤类消耗占比不断下降，但煤类排放量却增加了约2倍，是碳排放量增大的直接原因。

五、产业结构与碳排放

产业占比在1997—2003年对重庆市碳排放因素的影响效应整体上为正值。其中第二产业占比以2003年为界，先下降后上升，对碳排放总量有一个先向下后向上拉动的作用；第一产业占比从1997年以来持续下降，对碳排放总量起到向下拉动的效应；第三产业基本维持在37%~42%。总体来看，第一产业占比下降，第三产业占比不动，第二产业占比增加。因此产业占比对碳排放增加的正效应主要是第二产业占比上升的贡献。

第五章 重庆市碳排放达峰预测分析

上一章分析了重庆市碳排放的影响因素，并对人口、人均 GDP、能源强度、能源结构、产业结构对碳排放的影响程度进行了分析。本章在总结全国超大城市、特大城市以及部分城市达峰研究的经验的基础上，通过构建碳排放峰值预测模型，对重庆市峰值进行预测。

第一节 城市碳排放达峰实践分析

本节主要综述了我国碳排放达峰政策的动态以及部署安排，对试点城市的达峰事宜进行分析评价。

一、我国碳排放达峰面临的情况及进程安排

新常态下保持经济稳中有进与社会低碳转型成为我国必须同时解决好的两个战略问题，为此我国政府做出了一系列努力：在 2014 年 11 月《中美气候变化联合声明》中，宣布 2030 年左右二氧化碳排放达到峰值并尽可能提前；在 2015 年 9 月宣布成立达峰先锋城市联盟，近 30 个城市迅速响应，落实达峰进程取得实质性突破。作为最大的发展中国家，中国二氧化碳排放居世界之首。中国提出峰值目标，力争将经济增长与碳排放脱钩，不仅对中国低碳发展具有长期指导作用，也同时为全球应对气候变化和低碳发展注入了正能量。

二、中国碳排放达峰先锋城市峰值目标情况

（一）中国低碳省份和低碳城市试点

开展低碳省份和低碳城市试点，是中国探索适合国情低碳转型发展道路、不断积累政策和实践经验的主要途径，对确保实现中国应对气候变化自主行动目标具有重要支撑作用。从 2010 年起，中国先后确定三批共 87 个省市作为低

碳试点，积极推动"自下而上"强化应对气候变化行动。推动低碳省份和低碳城市率先取得进展，对加快中国经济社会低碳转型具有重要战略意义（见表5-1）。

表 5-1
中国低碳省份和低碳城市试点

低碳省份	北京、天津、辽宁、上海、湖北、广东、海南、重庆、云南、陕西
低碳城市	石家庄、秦皇岛、保定、晋城、呼伦贝尔、吉林、大兴安岭（地区）、苏州、淮安、镇江、杭州、宁波、温州、池州、厦门、南平、南昌、景德镇、赣州、青岛、济源、武汉、广州、深圳、桂林、广元、贵阳、遵义、昆明、延安、金昌、乌鲁木齐（前两批低碳试点城市），以及内蒙古乌海市等45个第三批试点城市

（二）中国达峰先锋城市峰值目标

自中国低碳试点工作开始，许多试点省市就测算并提出峰值目标，引导各项政策行动加快落实。2014年11月，中国在《中美气候变化联合声明》中首次提出2030年左右二氧化碳排放达到峰值且将努力早日达峰，不断加强应对气候变化自主行动。在此背景下，许多低碳试点省市进一步提出2030年前率先实现二氧化碳排放达峰，并在2015年第一届中美气候智慧型／低碳城市峰会上成立中国达峰先锋城市联盟，通过自加压力主动担当，加强交流共同合作，在支撑实现全国2030年二氧化碳达峰目标的同时，引领各个地方加快向低碳道路转型。

截至2016年年底，中国已有68个省份和试点城市提出2030年前（含2030年）达到二氧化碳排放峰值[①]。其中，宁波、温州等城市提出在"十三五"期间（2016—2020年）达到峰值，武汉、深圳等城市提出在"十四五"期间（2021—2025年）达到峰值，延安、海南等省市提出在"十五五"期间（2026—2030年）达到峰值。

从峰值目标的落实看，温州、晋城、南平等多数城市把达峰作为低碳城市试点工作实施方案的主要发展目标，明确了主要任务、重点工程、保障措施；苏州、青岛等城市印发了低碳发展规划，制定了分阶段、分领域的达峰路线图；赣州出台了关于建设低碳城市的意见，把尽早达峰作为城市转型的主要目标；镇江、武汉等在"十三五"经济社会发展规划纲要中，明确提出要力争实现碳排放峰值（见图5-1）。

---

① 国家发展改革委在发布第二批低碳试点省市时，要求试点省市需在试点方案中明确提出碳排放达峰时间。

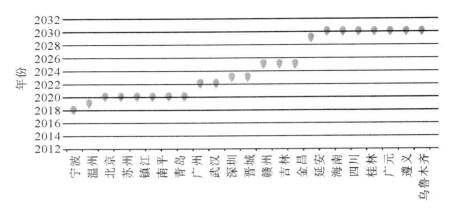

图 5-1　中国部分达峰城市峰值目标

三、典型案例及预测模型

本章重点对成都、青岛、天津、广州、武汉几个城市的峰值预测模型进行了对比研究，其研究峰值目标、采用模型、主要结论及对重庆的启示如表 5-2 所示①。

表 5-2　　　　　　中国峰值研究的典型城市对比

城市	成都	青岛	天津	广州	武汉
峰值目标	2025 年前	2020 年	在 2020 年左右	2020 年	2020 年
预测模型	基于 LEAP 情景分析	用 LMDI 方法进行碳排放因素分解；用 LEAP 模型研究未来的排放情景与减排路径	用情景分析法对天津未来能源发展和 CO_2 排放状况进行研究	用情景分析法、德尔菲方法和措施减排贡献方法进行研究	用情景分析与 STIRPAT 修正模型预测研究

①　相关信息和资料是在王崇举教授主持的中国清洁发展机制赠款项目"重庆市碳排放达峰预测和低碳路径研究"项目调研信息基础上整理而得的，在此感谢项目团队成员的支持帮助。

表5-2（续）

城市	成都	青岛	天津	广州	武汉
主要结论	1. 未来能源需求仍将持续增长 2. 工业部门占总能耗的比重逐渐下降 3. 建筑和交通部门将逐渐成为未来能源需求和碳排放增长的主要贡献者 4. 非石化能源比重的进一步提高受到制约 5. 碳排放程度逐渐下降，蓝图情景下碳排放总量在2025年达到峰值	1. 研究了将城市低碳发展融入了现有规划体系 2. 按照费用效益原则，实现既定低碳发展目标，降低减排成本，改善环境质量，提高协同效益，满足提升发展质量、培育新的经济增长点和提高未来竞争力的多赢发展需要 3. 重点应当突出构建八大低碳支柱体系	1. 产业低碳化发展 2. 打造低碳交通，培育低碳生活 3. 开展低碳示范建设 4. 构建促进低碳发展支撑体系 5. 以碳排放权市场为引领	重点关注和分析了第二产业（电力、化石、纺织、钢铁、汽车制造、电子产品制造和装备制造）和第三产业（金融及商务服务业、商业及住宿餐饮业、物流业、信息服务业和公共管理及社会组织服务业）的排放和减排路径	1. 调整产业结构与提升技术水平是武汉市碳减排路径的主要方法 2. 保持武汉市常住人口 3. 实施"质量发展"战略，提升武汉市工业产品的质量竞争力 4. 积极倡导非化石能源的利用 5. 积极推进碳标签与碳标识的工作
启示	（一）峰值目标方面 研究2030年前尽早达峰的可能性和付出的努力，是研究的关键点 （二）峰值模型方面 1. 自顶向下和自下而上的有机结合是研究峰值目标的主要方法 2. 对城市现有经济社会发展现状、资源禀赋摸底与未来发展情景规划描述是模型构建的要点 3. 人口、人均GDP、单位GDP能耗和能源碳强度是宏观模型分析的关键参数 4. 产业部门有效划分和技术经济参数的"本地化"有效设置是模型构建的难点 （三）峰值路径方面 未来城市的能源结构优化、产业结构优化、技术进步、交通运输体系低碳化、建筑体系绿色低碳化及绿色低碳消费意识改变，是峰值路径研究需要考虑的重要方面				

第二节　分城市达峰经验综述

上一节主要综述了我国碳排放达峰政策动态以及部署安排和试点省市的达峰进程，本节对成都、青岛、天津、广州、武汉等特大城市或超大城市的低碳发展战略、峰值达峰预测以及工作举措等内容进行经验提炼和做法综述。

一、成都

（一）成都碳排放峰值研究背景及结论

成都是我国15个副省级城市之一，是国家统筹城乡综合配套改革试验区之一，也是第三批低碳试点城市之一。成都市经济总量在四川省所有地级以上城市中居首位，在11个西部中心城市中位列第二，仅次于重庆。2017年年初印发的《成都市低碳城市试点实施方案》中提出在2025年前碳排放总量达峰值。

（二）成都碳排放峰值研究采用的方法和模型

成都地区峰值研究聚焦于成都市行政边界内各生产部门和消费部门由能源活动导致的 CO_2 排放，重点关注工业部门、建筑部门和交通部门在不同的活动水平和能效水平下，带来的能源需求及相应的二氧化碳排放。研究采用展望与回顾相结合的方法，设计三个不同的发展情景，构建了"自上而下"与"自下而上"相结合的情景测算模型。研究以 2010 年为基准年，借鉴 LEAP 模型的思路和框架，构建出至 2030 年的能源需求和 CO_2 排放的情景分析模型。其模型的逻辑分析框架如图 5-2 所示。

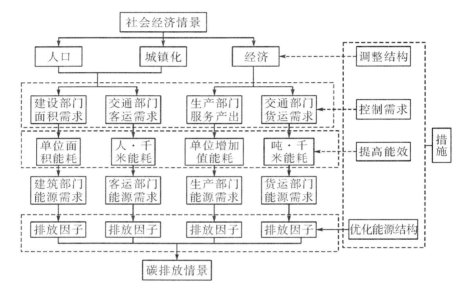

图 5-2　成都峰值研究情景分析逻辑

对成都未来低碳发展的影响因素，研究者采用 KAYA 进行了分解：

$$CO_2 \text{ 排放} = \frac{CO_2 \text{ 排放}}{\text{能源消耗}} \times \frac{\text{能源消耗}}{\text{GDP}} \times \frac{\text{GDP}}{\text{人口}} \times \text{人口}$$

研究一共设计了基准情景、政策情景、蓝图情景三个情景。具体如表 5-3 所示。

表 5-3　　　　　　　　　　成都峰值研究三个情景的具体描述

情景	简称	描述
基准情景	S1	在该情景中，充分考虑成都社会经济发展的需求和愿望，继续实施现有的节能减排政策和措施，包括淘汰落后产能、提高能源利用效率、调节产业结构等，但不考虑专门针对减排 CO_2 的措施。经济发展模式有一定转变，工业部门近期仍保持较高增速，高耗能产品在近期保持较高的产量规模，高新技术产业、高端制造业有一定发展；循环经济处于起步阶段，餐厨垃圾无害化处理和城市矿产资源循环利用开始小规模试点；节能减排的重大技术突破不显著；对新能源和可再生能源需求会加大，但其总体比重仍保持较低；能源消费总量仍保持较高的增速，电力供应仍以外调电为主；建筑节能受到重视，新建建筑全部实施 50% 建筑节能标准；交通基础设施网络得到完善，公共交通进一步发展。成都未来与能源相关的 CO_2 排放将呈持续增长趋势。基准情景作为现有政策延续的一个情景，将为成都之后的政策选择提供一系列的比较基准
政策情景	S2	综合考虑成都的可持续发展、经济竞争力和节能减排能力，为应对气候变化采取多种致力于降低 CO_2 排放的政策措施。经济结构逐步优化，工业部门产业链得到升级，高新技术产业以较快速度发展；发展循环经济和资源回收利用，开展餐厨垃圾无害化处理，推动城市矿产资源循环利用；采用先进的节能减排技术，但不会大规模使用诸如 CCS、电动汽车等仍处在研发阶段的相对比较昂贵的技术；大力推广应用新能源和可再生能源，能源消费总量增速较基准情景放缓，煤炭的消费总量在 2020 年后开始下降，非化石能源的比重有所上升；节能减排和利用新能源、可再生能源的建筑面积比重有所上升；安全、便捷、高效的综合交通运输体系基本形成。2020 年单位 GDP 能耗比 2005 年下降 40% 以上；与能源相关的 CO_2 排放增速与基准情景相比呈下降趋势
蓝图情景	S3	蓝图情景以 2030 年之前实现碳排放峰值为核心目标。在综合考虑成都可持续发展的前提下，进一步加强国际国内合作，将低碳发展与城市规划布局建设等一系列环节紧密联系起来。在该情景中，经济结构进一步优化，现代服务业得到充分发展，先进工业体系初步形成，各部门产业链成熟完善；循环经济得到规模化发展，城市垃圾和城市矿产资源得到充分的回收利用；主要减排技术进一步得到开发应用，关键低碳技术得到重大突破，重要节能减排技术成本下降更快，并得到普遍应用；农村沼气和生物质资源得到规模化开发应用；绿色建筑，节能家电得到普及；交通部门混合动力和纯电动汽车得到一定规模应用；能源消费结构进一步优化，煤炭消费总量得到最大限度的控制。该情景下，成都市与能源相关的 CO_2 排放将在 2025 年达到峰值

（三）参数及预测（见表5-4~表5-8）

表 5-4   成都峰值研究参数指标

部门	指标
工业部门	分行业增加值
	分行业能耗强度变化率
	工业部门分行业能源消费结构
农业部门	能耗强度变化率
	农业部门能源消费结构
建筑部门	农村人口比例
	人均住宅面积
	农村人均住宅面积
	公共建筑面积占总建筑面积比例
交通部门	分车型年周转率
	单位周转能耗
	分车型能源消费结构

表 5-5   成都峰值研究实现蓝图情景需要控制的关键指标①

年份	2010 年	2015 年	2020 年	2025 年	2030 年
GDP（2005 年不变价）/亿元	4 654.5	8 174.8	12 011.5	16 846.8	22 544.8
人口/万人	1 404.8	1 493.4	1 600.9	1 699.3	1 794.9
城镇化率/%	65.5	70.8	73.6	76.1	77.9
产业结构	5.1 : 44.7 : 50.2	3.4 : 45 : 51.6	3 : 42 : 55	2.7 : 37 : 60.3	2.5 : 32.5 : 65
能源消费总量/万 tec	3 751.3	5 242.3	6 414.4	6 807.1	7 012.0
煤炭消费总量/万 tec	653.2	794.3	694.5	590.0	377.9
非化石能源比重/%	20.4	21.4	22.7	23.7	25.6

---

① 表中的非化石能源仅包括水电，即本地的水电加外购水电。

表 5-6　　　　　成都峰值研究蓝图情景下建筑部门基本参数

指标	2010 年	2015 年	2020 年	2025 年	2030 年
总人均居住面积/m²	29.5	31.8	33.4	34.3	35.1
城镇人均居住面积/m²	19.4	24.7	27.7	29.5	31.1
乡村人均居住面积/m²	48.8	49.1	49.4	49.5	49.5
总建筑面积/万平方米	49 361.4	58 171.4	67 974.2	77 302.1	87 474.5
住宅面积占总建筑面积的比例/m²	84.0	81.6	78.7	75.3	72.1
城镇住宅面积占总住宅面积的比例/m²	43.0	54.9	61.0	65.5	68.8

表 5-7　　　　　成都峰值研究蓝图情景下各交通方式的年周转量

交通方式	2010 年	2015 年	2020 年	2025 年	2030 年
公路客运/万人千米	2 638 295.0	3 957 442.5	5 936 163.8	8 310 629.3	11 634 881.0
公路货运 / 〔万（t·km）〕	1 749 387.0	3 498 774.0	4 898 283.6	5 877 940.3	5 290 146.3
公交车/万人次	107 417.9	166 497.7	258 071.5	400 010.8	620 016.8
出租车/万千米	163 334.0	253 167.7	392 409.9	608 235.4	942 764.9
私家车/万千米	1 396 000.0	1 954 400.0	2 540 720.0	2 921 828.0	2 980 164.6
摩托车/万千米	421 605.0	389 790.0	389 790.0	370 686.4	352 519.1
地铁/万人次	1 187.0	14 532.3	42 262.3	114 712.1	240 758.7
铁路客运 / 〔万（t·km）〕	489 500.0	709 775.0	1 029 173.8	1 440 843.3	2 017 180.6
铁路客运 / 〔万（t·km）〕	14 749 700.0	18 437 125.0	23 046 406.3	27 655 687.5	33 186 825.0
民航客运 / 〔万（t·km）〕	365 716.7	614 038.3	1 013 163.3	1 560 271.4	2 262 393.6
民航客运 / 〔万（t·km）〕	77 975.0	138 015.8	233 246.6	361 523.3	531 452.4

表 5-8　　　　　成都峰值研究蓝图情景下各交通方式的能效参数

交通方式	2010 年	2015 年	2020 年	2025 年	2030 年
公路客运/〔kgce/百（t·km）〕	4.85	4.12	3.50	3.15	2.84

表5-8(续)

交通方式	2010年	2015年	2020年	2025年	2030年
公路货运/[kgce/百(t·km)]	18.53	15.75	13.39	12.05	10.84
公交车/(tec/万人次)	1.15	0.97	0.83	0.74	0.67
出租车/(tec/万千米)	1.18	1.00	0.85	0.77	0.69
私家车/(tec/百千米)	9.51	8.09	6.87	6.19	5.57
摩托车/(tec/百千米)	2.91	2.48	2.11	1.90	1.71
轨道交通（地铁）/(tec/万人次)	0.90	0.76	0.65	0.58	0.52
铁路客运/[kgce/万(t·km)]	73.32	62.10	51.75	45.54	40.99
铁路货运/[kgce/万(t·km)]	29.18	25.94	22.70	20.43	18.79
民航客运/[kgce/万(t·km)]	4 406.27	4 014.60	3 671.89	3 414.86	3 244.12
民航货运/[kgce/万(t·km)]	4 406.27	4 014.60	3 671.89	3 414.86	3 244.12

（四）成都碳排放峰值研究主要结论

1. 不管采取何种发展方式，未来能源需求仍将持续增长

发达国家及我国经济发达地区的发展轨迹表明，一个地区的经济发展和能源需求存在刚性关系。目前成都市的经济总量在15个副省级城市中仅次于广州市和深圳市，但是人均GDP与这两座城市仍存在较大差距。未来一定时期，随着工业化和城镇化的推进，高耗能产品的需求近期内仍然存在；随着经济发展，人民生活水平提高，对居住和出行的舒适度、便捷度等要求也逐渐提高，与之相关的能源消费增长也很难遏制。情景分析结果表明，在一定的经济增速目标下，无论采取何种发展方式，成都市能源需求总量均呈增长趋势。即使在蓝图情景下，2030年能源需求量也为7 012万tec，是2010年的1.9倍。

2. 工业部门占总能耗的比重逐渐下降，但2030年之前依然是比重最大的部门

从分部门的能源需求来看，工业部门仍然是第一用能大户。通过工业内部的结构调整和技术升级，未来工业部门的能源需求增速将明显低于全社会的能源需求增速。尤其是2015年之后，工业部门的能源需求增速显著减缓。在蓝

图情景下，工业部门的能源需求从 2010 年的 2 063 万 tec 增长到 2025 年的
2 921 万 tec，此后出现下降趋势，到 2030 年降为 2 617 万 tec；占总能耗的比重
由 2010 年的 55%持续下降到 2030 年的 37.3%。

3. 建筑部门和交通部门将逐渐成为未来能源需求和碳排放增长的主要贡
献者

随着工业化的逐步完成以及居民消费开始转向"住""行"阶段，建筑和
交通部门的能源需求开始快速增长。即使在蓝图情景下，2030 年建筑和交通
部门的能源需求也分别达到 2 297 万 tec 和 1 875 万 tec，分别是 2010 年的 2.8
倍和 2.5 倍；在总能源需求中所占的比重分别由 2010 年的 22% 和 20.1%上升
到 2030 年的 32.8% 和 26.7%，年均增速分别达到 5.2% 和 4.6%。

从建筑和交通部门用能增长的不同时段来看，2010—2025 年是成都市居
民消费结构升级的关键时期，建筑能耗和交通能耗的增长速率保持在 6%左
右，与同期 6.2%的 GDP 年均增长率基本持平；2025 年后，居民对汽车、住房
的消费需求增速有所放缓，其能耗增长也相应减缓，但能耗比重却持续上升。
从分部门的 CO_2 排放趋势来看，也基本呈现上述特点。

4. 非化石能源比重的进一步提高受到制约

目前，成都市消耗的非化石能源主要是水电，包括本市的水力发电量和外
购电中的水电。由于近中期没有增加水力发电设施的计划，再加上所处地理位
置及相应气候条件的限制，成都市风能、太阳能等可再生能源资源相对贫乏，
不具备规模化发展的优势，因此未来主要依靠增加外调电的比重来提高水电在
总体能源消费中的比重。但是水电受季节因素等自然条件的影响比较大，也会
为成都市非石化能源比重的提高带来一定程度的不确定性。

5. 碳排放程度逐渐下降，蓝图情景下碳排放总量在 2025 年达到峰值

情景分析结果表明，三个情景下单位 GDP 碳排放均呈现下降趋势。
2010—2030 年，三个情景的碳排放强度下降幅度分别为 39.7%、51.8% 和
64.8%。成都市要实现 2025 年之前达到排放峰值仍面临严峻挑战，主要原因
在于：

（1）能源需求的持续增长。工业部门近年来持续高速发展，一批高耗能
项目产生了较大的能源需求增量；尽管未来会采取行业结构调整等措施，但工
业部门的能源需求总量仍将持续增长。

（2）能源消费结构进一步优化的潜力有限。目前成都市煤炭的消费比重
已经下降到 20% 以下，进一步下降的空间有限。此外，由于地理位置及气候条
件的限制，成都市域范围内常年风速较低，年均日照时间短，风能、太阳能等

可再生能源不具备规模化发展的潜力。

二、青岛

（一）青岛碳排放峰值研究的背景及目标

青岛是典型的制造业城市，是全国重要的工业和港口城市，也是人口、经济和能源大省山东省的龙头城市。青岛峰值研究中涉及的碳排放主要是能源消费导致的二氧化碳排放。研究通过情景分析方法探讨实现青岛碳排放峰值的转型路径，并提出青岛的碳排放峰值将在 2020 年前后出现，并在可承受的减排成本下，在 2020 年实现 50% 的碳强度减排目标。青岛市未来碳排放增长主要集中在交通和建筑部门，做好这两个领域的低碳转型对碳减排具有重要的贡献①。

（二）青岛碳排放峰值的研究方法和模型

对青岛碳排放的研究主要是利用 LMDI 方法对碳排放的驱动因素进行分解分析，并基于 LEAP 构建模型框架开发未来排放路径和减排潜力的情景研究。其研究的方法学和数据来源如图 5-3、表 5-9 所示。

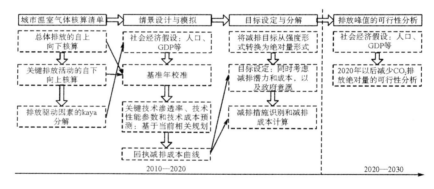

图 5-3 青岛碳排放峰值研究的方法学框架

---

① 信息来源于青岛政务网：http://www.qingdao.gov.cn/n172/n68422/n68424/n30259215/n30259219/140924163931863706.html。

表 5-9　　　　　**青岛碳排放峰值研究的方法学和数据来源**

研究内容	研究内容子类	方法学	数据来源
城市温室气体清单核算	自上向下核算	自主开发的中国城市温室气体清单核算方法	能源平衡表
	自下向上核算		抽样调查，统计年鉴，能源审计报告，对地方政府部门的访谈和咨询，相关研究
	因素分解分析	LMDI 方法	自上向下的核算结果，青岛统计年鉴
情景设计与模拟		基于 LEAP 自主开发的中国城市低碳发展情景模型	自上向下和自下向上的核算结果，抽样调查，能源审计报告，对地方政府部门的访谈和咨询，相关研究
目标设定与分解		减排成本曲线	

　　青岛碳排放的研究将城市低碳发展融入了现有规划体系中，起到了承上启下的作用，且其构建了符合中国城市特点的低碳发展规划框架。该城市根据功能定位和发展阶段因地制宜地确定低碳发展目标和重点领域，对研究构建重庆低碳发展城市具有一定的参考价值。

　　（三）预测及参数（见表 5-10 和表 5-11）

表 5-10　　　　　　**情景研究的社会经济参数和假设**

类别	2005 年	2010 年	2015 年	2020 年
GDP（十亿元，2010 年价格）	296.5	566.6	912.5	1 310.1
GDP 年均增速/%			10	7.5
人口/百万人	8.12	8.61	9	10
经济结构（第一产业：第二产业：第三产业）/%	6.6：51.8：41.6	3.6：51.5：44.9	2.7：43.3：54	2：38：60

表 5-11　　　　　　　　青岛市 2020 年主要减排技术及成本

吨 CO_2 减排成本	减排技术	吨 CO_2 减排成本	减排技术
<0	绿色照明 蒸汽联合循环发电 余热发电 节能电器 能源管理中心 减少厂用电率 高效超超临界 余热、余压回收利用 高效供热管网 节能空调 天然气炊事	501~1 000	先进公共汽车 先进柴油车 高效粉磨 风能 节能平板玻璃 干熄焦 热电联产 高效炼油 生物质能
0~500	高炉喷煤 先进高炉 先进输配电技术 地源热泵 分布式能源 天然气供热 生态水泥 煤调湿 先进建筑围护结构	>1 000	先进汽油车 先进天然气车 智能交通系统 混合动力车 光伏 纯电动车

（四）低碳发展对策

为了实现低碳发展和碳排放达峰，青岛市的峰值研究结果指出，应当从促进产业升级、合理控制能源消费总量和提高能源利用效率、促进能源清洁化和低碳化、建设低碳交通运输体系、发展绿色低碳建筑、倡导低碳生活和消费方式、建设碳汇体系等方面着手，按照费用效益原则，实现既定低碳发展目标，降低减排成本，改善环境质量，提高协同效益，满足提升发展质量、培育新的经济增长点和提高未来竞争力的多赢发展需要。重点应当突出构建以下八大低碳支柱体系：

一是构建低碳型城市空间布局体系，以推动产业园区空间集聚和优化城市公共服务空间布局为重点，优化城市空间布局，完成老城区搬迁改造，构建多中心、组团式、紧凑型的城市发展格局。

二是构建低碳技术创新与应用体系。加速高速机车、节能节电、海洋可再生能源等特色低碳技术的研发、示范和推广，参与国家低碳产品标准的制定，加大先进低碳技术在能源、工业、建筑和交通等部门的推广应用。

三是构建绿色低碳产业体系。加快传统产业低碳化改造，重点发展高端制造业、高新技术产业、战略性新兴产业以及低碳型现代服务业，以碳排放交易中心建设为契机，培育低碳新兴服务业。

四是构建低碳能源供应体系。实施工业节能减碳工程，加大燃煤锅炉和重点行业燃煤工业窑炉节能改造力度，实施节能技术产业化示范工程、节能产品惠民工程、合同能源管理推广工程和节能能力建设工程，推进冶金、电力、石油石化、建材、化工等企业的节油、代油改造工程。推进能源利用清洁低碳化，提高天然气和可再生能源比重，构建能源的多能互补与综合利用新模式。

五是构建低碳交通运输体系。促进清洁能源车船发展，加快落实"公交优先"发展战略，优化车船运力结构，发展现代化运输组织方式。

六是构建绿色低碳建筑体系。严格执行建筑节能标准，加快推进既有建筑节能改造，构建和完善绿色建筑评价的管理体系和信息平台建设，制定扶持可再生能源建筑应用政策。

七是构建低碳政府和社会消费体系。推进低碳型政府建设和示范，促进政府机构节能减碳，实施低碳型政府采购。倡导低碳生活和消费方式，逐步推进资源型产品价格改革与节约型社会建设，建立立体化的传播网络，普及低碳理念，推广低碳产品。

八是构建低碳生态体系。增强碳汇能力，构筑多功能的森林体系，增加森林资源和碳汇总量，推动"生态型、节约型"园林城市建设，增强湿地生态系统的碳汇能力。

三、天津

（一）天津碳排放峰值研究的背景及结论

"一带一路"倡议和天津自贸区建设为天津发展带来了新的机遇。天津作为国家第一批低碳试点城市之一，在低碳社区、低碳产业、低碳交通等方面做出了积极尝试，并取得了阶段性成果。研究聚焦因能源消费所导致的 CO_2，并得出天津的 CO_2 排放很可能在 2020 年左右达到峰值，能源消费总量预计在 2022 年达到峰值。

（二）天津峰值研究采用的方法和模型

天津峰值研究采用情景分析法，对天津未来能源发展和 CO_2 排放状况进行研究，根据能源消费约束、能源结构约束和人口约束等设置了基准情景、政策情景、宽松情景、低碳情景四个情景。其研究显示，若不增加政策干预，天津在 2030 年前很难达到 CO_2 排放峰值。在综合模型各情景下碳排放的模拟结果显示，天津的 CO_2 排放很可能在 2020 年左右达到峰值，能源消费总量预计在

2022 年达到峰值。情景设置如表 5-12 所示。

表 5-12　　　　　　　天津达峰研究的四种情景设置

情景类型	基准情景	政策情景	宽松情景	低碳情景
情景说明	基准情景，无政策干预，参数和指标符合历史趋势	天津市根据国家整体减排部署完成既定减排目标	为保证较高的经济增长率，实行相对宽松的减排策略	实行更严格的减排措施
人口增长	2015—2020 年人口增长率为 4.3%，2021—2025 年人口增长率为 2.5%，2026—2030 年人口增长率为 1.3%，2030 年天津总人口为 2 867 万人	2015—2020 年人口增长率为 3.5% ~ 4%，2021—2025 年人口增长率为 2%，2026—2030 年人口增长率为 1%，2030 年天津总人口为 2 472 万人	2015—2020 年人口增长率为 4%，2021—2025 年人口增长率为 2.2%，2026—2030 年人口增长率为 1.2%，2030 年天津总人口为 2 654 万人	2015—2020 年人口增长率为 3.3，2021—2025 年人口增长率为 1.85，2026—2030 年人口增长率为 0.9%，2030 年天津总人口为 2 197 万人
经济指标	2015—2020 年 GDP 增长率为 10% ~ 12%；2021—2025 年增长率为 8% ~ 9%，2026—2030 年增长率为 5% ~7%	—	—	—
能源结构	煤炭被清洁能源替代的速度很慢，2015—2020 年煤炭消费年均下降 0.7%；2021—2025 年年均下降 0.3%；2026—2030 年年均下降 0.1%	煤炭被清洁能源替代的速度较快，2015—2020 年煤炭消费年均下降 3% ~ 4%；2021—2025 年年均下降 2%；2026—2030 年年均下降 1%	煤炭被清洁能源替代的速度较慢，2015—2020 年煤炭消费年均下降 1.5% ~ 2%；2021—2025 年年均下降 1%；2026—2030 年年均下降 0.5%	煤炭被清洁能源替代的速度很快，2015—2020 年煤炭消费年均下降 4%；2021—2025 年年均下降 3%；2026—2030 年年均下降 2%

（三）预测及参数（见表 5-13）

表 5-13 　　　　　　　天津未来的可能发展路径情况

类别		2011—2015 年	2016—2020 年	2021—2025 年	2026—2030 年
GDP 年增长率/%		12.00	7.97	6.43	4.33
人口增长率/%		4.24	3.50	2.00	1.00
能源消耗年增长率/%		7.64	3.89	1.44	0.40
排放年增长率/%		6.12	3.56	1.00	-0.50
万元 GDP 强度年增长率/%		-3.89	-3.19	-3.40	-3.75
万元 GDP 碳排放年增长率/%		-4.13	-4.11	-4.72	-4.33
人均能耗年增长率/%		2.76	1.02	0.39	-0.89
人均排放年增长率/%		1.80	0.06	-0.98	-1.49
三次产业结构	第一产业/%	1.00	0.50	0.40	0.30
	第二产业/%	49.00	46.50	44.60	42.70
	第三产业/%	50.00	53.00	55.00	57.00

（四）天津低碳发展的对策

1. 产业低碳化发展

依托现有产业，积极促进低碳发展。大力发展服务业，提高服务业占比。通过限制煤炭总量控制、增加天然气利用比例、发展低碳能源等方式，降低单位能源碳排放。

2. 打造低碳交通，培育低碳生活

积极促进绿色低碳交通体系建设，发展公共交通，加快城市轨道建设，营造良好的自行车、步行空间环境，增加公共交通的投入，合理引导市民选择"自行车/步行+公交车/地铁"的绿色出行方式。

3. 开展低碳示范建设

天津低碳社区建设具体目标是：到 2020 年，天津生态城建设成为国家绿色发展示范区，主要指标达到国内领先水平，成为全国绿色发展的示范，成为我国向国际社会展示绿色发展成效的窗口和对外交流的平台（见表 5-14 和表5-15）。

表 5-14　　　　　中新天津生态城绿色发展主要指标

	指标名称	2012 年	2015 年	2020 年
经济社会发展	地区生产总值/亿元	34	105	300
	服务业增加值占地区生产总值比重/%	50	75	90
	步行 500 米范围内有免费文体设施的居住区比例/%	100	100	100
	保障性住房比例/%	10	20	20
	无障碍设施率/%	100	100	100
资源能源节约利用	主要资源产出率/（元/t）	8 200	9 500	11 000
	能源产出率/（万元/tce）	5	5.7	6.7
	水资源产出率/（元/m³）	150	210	300
	土地产出率/（亿元/km³）	6	8	12
	可再生能源利用比例/%	7	15	20
	非传统水资源利用比例/%	30	50	60
	城镇污水处理设施再生水利用率/%	—	42	88
	城市生活垃圾资源化利用比例/%	50	60	70
	建筑垃圾资源化利用比例/%	30	40	50
	绿色建筑比例/%	100	100	100
生态环境	单位地区生产总值碳排放强度（折碳当量）/（t/百万美元）	—	150	150
	二氧化硫排放总量/t	—	<12	<30
	氮氧化物排放总量/t	—	<35	<85
	化学需氧量排放总量/t	—	<365	<171
	氨氮排放总量/t	—	<37	<17
	城镇污水集中处理率/%	100	100	100
	危废与生活垃圾无害化处理率/%	100	100	100
	城区绿化覆盖率/%	40	45	50

表5-14（续）

指标名称		2012 年	2015 年	2020 年
绿色生活方式	日人均生活耗能量/［kgce/（人·日）］	1.5	1.5	1.25
	日人均生活用水量/［L/（人·日）］	120	<=120	<=120
	日人均生活垃圾产生量/［kg/（人·日）］	0.8	<=0.8	<=0.8
	绿色出行所占比例/%	60	70	90
	就业住房平衡指数/%	-	50	50

注：1. 地区生产总值按现价计算。

2. 就业住房平衡指数是指居住在天津生态城总人数中在本地就业人口总数的比例，反映居民就近就业程度。

表 5-15 　　　各类可再生能源的利用量和占终端总能耗的比例

可再生能源类型	可再生能源利用量/万 kWh	占终端总能耗比例/%
土壤源热泵	15 990	6.34
污水源热泵	5 659	2.24
地热-热泵	1 475	0.58
淡化海水源热泵	1 708	0.68
太阳能热水器	12 887	5.11
太阳能采暖空调系统	6 389	2.53
太阳能光伏	5 121	2.03
生物质能	1 725	0.68
风力发电	523	0.21
合计	51 477	20.41

4. 构建促进低碳发展的支撑体系

建立低碳服务体系，实施绿色建材采购，逐步彰显环境效益。打造"天津认证"，重点建设研发、认证核证、培训和市场交易服务等业务部门，为企业提供专业化的技术与市场服务。通过政府绿色采购，引领消费潮流，通过公开透明的统一绿色招标采购平台，实现绿色采购、阳光采购，运用市场手段带动上游施工企业和供应商产业升级，降低建设过程中的碳足迹。以绿色建材采购为起点，通过组织示范，发现问题，优化流程。为扩展在电子产品、汽车、废弃物管理等领域开展绿色供应链管理奠定基础，推动天津产业绿色发展和经营改善。

5. 以碳排放权市场为引领

继续进一步建设天津市碳排放市场，一方面调动企业参与碳排放积极性，另一方面为企业降低减排成本找到出路。逐年降低企业碳排放总量，倒逼企业不采取措施减排就必须出资购买配额。同时建设排污权市场，通过排污权总量控制，能够直接影响行业和企业的污染物排放量的下降速度。

四、广州

（一）广州碳排放峰值研究的背景及结论

广州是我国低碳试点城市之一，一直积极探索低碳城市建设模式及路径，并提出了在 2020 年达到排放峰值的承诺，努力实现其低碳减排目标。广州碳排放峰值研究依据广州国家低碳试点城市项目工作，梳理了广州产业低碳化措施的减排潜力研究，以广州产业领域为研究对象，在分析其二氧化碳排放现状及趋势的基础上，建立了广州产业领域低碳政策措施库，分析各项优选措施的节能减排贡献，定量探讨合适的低碳发展路径，以期更好地推动广州的低碳城市建设，并为国家低碳城市发展提供经验。

（二）广州碳排放峰值研究采用的方法和模型

广州的峰值研究主要以广州的产业领域为研究对象，且重点关注和分析了第二产业（电力、化石、纺织、钢铁、汽车制造、电子产品制造和装备制造）和第三产业（金融及商务服务业、商业及住宿餐饮业、物流业、信息服务业和公共管理及社会组织服务业），采用情景分析法、德尔菲方法和措施减排贡献方法进行研究。情景设定如表 5-16 所示。

表 5-16　　　　　广州峰值研究三个情景设置的具体描述

情景	描述
基准情景	假定广州未来的产业发展保持现有的产业结构和单位产值能耗及碳排放量，仅产业产值发生变化
政策情景	根据广州已有政策，通过产业结构调整、技术进步、淘汰落后产能、使用新能源和再生能源等措施，使得未来产业结构和单位产业能耗及碳排放水平达到规划水平
强化政策情景	加大各种政策的实施力度，使得广州市未来的产业结构进一步优化，能源结构继续优化，单位产值能耗及碳排放水平继续降低

（三）预测及参数（见表 5-17 和表 5-18）

表 5-17　不同情景下广州未来产业结构及能源强度和碳强度预测

类别		产业结构	能源强度/（万 tce/万元）				碳强度/（万 t/万元）			
			全社会	一产	二产	三产	全社会	一产	二产	三产
2020年	基准情景	1.5：33.9：64.6	0.51	0.70	0.58	0.37	1.20	1.54	1.44	0.83
	政策情景	1.2：31.6：67.2	0.44	0.64	0.53	0.32	1.03	1.41	1.30	0.72
	强化政策情景	1.2：30.5：68.3	0.39	0.57	0.48	0.28	0.90	1.23	1.19	0.62
2025年	基准情景	1.5：33.9：64.6	0.51	0.70	0.58	0.37	1.20	1.54	1.44	0.83
	政策情景	1.1：30.1：68.8	0.33	0.48	0.38	0.25	0.77	1.04	0.92	0.56
	强化政策情景	1.1：29.3：69.6	0.29	0.42	0.32	0.22	0.65	0.89	0.78	0.49
2030年	基准情景	1.5：33.9：64.6	0.51	0.70	0.58	0.37	1.20	1.54	1.44	0.83
	政策情景	1：28.9：70.1	0.26	0.39	0.29	0.21	0.60	0.84	0.69	0.45
	强化政策情景	1：27.8：71.2	0.22	0.33	0.25	0.18	0.50	0.71	0.57	0.39

注：1. 基准情景的产业结构、能源强度和碳强度均为广州 2013 年的水平。

2. 表中能源强度为全社会终端能源消费量以及三次产业消费的终端能源量分别与全社会 GDP 以及三次产业增加值的比值。

3. 表中碳强度为全社会以及三次产业由终端能源消费引起的二氧化碳排放分别与全社会 GDP 以及三次产业增加值的比值。

4. 能源强度和碳强度计算时使用的全社会 GDP 以及三次产业增加值均按 2005 年不变价计算。

表 5-18　2030 年低碳优选措施对广州节能减排工作的贡献

措施类型		节能量/万吨 tce	减排量/万 tCO$_2$	节能潜力/%	减排潜力/%
优化产业结构		3 668	9 460	20.87	23.06
电力部门	天然气发电	93	574	0.53	1.40
	可再生能源发电	138	490	0.79	1.19
	电产系统改造	157	445	0.89	1.08
石化行业	石化行业内部结构调整	136	313	0.77	0.76
	石化行业节能改造	150	340	0.85	0.83
纺织行业	纺织行业余热回收利用	81	241	0.46	0.59

表5-18(续)

措施类型		节能量 /万吨 tce	减排量 /万 tCO$_2$	节能潜力 /%	减排潜力 /%
钢铁行业	钢铁企业节能改造	20	73	0.11	0.18
	钢铁行业产品结构升级	10	39	0.06	0.10
非重点耗能 工业行业	非重点耗能工业行业 节点措施	370	900	2.10	2.19
物流业	合理布局物流集散地	894	1 990	5.09	4.85
	加强物流设施建设	450	1 030	2.56	2.51
	提升物流信息化水平	540	1 230	3.07	3.00
电子商务	大力发展电子商务	384	913	2.18	2.23
商业和 贸易业	商贸建筑空调节电措施	359	940	2.04	2.29
	商贸建筑绿色照明措施	218	640	1.24	1.56
合计		7 668	19 618	43.6	47.8

（四）广州低碳建筑案例

白云楼节能改造工程于 2011 年 1 月动工，2012 年 10 月完成改造并投入使用。节能效果分析显示，改造前的数据取值周期为 2009 年 10 月—2010 年 10 月，改造后的能耗数据取值周期为 2012 年 10 月—2013 年 10 月。下面将白云楼改造前后同期能耗进行比较，分别分析其空调、照明、厨房炊事及给排水系统节能效果。

1. 综合节能效果

该工程通过节减排能改造，在满足宾馆的空调、供热、照明的需要的前提下，还较大幅度地降低了运行成本，实现节能减排。白云楼节能改造项目各系统改造节能效果见表 5-19，综合节能效果见表 5-20。

表 5-19　　　　白云楼节能改造项目各系统改造节能效果

改造内容	改造前	改造后	节能量	节能率/%	备注
空调系统节能量/MWh	2 623	2 161	462	17.62	—
照明系统/MWh	无单独 统计	—	741	75	根据 EMS 合同
厨房炊事系统天然气 消耗量/m^3	112 851	67 191	45 660	40.46	根据能源消费 账单
生活用水系统/t	20 902	17 597	3 305	15.81	根据能源消费 账单

表 5-20   白云楼节能改造项目综合节能效果分析结果

指标	节能量	折标准煤系数	折标准煤量/t
电力/MWh	1 203	0.35kg/kWh	421.10
天然气/m³	45 660	1.33kg/m³	60.73
水/t	3 305	0.085 7kg/t	0.28
合计	—	—	482

从表 5-19、表 5-20 可得出结论：白云楼改造后年节省耗电量 1 203MWh，其中节省空调耗电量 462MWh，照明耗电量 741MWh；年节省天然气消耗 45 660m³；年节省用水 3 305 吨；项目改造后，每年可节省标准煤 482 吨。

2. 环境效益分析

白云楼节能改造项目完成后全年实现的减排指标如表 5-21 所示。

表 5-21   改造后年减排指标表

节省标准煤/t	减排 CO_2/（t/a）	减排 SO_2/（t/a）	减排 NOx/（t/a）	减排 烟尘/（t/a）
482	323	7.95	7.52	4.63

说明：折算成标准煤后排放系数：SO_2：0.015 6t/tce；NOx：0.67t/tce；烟尘：0.009 6t/tce。

3. 社会效益分析

白云楼节能改造项目将"带热回收冷水机组+空气源热泵"作为空调及热水系统的冷、热源，并对照明系统进行 LED（发光二极管）改造，采用中央空调集控管理系统，以技术手段合理使用能源，降低设备运行能耗，有效提高了能源利用率，同时减少了二氧化碳等的排放，符合社会可持续发展的理念，符合国家节能减排的战略方针，具有良好的社会效益。

4. 示范项目推广价值

建筑节能工作已经被列入国家中长期发展规划。国务院批准的《节能中长期专项规划》将建筑作为节能的重点领域，说明建筑节能将有更为广阔的前景和需求。

通过白云楼节能改造项目的示范，在综合考虑生活热水系统需求和空调系统用冷需求的基础上，研究确定热泵机组的最佳配置技术路线，在生活热水系统、空调系统上综合利用热泵性能，增大区域能源系统投资效益。该项目中的照明及空调系统节能改造技术，可广泛应用于医院、宾馆、酒店、学校这一类的大型公共建筑，其应用量面积广，有着广阔的发展前景，同时可为今后大型公共建筑提供改造依据和方向，具有显著的示范和推广价值。

五、武汉

（一）武汉碳排放峰值研究的背景及结论

武汉是我国低碳试点城市之一，将 2020 年碳排放峰值作为一个具体的目标提出，并围绕该目标开展武汉的经济建设工作，探索一条特大型工业中部城市低碳发展路径。

（二）武汉碳排放峰值研究采用的方法和模型

武汉峰值研究在经济发展与碳排放情景构建的基础上，结合情景模式的目标设定与情景描述设置 3 种情景，人口、人均 GDP、城市化水平、产业结构、能源结构和技术水平 6 个变量参数，运用 STIRPAT 模型进行武汉市碳排放峰值预测，并对结果进行综合分析和对比分析，如表 5-22 所示。

表 5-22　　　　　　　　STIRPAT 模型各变量说明

变量	定义或解释	单位
碳排放量（I）	能源消费产生的 CO_2	万 t
总人口（P）	总人口	万人
人均 GDP（A）	人均 GDP（以 2000 年不变价计算）	亿元/万人
碳排放强度（T）	碳排放量/GDP	t/万元
城市化率（Ps）	城市人口占总人口的比重	%
能源结构（U）	非化石能源比重	%
第二产业占比（Is）	第二产业占 GDP 比重	%

武汉未来有三种社会经济发展方案，即低、中、高模式。武汉的峰值研究将经济社会发展与碳排放情景设置了 8 种最为可能的发展模式。具体情景设置矩阵如表 5-23 所示。

表 5-23　　　　武汉经济社会发展与碳排放情景设置矩阵

情景模式	人口	人均 GDP	城市化率	碳强度	非化石能源占比	第二产业占比
低模式	低	低	低	低	低	低
中模式	中	中	中	中	中	中
高模式	高	高	高	高	高	高
低中模式	低	低	低	中	中	中

表5-23（续）

情景模式	人口	人均 GDP	城市化率	碳强度	非化石能源占比	第二产业占比
中低模式	中	中	中	低	低	低
中高模式	中	中	中	高	高	高
高低模式	高	高	高	低	低	低
高中模式	高	高	高	中	中	中

（三）参数及预测

依据表 5-23 中的 8 种情景模式，运用修正后的 STIRPAT 扩展模型，对武汉的碳排放峰值进行拟合，可得出不同情景下武汉的碳排放峰值大小以及达到峰值的时间，如表 5-24 所示。

表 5-24 　　　　　武汉碳排放峰值大小以及峰值出现时间

情景	峰值碳排放量/万 t	峰值出现时间/年	峰值倍数（以 2010 年为基准）	2010—2050总排放量/亿吨
低情景	18 973.32	2038	1.627	72.39
中情景	22 650.69	2035	1.94	83.78
高情景	25 023.34	2025	2.13	85.94
低中情景	16 476.99	2025	1.41	62.61
中低情景	28 377.2	2050	2.42	98.11
中高情景	18 418.52	2022	1.57	62.6
高低情景	45 462.29	2050	3.86	139.59
高中情景	33 717.35	2039	2.86	117.87

根据峰值量与峰值时间控制分析可以看出，调整产业结构与提升技术水平是武汉碳减排路径的主要方法，下面列出武汉应优先开展的技术推广与提升的工业行业和交通部门的列表与潜力，如表 5-25、表 5-26 所示。

表 5-25　　　　　武汉工业部门主要减排技术的 CO_2 减排潜力

工业行业	主要减排技术措施	技术减排率
钢铁行业	新型干法熄焦技术	20%~35%
	煤调湿技术	15%~30%
	高炉喷煤技术	
	干式高炉炉顶煤气压差发电技术	
	蓄热式加热炉技术	20%~50%
	燃气-蒸汽联合循环发电技术	
	直接还原法和熔融还原技术	50%~60%
	钢铁行业 CO_2 捕集技术	5%~15%
石油工业	烧碱先进离子膜技术	20%~40%
	硫酸工业低温热能回收利用技术	15%~20%
	大型密闭电石炉	10%~20%
	大型天然气替代煤制合成氨装置	20%~30%
	乙烯裂解炉实现大型化	20%~40%
	回收利用烟气余热和低温热能	10%~30%
	石化行业 CO_2 捕集和封存技术	5%~10%
水泥行业	高效笼式选粉机和循环预粉磨技术	5%~15%
	新型干法水泥生产线	20%~50%
	水泥窑余热发电	30%~60%
	废弃物替代原料和燃料	
	水泥行业 CO_2 捕集和封存技术	10%~15%
玻璃行业	高效节能玻璃窑炉技术	20%~50%
	玻璃熔炉中低温余热发电技术	20%~35%
造纸行业	造纸行业的新型连续蒸煮技术	15%~45%
	热电联产和余热利用技术	

城市碳排放峰值预测及总量控制——以重庆市为例

表5-25(续)

工业行业	主要减排技术措施	技术减排率
各行业的通用技术	高效燃煤工业锅炉	10%~45%
	高效变频节能电动机	
	废弃物回收利用	
	热点联产	20%~30%
	高效工业照明	
	余热、余能回收利用	

表 5-26　　　　武汉交通部门主要减排技术的碳减排潜力

部门	关键减排技术	减排潜力和成本	技术减排率
公路	提高车辆的燃料经济性（发动机和其他部件）	车辆燃料经济性的改善来自多项技术的革新，包括发动机、传动装置、轻质化等多个方面。一台中型柴油机的百千米油耗下降2.9L	20%~40%
	混合动力车辆	混合动力汽车节油率可以达到20%~40%，尾气污染也减少近一半。全混合动力车辆比传统城市车辆的效率高25%~30%；全混合动力汽油车的成本比传统轻型汽油车辆高3 000美元；温和混合动力车辆成本高2 000美元，轻混合动力为500~1 000美元	15%~30%
	电动汽车	纯电动汽车以车载电源（高能蓄电池）为动力，动能来源广泛，可以实现低排放和低噪音	15%~30%
	燃料电池汽车	以氢气、甲醇为燃料，通过化学反应产生电流。氢气为燃料，排放物为水；甲醇为燃料，排放物中含有少量的二氧化碳。有高效、无污染或低污染的特点	30%~40%
	玉米乙醇和甘蔗乙醇	甘蔗乙醇，可以降低90%的二氧化碳排放；玉米乙醇的二氧化碳减排的估计差别较大；美国生产的玉米乙醇成本为0.6美元/L汽油当量；欧洲的小麦乙醇成本达到0.70~0.75美元/L汽油当量	10%~13%
	木质纤维素乙醇	木质纤维素乙醇对减排的贡献幅度达到70%以上。纤维素乙醇还缓解了燃料与粮食之争。成本略低于1美元/L汽油当量，约为化石汽油成本的两倍	70%~80%
	生物柴油	生物柴油（从植物油或动物脂肪中生产）比传统柴油降低40%~60%的二氧化碳排放	20%~30%

表5-26（续）

部门	关键减排技术	减排潜力和成本	技术减排率
水运	船舶大型化和规范化	推广使用标准化船型，减少船舶阻力	—
	提高推进效率和动力装置效率	—	—

（四）武汉碳排放峰值研究的主要结论

（1）保持武汉常住人口（武汉市户籍人口与非户籍人口）在2050年前不超过2 000万人，且年均增长率为2.4%左右。这既可保持武汉经济发展的稳定及劳动力的供应，同时也能最优地控制能耗及排放的数量。

（2）为确保武汉工业倍增计划的有效实施，同时保持武汉的低碳发展，应学习德国的发展模式，即实施"质量发展"战略，以提升武汉工业产品的质量竞争力。这既可以保持人均GDP的持续增长，也可以保持武汉第二产业的高位运转，还可以控制二氧化碳的排放。可以说这一战略的实施对于武汉市的低碳发展战略至关重要，不仅可以完成国家的节能减排目标，还可促进武汉的经济发展方式转变。

（3）积极倡导非化石能源的利用，以提升武汉非化石能源在总能源消费量中的占比。尤其对于武汉这种日照充足及水利资源较为丰富的地区，应发展分布式能源系统，充分利用太阳能以作为城市能源的有效补充。另外，作为一个区域中心城市，应加大轨道交通与新能源汽车的投入及政策引导。应注重城市微循环道路系统的开发，进一步优化武汉交通系统。

（4）积极推进碳标签与碳标识的工作，进一步加强武汉低碳产品的宣传，引导消费者进行低碳消费，推动武汉碳强度进一步降低，最终控制武汉碳排放总量。

第三节　峰值预测模型构建

本节在综述成都、青岛、天津、广州、武汉等特大城市或超大城市的低碳发展战略、峰值达峰预测以及可采取的工作举措的基础上，对重庆碳排放峰值预测进行实证研究。

一、碳排放预测模型的选择及关联

（一）模型设计的原则

重庆是我国以重化工业为主的老工业基地中心城市，兼具"大城市""大农村""大山区""大库区"的特性，其产业发展总体处于工业化中期，但市内因功能区不同呈现不同区域工业化水平的较大差异，城市建设和新型城镇化进程明显滞后于我国东部发达省市，但在西部地区又处于先进行列。重庆的传统制造业生产组织较为粗放，单位产出碳排放强度较高。因此，其碳排放相对其他省市而言具有独特的结构和变化轨迹，其碳排放峰值的出现和达峰的路径也将具有显著的重庆特征，为此其碳排放峰值模型的设计须考虑如下两个原则：第一，要体现具有重庆特征的经济社会结构和主导产业发展特色；第二，应有"核算对象、致变因素、重点领域、减排路径"四位一体的协同考虑。

（二）模型的选择

碳排放峰值预测模型主要采用结合"自上而下"和"自下而上"两种思路和方法进行综合分析。其中"自上而下"分析主要基于城市国民经济和社会发展综合规划，以当前发展状况为基础，估计未来经济增长、能源消耗和能效水平，进而计算未来碳排放趋势，即常用于估计峰值目标年和峰值排放量的大致范围。"自下而上"分析方法则是从城市碳排放现状基准出发，根据各部门和企业可选用的节能减排项目措施及其成本信息，确定城市减排的经济技术潜力，进而确定适合城市的峰值及减排目标，主要用于在大致范围确定的基础上具体测算峰值目标的方法和途径。

"自上而下"和"自下而上"碳排放峰值预测模型，这两大类按照预测的时间尺度和数据粗细程度可分成能源需求情景分析模型（LEAP）、线性规划模型（最优化分析）、宏观驱动因素情景分析（KAYA）、可计算一般均衡模型（CGE），详见图5-4。

能源需求情景分析模型（LEAP）和宏观驱动因素情景分析模型（KAYA）更适合预测时间范围较广、数据粒度较粗的碳排放峰值，线性规划模型（最优化分析）、可计算一般均衡模型（CGE）更适合预测时间范围较窄、数据粒度较细的碳排放峰值。重庆正处于工业化和城市化加速建设期，虽然单位排放强度持续降低，但碳排放总量在较长时间内还会处于增长期，排放达到峰值还需要较长时间。基于这样的实际，本书采用宏观驱动因素情景分析模型（KAYA）和能源需求情景分析模型（LEAP）这两个模型，用"自上而下""自下而上"的方式，以及将宏观、中观视角相结合的方式进行碳排放峰值预

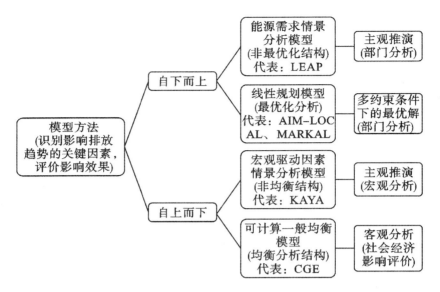

图 5-4　国内外碳排放峰值预测的工具示意图

测。其中宏观驱动因素情景分析模型（KAYA）主要用于分析重庆碳排放峰值出现的时点和数量，能源需求情景分析模型（LEAP）主要用于识别影响重庆碳排放的行业和载体因素，探寻重庆减排达峰的可能路径。

（三）模型的关联

本书所选用的预测模型是一个"自上而下"和"自下而上"相结合的混合模型，"自上而下"的 KAYA 模型主要用于对影响重庆碳排放峰值情景的要素的识别，"自下而上"的 LEAP 模型则可用于特定峰值情景下，重庆低碳发展支撑路径的设计。两个模型间存在有机关联。KAYA 模型中只包含人口、人均 GDP、单位 GDP 能耗强度和能源碳强度四个变量，LEAP 模型则对应重庆能源需求中当下影响碳排放最重要的行业——三次产业和其中主导产业，以及未来影响重庆碳排放变化的最重要的交通和建筑等领域来进行设计。

综上所述，KAYA 模型中的变量是宏观层面的变量，LEAP 模型中的变量是中观（行业和领域）层面的变量，二者之间表面上看没有直接的变量关联关系。要细究两个模型间的有机联结，需要对 KAYA 模型中的"单位 GDP 能耗强度"这一变量进行进一步的致变因素解析，对该变量的预测和情景设定应尽可能纳入具有本地域特质的产业结构、产业碳排放个性、居民居住与出行、城市化进程等更多关联因素。为此，本研究引入"三次产业占比"和"技术进步"两个变量对其进行关联预测。由此，就可以将其与 LEAP 模型中的主导产业、交通和建筑等致变因素关联起来。该关联关系如图5-5所示。

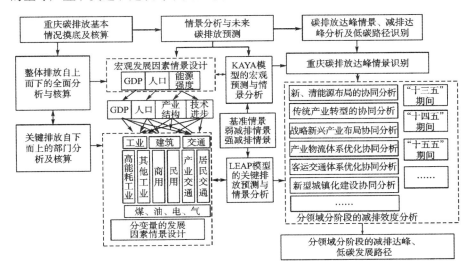

图 5-5　重庆碳排放峰值预测模型关联及预测思路图

二、碳排放峰值宏观驱动因素情景分析模型解析

（一）模型变量的基本考量

由于本书中"自上而下"的碳排放预测模型是 KAYA 模型，下面就重庆的 KAYA 模型变量进行详细解析。

KAYA 模型首先将二氧化碳排放（总）量分解为三个主要驱动因素：GDP、单位 GDP 的能源消费量（单位 GDP 能耗）和单位能源消耗产生的二氧化碳排放量（能源碳强度）见式（5-1）；进而将 GDP 分解为人口和人均 GDP 的乘积。由此，某区域二氧化碳排放（总）量可分解为人口、人均 GDP、单位 GDP 能耗强度和能源碳强度这四个参数的乘积，见式（5-2）。

二氧化碳排放（总）量 = GDP×（能耗/GDP）×（CO_2/能耗）　　　（5-1）

二氧化碳排放（总）量 = 人口×（GDP/人口）×（能耗/GDP）×（CO_2/能耗）
　　　　　　　　　　　　　　　　　　　　　　　　　　　　　　　（5-2）

综上所述，通过预测区域未来一段时期内的人口、人均 GDP、单位 GDP 能耗和能源碳强度这四个参数变化情况，就可以通过 KAYA 恒等式对全市的排放状况逐年推演，得到既定政策环境和经济、社会持续稳定发展条件下的区域碳排放情况。

进行 KAYA 模型运算的时候，需要一个稳定的参照系来预设未来一段时期内的人口、人均 GDP、单位 GDP 能耗和能源碳强度这四个参数取值,从而对全市的排放状况逐年推演,得到现实政策环境和经济、社会持续稳定发展条件下的碳排放规律,以及何时进入平台期、何时达峰、峰值总量是多少等预测数据①。

（二）相关变量的内涵界定

1. 人口

我国人口的统计主要有户籍人口和常住人口两个口径,户籍人口是指在当地的公安户籍管理机关登记了户口的居民,常住人口是指居住在当地半年以上的人口。市场经济条件下,户籍人口和常住人口的数据之间常存在较大差别。由于温室气体排放与当时当地的实际社会、经济和能源等活动强度息息相关,因此测算碳排放时使用常住人口,而非户籍人口。

2. GDP

本书研究时间跨度较长,为尽可能获得较准确和可比较的各年份 GDP 数据,对于 GDP 也就需要考虑一个不变价。本书选择以 2010 年不变价为基准,后续各项预测均以此为不变价基期。

3. 能耗强度

能耗强度是用于对比不同国家和地区能源综合利用效率的最常用指标之一,体现了能源利用的经济效益。能耗强度的计算方法是用单位地区生产总值（GDP）所需消耗的能源来计算,单位为"吨标准煤/万元"。

4. 碳排放强度

碳排放强度指单位地区生产总值的二氧化碳排放量。该指标主要用来衡量一国或一地区经济发展同碳排放量之间的关系。一般而言,碳排放强度呈现下降的趋势则表明一个区域的经济发展模式走向低碳增长的方向。本书以综合能源消耗的二氧化碳排放总量为基础,以 2010 年不变价计算 GDP。

三、能源需求情景分析模型的解析

（一）模型变量的基本考量

能源需求情景分析模型结构性强、数据输入透明,特别是可对研究的一些重要部门或行业进行分子系统的详细分析,在对重庆市碳排放强度和结构的研究中有较强的现实意义。因重庆是我国以重化工业为主的老工业基地中心城

---

① 本书以 2010 年为基准年,以当年的人口、人均 GDP、单位 GDP 能耗和能源碳强度作为参照系进行重庆碳排放峰值的预测。

市，其产业发展处于工业化中期、城市建设处于新型城镇化初期，重庆在完成工业化进程中，产业结构转型升级，经济体量做大做强，都要求更多的能源消耗和建设投入，这势必是一个高能耗高排放的过程。随着快速的工业化和城市化进程，大量人口进入城市带来了对建筑、基础设施、交通的巨大需求，也带来了巨大的且持续增长的能源需求和温室气体排放，且居民生活过程中的能源需求碳排放与区域经济发展表现出高度正相关趋势。随着城市化进程的加快，居民的生活水平显著提升，将导致建筑和交通两个领域的碳排放增加更快。因此，重庆在人口城镇化和经济结构转型的双重拉动下，支柱产业、生活（尤其是建筑和交通两个领域）等领域对重庆未来能源供应与碳排放的影响至关重要。

重庆是国家重要的老工业基地，工业门类涵盖采矿业、制造业、能源产业等，目前已经形成了以电子信息、汽车制造、装备制造、化工、材料、能源和消费品制造为支柱的工业体系，能源、化工、材料和采矿四大工业耗能占工业耗能的90%左右。在本书中，对支柱产业的节能降碳途径及相关政策研究非常重要和必要。

综上所述，将重庆能源需求情景模型中的变量分为产业和生活两大类，其中产业细分为一产、二产、三产三个方面，生活又细分为农村和城市两个方面，如图5-6所示。

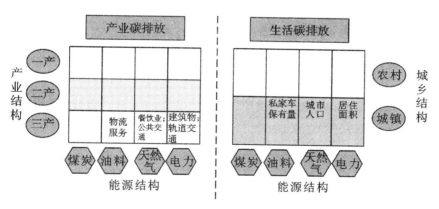

图5-6　重庆能源需求情景分析模型（LEAP）示意图

（二）能源需求情景分析模型设计

总模型：

碳排放总量 = 产业碳排放量 + 生活碳排放量

即：碳排放量 = $M_i + P_i + R_i + C_i + T_i$

如图 5-7 所示：

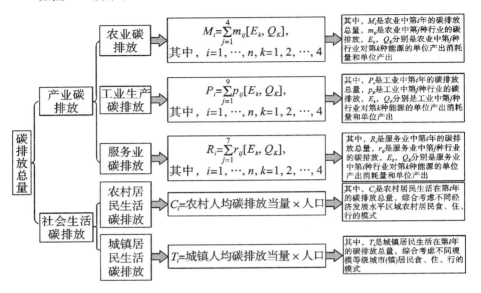

图 5-7　重庆市碳排放峰值测算微观模型示意图

其中，

$$M_i = \sum_{j=1}^{4} m_{ij}[E_k, Q_K]$$，其中，$i = 1, 2, ..., n$，$k = 1, 2, ..., 4$，是农业第 i 年的碳排放总量。

$$P_i = \sum_{j=1}^{9} p_{ij}[E_k, Q_k]$$，$i = 1, 2, ..., n$，$k = 1, 2, ..., 4$，是工业第 i 年的碳排放总量。

$$R_i = \sum_{j=1}^{7} r_{ij}[E_k, Q_k]$$，$i = 1, 2, ..., n$，$k = 1, 2, ..., 4$，是服务业第 i 年的碳排放总量。

C_i = 农村人均碳排放量 × 人口，$i = 1, 2, ..., n$，是农村居民生活在第 i 年的碳排放总量。

T_i = 城镇人均碳排放量 × 人口，$i = 1, 2, ..., n$，是城镇居民生活在第 i 年的碳排放总量。

重庆能源需求情景分析模型的相关变量如表 5-27 所示。

表 5-27　　　　　　　　　重庆能源需求情景分析模型变量表

分类	指标	单位	二级（三级）指标
第一产业	第一产业耗能	万吨标准煤	—
	第一产业产值	亿元	—
第二产业	工业能耗	万吨标准煤	包括：装备制造工业能耗、化医产业能耗、材料工业能耗、能源工业能耗、采掘业能耗、消费品工业能耗
	工业生产总值	万元	装备制造工业产值、化医产业产值、材料工业产值、能源工业产值、采掘业产值、消费品工业产值、其他制造业产值
	建筑业能耗	万吨标准煤	
	建筑业生产总值（或增加值）	万元	
第三产业	第三产业能源消费总量	万吨标准煤	包括：煤炭消费、油料消费（包括交通运输业油料消费）、天然气消费（包括餐饮业天然气消费、城市公共交通天然气消费）、电力消费（包括轨道交通电力消费）
	第三产业增加值	万元	包括：交通运输、仓储及邮政服务业增加值（城市公共交通增加值）、餐饮业增加值
	除居民住宅面积以外的所有商业和商务服务建筑面积	万元	—
	公共交通线路营运里程	万千米	包括出租车营运里程、轻轨线路营运里程两个指标
生活能源	常住人口数量	万人	包括乡村常住人口数量与城镇常住人口数量两个指标
	生活能源消费量	万吨标准煤	包括乡村生活能源消费量与城镇生活能源消费量两个指标
	城市生活能源消费总量	万吨标准煤	包括：城市生活煤炭消费量、城市油料煤炭消费量、城市生活天然气消费量、城市电力煤炭消费量
	城市常住人口私家车保有量	万辆	—
	城市住宅建筑面积	万平方米	—

第四节　重庆市分领域碳排放量的预测

　　碳排放峰值预测模型较多，这些模型均显示出人口及城市化率、经济增长及产业结构、能源消耗水平及其能源结构、能源利用技术水平及能源效率等因素对于碳排放的影响。本研究采用"自上而下""自下而上"的宏观、微观模型相结合的方式进行碳排放峰值预测。

一、综合能源消费的二氧化碳排放预测

IPAT 模型是用来阐述能源消费量、人口、人均 GDP 和人均能源消费量四者之间关系的一个概念性框架，是一个被广泛认可的环境、人口、技术和经济关系模型，该模型将环境影响 I、人口规模 P、人均财富 A 和技术水平 T 联系在一起，称为环境压力等式，表达式为：

$$I = P \times A \times T$$

其中的变量 I、P、A、T 分别代表环境负荷、人口、人均 GDP、单位 GDP 的环境负荷。York 等（2003）在此经典模型基础上提出了随机回归影响模型，即 STIRPAT 模型，表达式为：

$$I = \alpha \times P^{\beta} \times A^{\gamma} \times T^{\delta} \times e$$

其中 α 为比例常数项，β、γ、δ 为指数项，e 为误差项。模型 STIRPAT 是 IPAT 模型的衍生形式，如果 $\beta = \gamma = \delta = 1$，STIRPAT 模型就成为 IPAT 模型。模型 STIRPAT 拟合和预测时通常变形为对数形式，即

$$\ln I = \ln \beta_0 + \beta_1 \ln P + \beta_2 \ln A + \beta_3 \ln E_I + \beta_4 \ln C_E$$

其中的解释变量分别表示人口数量、经济发展水平、能源消耗强度、碳排放系数，模型显示了相关解释变量对被解释变量化石能源消费二氧化碳排放的影响。相关变量的解释和操作化定义见表 5-28。

表 5-28　　　　　　STIRPAT 拓展模型中的变量定义

序号	解释变量	变量解释及其操作化定义	单位
1	I	综合能源消费的二氧化碳排放数量	万吨
2	P	总人口数量，用常住人口数量表示	万人
3	$PGDP$	经济发展水平，用人均地区生产总值表示	元/人
4	E_I	综合能源消费强度，用单位地区生产总值的综合能耗水平表示	吨标准煤/万元
5	C_E	碳排放系数，表示单位能耗水平的二氧化碳排放数量，为常数 2.458 9	吨/吨标准煤

其中，能源消耗强度往往与产业结构、能源结构与能源利用水平相关，综合反映产业结构、能源消费结构和能源利用技术水平带来的能源利用效率变化。模型拟合所需的历史数据如表 5-29 所示。

表 5-29 **相关变量时间序列数据**

年份	人口数量/万人	人均 GDP/（元/人）	综合能源消费强度/（吨/万元）	综合能源消费二氧化碳排放强度/（吨/万元）	综合能源消费排放量/万吨标准煤	综合能源消费二氧化碳排放量/万吨
1995	2 856.93	3 931.00	1.58	3.89	1 776.91	4 110.29
1996	2 875.30	4 350.90	1.50	3.68	1 871.09	4 330.11
1997	2 873.36	4 841.54	1.46	3.59	2 030.13	4 667.55
1998	2 870.75	5 263.03	1.40	3.45	2 119.46	4 823.88
1999	2 860.37	5 693.75	1.40	3.44	2 278.42	5 178.75
2000	2 848.82	6 214.19	1.36	3.35	2 410.82	5 493.66
2001	2 829.21	6 833.30	1.33	3.27	2 573.68	5 839.53
2002	2 814.83	7 588.98	1.32	3.25	2 823.05	6 478.32
2003	2 803.19	8 511.95	1.32	3.23	3 137.90	7 268.64
2004	2 793.32	9 600.95	1.26	3.09	3 368.41	7 705.85
2005	2 798.00	10 706.23	1.18	2.90	3 527.26	7 964.94
2006	2 808.00	11 990.76	1.16	2.84	3 891.22	8 729.55
2007	2 816.00	13 857.48	1.16	2.84	4 508.40	10 186.68
2008	2 839.00	15 738.38	1.05	2.59	4 706.65	10 543.82
2009	2 859.00	17 956.51	1.00	2.45	5 124.82	11 542.46
2010	2 884.62	20 840.20	0.97	2.38	5 810.82	13 022.09
2011	2 919.00	23 972.00	0.92	2.26	6 426.95	14 314.30
2012	2 945.00	26 991.85	0.86	2.10	6 798.25	15 148.61
2013	2 970.00	29 759.44	0.82	2.02	7 253.90	16 118.06
2014	2 991.40	33 094.54	0.78	1.91	7 693.96	17 046.94
2015	3 016.55	35 689.31	0.72	1.77	7 731.72	17 873.06

注：GDP 为 1995 年不变价。

根据表 5-29 数据拟合模型的结果是

$$\ln(I) = 0.387\,4 + 0.951\,9 \times \ln(PP) + 0.988\,3 \times \ln(PGDP) + 0.965\,0 \times \ln(E_I)$$

$$t = (0.79) \qquad (15.60) \qquad\qquad (127.82) \qquad\qquad (35.49)$$

$$R^2 = 0.999\,98 \quad D.W. = 2.28$$

考虑变量系数之和为 1 的条件约束，模型拟合的结果是

$$\ln(I) = 11.198 - 2.817 \times \ln(PP) + 0.844 \times \ln(PGDP) + 0.438 \times \ln(E_I)$$

$$t = \quad (21.15)\quad(-4.95) \qquad\qquad (56.07) \qquad\qquad (10.39)$$

模型拟合后的可决系数高，残差序列平稳且为白噪声序列，$\ln E$、$\ln E_I$、$\ln P$ 和 $\ln PGDP$ 存在协整关系。模型的静态预测显示，预测的均方根误差为 0.002，平均绝对误差为 0.001 7，平均相对误差为 0.020 7，Theil 不等系数为 0.001，偏差比例为 0.000 0，方差比例为 0.000 9，协方差比为 0.999 996。偏差比和方差比较小，协方差比较大，预测误差较小（见图5-8）。

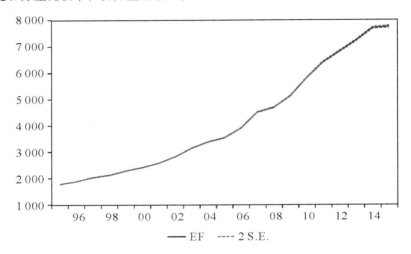

图5-8　模型拟合效果

然而，上述模型的预测残差呈现低阶自相关，而且由于变量之间存在动态联系，其中的解释变量同时也具有经济系统的内生变量属性。为此，本书采用向量自回归模型（VAR）进行预测，其模型为：

$$
\begin{bmatrix} lI \\ lpp \\ lpgdp \\ lei \end{bmatrix} = \begin{bmatrix} c(1,1) & c(1,2) & c(1,3) & c(1,4) \\ c(2,1) & c(2,2) & c(2,3) & c(2,4) \\ c(3,1) & c(3,2) & c(3,3) & c(3,4) \\ c(4,1) & c(4,2) & c(4,3) & c(4,4) \end{bmatrix} \begin{bmatrix} lI(-1) \\ lpp(-1) \\ lpgdp(-1) \\ lei(-1) \end{bmatrix} +
$$

$$
\begin{bmatrix} c(1,5) & c(1,6) & c(1,7) & c(1,8) \\ c(2,5) & c(2,6) & c(2,7) & c(2,8) \\ c(3,5) & c(3,6) & c(3,7) & c(3,8) \\ c(4,5) & c(4,6) & c(4,7) & c(4,8) \end{bmatrix} \begin{bmatrix} lI(-2) \\ lpp(-2) \\ lpgdp(-2) \\ lei(-2) \end{bmatrix} + \begin{bmatrix} c(1,9) \\ c(2,9) \\ c(3,9) \\ c(4,9) \end{bmatrix} +
$$

$$
\begin{bmatrix} e_1 \\ e_2 \\ e_3 \\ e_4 \end{bmatrix}
$$

城市碳排放峰值预测及总量控制——以重庆市为例

利用表 5-29 的数据，拟合后的 VAR 模型为：

$$\begin{bmatrix} lI \\ lpp \\ lpgdp \\ lei \end{bmatrix} = \begin{bmatrix} 3.304 & 0.466 & -2.637 & -2.923 \\ -0.237 & 1.518 & 0.363 & 0.176 \\ 2.140 & 0.112 & -1.001 & -1.949 \\ 1.542 & -1.156 & -2.192 & -1.301 \end{bmatrix} \begin{bmatrix} lI(-1) \\ lpp(-1) \\ lpgdp(-1) \\ lei(-1) \end{bmatrix} +$$

$$\begin{bmatrix} 2.476 & -9.386 & -2.577 & -3.389 \\ -0.260 & -0.126 & 0.112 & 0.236 \\ 1.859 & -5.562 & -2.029 & -2.210 \\ 1.041 & -4.136 & -0.776 & -1.590 \end{bmatrix} \begin{bmatrix} lI(-2) \\ lpp(-2) \\ lpgdp(-2) \\ lei(-2) \end{bmatrix} + \begin{bmatrix} 33.300 \\ 0.835 \\ 11.679 \\ 21.800 \end{bmatrix}$$

经检验，模型中各阶系数的联合显著度显著，残差序列为白噪声，即残差无自相关。同时，进一步的 VAR 系统稳定性检验显示，所有特征值均在单位圆之内，故此 VAR 系统是稳定的。而且，残差的正态分布检验表明，检验结果均在 5% 的显著性水平上接受变量的扰动项服从正态分布的原假设。如图 5-9 所示。

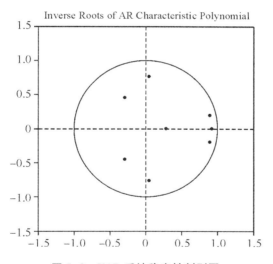

图 5-9　VAR 系统稳定性判别图

在上述 VAR 模型基础上设置乔里斯基短期约束，经估计，SVAR 模型识别良好，*A* 和 *B* 矩阵中各元素均显著。考察脉冲响应函数，结果表明，对人口施加一个正的冲击，在第一期对二氧化碳排放有负的影响，但是逐渐减弱；在第二、三期产生正的影响，之后逐渐减弱，并呈现负的影响。对 GDP 一个正的冲击会对二氧化碳排放产生正的影响，并逐渐减弱。而能源消费强度的正冲击在第二期之后对二氧化碳排放持续产生负的影响。如图 5-10 所示。

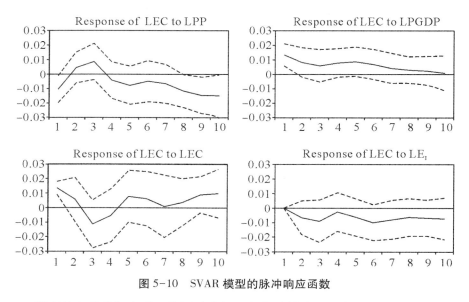

图 5-10 SVAR 模型的脉冲响应函数

模型的方差分解表明，能源消费的二氧化碳排放增长中，人口增长贡献最高达 36%［RVC（10）= 36%］，地区经济增长贡献率最高达到 39%［RVC（2）= 39%］，能源消费强度贡献最高为 38%［RVC（1）= 38%］，二氧化碳排放的自身贡献率逐步增大，第 8 期达到最大，为 22%。如图 5-11 所示。

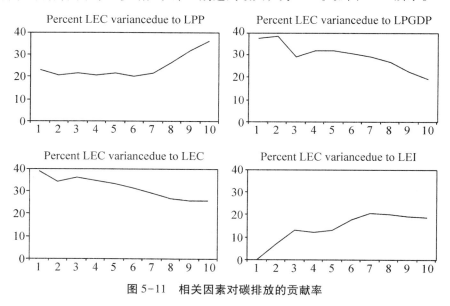

图 5-11 相关因素对碳排放的贡献率

利用模型进行预测，其结果显示，自 2021 年始，综合能源消费的二氧化碳排放进入平台期，在此期间的二氧化碳排放量较低且具有比较稳定的增长率。如图 5-12 所示。

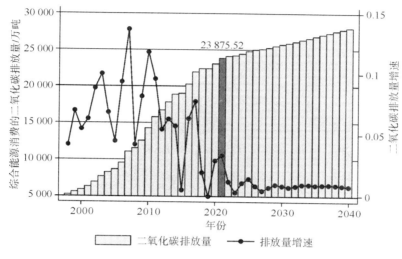

图 5-12　综合能源消费的二氧化碳排放量预测

其中，重庆常住人口数量在 2026 年时达到最高，为 3 145.52 万人，并成为峰值且在此后保持平稳。而重庆在 2021 年时的常住人口数量为 3 124.86 万人。如图 5-13 所示。

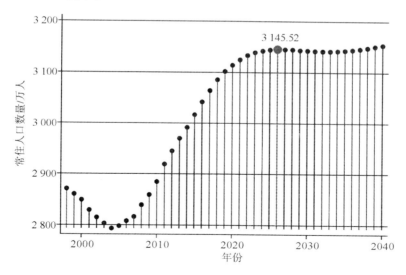

图 5-13　常住人口数量预测

地区经济发展在 2026 年前后进入较为平稳的发展时期，其中 2026 年时的 GDP 为 17 087.63 亿元，人均 GDP 为 5.43 万元；而在 2021 年时 GDP 为 15 446.11亿元，人均 GDP 为 4.94 万元。如图 5-14 所示 。

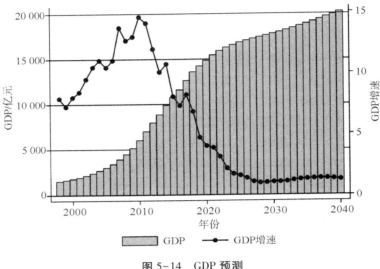

图 5-14　GDP 预测

综合能源消费强度呈现持续下降趋势，2023 年前后下降趋势明显减缓，并在此后呈现较为平稳趋势，其中 2021 年时的综合能源消费强度为 0.63 吨标准煤/万元。如图 5-15 所示。

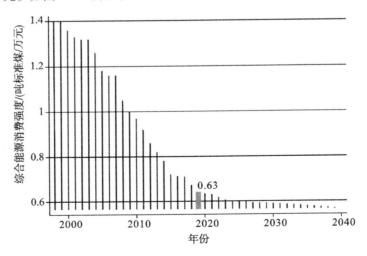

图 5-15　综合能源消费强度预测

二、化石能源消费的二氧化碳排放预测

将前述模型拓展为化石能源消费的二氧化碳排放预测模型：

$$\ln I_F = \ln\beta_0 + \beta_1\ln P + \beta_2\ln A + \beta_3\ln E_I + \beta_5 FE_p$$

其中的 FE_p 表示化石能源占比，I_F 为化石能源消费的二氧化碳排放量，其中的单位能源消费的二氧化碳排放系数为常数，在模型中归并入常数项（见表5-30）。

表 5-30 相关变量时间序列数据

年份	人口数量/万人	人均GDP/（元/人）	综合能源消费强度/（吨/万元）	化石能源消费占比/%	化石能源消费放量/万吨标准煤	化石能源消费二氧化碳排放量/万吨
1995	2 856.93	3 931.00	1.58	90.10	1 601.08	3 936.90
1996	2 875.30	4 350.90	1.50	89.55	1 675.57	4 120.06
1997	2 873.36	4 841.54	1.46	89.27	1 812.25	4 456.14
1998	2 870.75	5 263.03	1.40	88.15	1 868.35	4 594.09
1999	2 860.37	5 693.75	1.40	87.78	2 000.08	4 918.00
2000	2 848.82	6 214.19	1.36	87.70	2 114.17	5 198.53
2001	2 829.21	6 833.30	1.33	86.61	2 229.14	5 481.23
2002	2 814.83	7 588.98	1.32	87.66	2 474.61	6 084.82
2003	2 803.19	8 511.95	1.32	88.48	2 776.34	6 826.74
2004	2 793.32	9 600.95	1.26	88.72	2 988.57	7 348.59
2005	2 798.00	10 706.23	1.18	87.84	3 098.40	7 618.66
2006	2 808.00	11 990.76	1.16	87.20	3 393.24	8 343.64
2007	2 816.00	13 857.48	1.16	87.75	3 956.32	9 728.20
2008	2 839.00	15 738.38	1.05	87.31	4 109.45	10 104.73
2009	2 859.00	17 956.51	1.00	87.23	4 470.57	10 992.68
2010	2 884.62	20 840.20	0.97	86.78	5 042.64	12 399.35
2011	2 919.00	23 972.00	0.92	86.29	5 545.73	13 636.40
2012	2 945.00	26 991.85	0.86	86.93	5 909.65	14 531.24
2013	2 970.00	29 759.44	0.82	86.22	6 254.40	15 378.94
2014	2 991.40	33 094.54	0.78	86.15	6 628.16	16 297.98
2015	3 016.55	35 689.31	0.72	86.09	6 655.87	16 366.12

注：GDP为1995年不变价。

表5-30所列的时间序列数据的对数序列均为二阶单整，对模型进行拟合

得到：

$$\ln I_F = -\,3.704\,452\,754\,86 + 1.000\,333\,440\,08 \times \ln P + 1.000\,174\,042\,69 \times \ln PGDP$$

$$t = (-\,425.778\,1) \qquad\qquad (959.700\,7) \qquad\qquad (7\,561.024)$$

$$+\,1.000\,658\,884\,99 \times \ln E_I + 0.999\,158\,436\,419 \times \ln FEP$$

$$t = (2\,092.987) \qquad\qquad (821.193\,9)$$

$$R^2 = 1.000 \quad D.W. = 2.52$$

模型拟合优度较佳，但是 DW 值较高，说明存在自相关。考虑变量系数之和为 1 的约束条件所拟合的模型为：

$$\ln I_F = 11.17 - 0.323\,8 \times \ln P + 0.831\,2 \times \ln PGDP + 0.440\,9 \times \ln E_I + 0.051\,6 \times \ln FEP$$

$$t = (16.56) \quad (-\,1.08) \quad (21.94) \qquad\qquad (2.96) \qquad\qquad (0.11)$$

$$p = (0.000) \quad (0.296) \quad (0.000) \qquad\qquad (0.009) \qquad\qquad (0.912)$$

其中人口数量和能源消耗强度的显著性较差。

使用向量自回归模型进行拟合和预测，所建立的 VAR 模型拟合结果为：

$$
\begin{bmatrix} \ln p \\ \ln pgdp \\ \ln ei \\ \ln fep \\ \ln fec \end{bmatrix} =
\begin{bmatrix}
-28.85 & -29.82 & -30.03 & -29.91 & 29.98 \\
4.31 & 2.82 & 1.71 & 1.60 & -1.74 \\
18.90 & 14.70 & 15.76 & 15.89 & -15.74 \\
0.28 & -0.48 & -0.28 & 0.02 & 0.38 \\
-4.76 & -12.18 & -12.24 & -11.80 & 12.27
\end{bmatrix}
\begin{bmatrix} \ln p(-1) \\ \ln pgdp(-1) \\ \ln ei(-1) \\ \ln fep(-1) \\ \ln fec(-1) \end{bmatrix} +
$$

$$
\begin{bmatrix}
-17.02 & -17.00 & -16.86 & -16.71 & 16.83 \\
38.63 & 42.75 & 42.60 & 42.31 & -42.93 \\
260.12 & 267.07 & 266.08 & 264.43 & -266.49 \\
-1.75 & -0.95 & -1.07 & -1.29 & 1.06 \\
281.00 & 292.90 & 291.77 & 289.77 & -292.56
\end{bmatrix}
\begin{bmatrix} \ln p(-2) \\ \ln pgdp(-2) \\ \ln ei(-2) \\ \ln fep(-2) \\ \ln fec(-2) \end{bmatrix} +
\begin{bmatrix} 173.07 \\ -148.16 \\ -1\,011.32 \\ 9.29 \\ -986.84 \end{bmatrix}
$$

经检验，模型中各阶系数的联合显著度显著，残差序列为白噪声，即残差无自相关。同时，进一步的 VAR 系统稳定性检验显示，所有特征值均在单位圆之内，故此 VAR 系统是稳定的。而且，残差的正态分布检验表明，检验结果均在 5% 的显著性水平上接受变量的扰动项，服从正态分布的原假设。如图 5-16 所示。

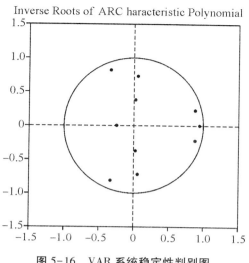

Inverse Roots of ARC haracteristic Polynomial

图 5-16　VAR 系统稳定性判别图

　　考查脉冲响应函数，结果表明对人口施加一个正的冲击，早期会产生负的影响并逐步衰减。而经济总量、能耗强度和化石能源占比的正的冲击对二氧化碳排放产生正的影响并逐步衰减。如图 5-17 所示。

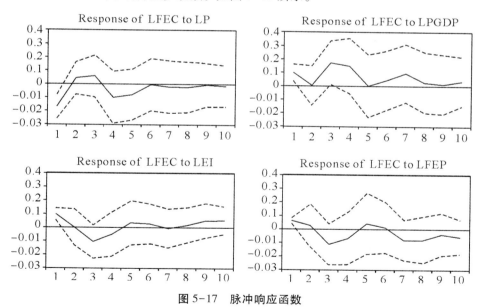

图 5-17　脉冲响应函数

　　模型的方差分解表明，能源消费的二氧化碳排放增长中，人口增长贡献最高为 55%〔RVC（2）= 55%〕，地区经济增长贡献率最高达到 41%〔RVC

（4）＝41%］，能源消费强度贡献最高为 19%［RVC（1）＝19%］，化石能源占比的贡献率逐步增大，在第 8 期时达到最大，为 19%。如图 5-18 所示。

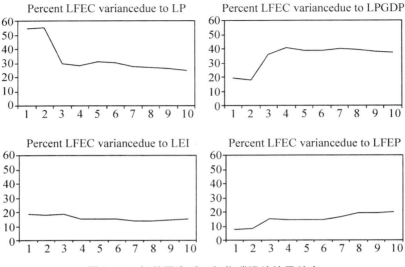

图 5-18　相关因素对二氧化碳排放的贡献度

利用模型进行预测，其结果显示，自 2020 年始，化石能源消费的二氧化碳排放进入较为平稳的增长期。其中，2020 年时的排放量为 16 298 万吨，2021 年为 16 366 万吨，2020—2040 年的平均增长率为 3.65%。如图 5-19 所示。

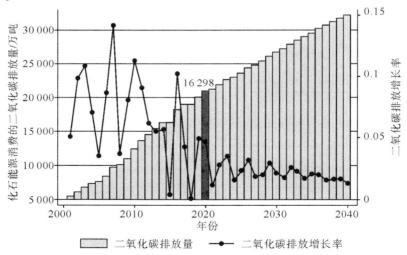

图 5-19　化石能源消费的二氧化碳排放预测结果

相对于综合能源消费的二氧化碳排放预测，化石能源消费二氧化碳排放的预测值偏高。自 2018 年开始，化石能源消费的二氧化碳排放量增速显著高于综合能源消费的二氧化碳排放增速，从而化石能源消费碳排放未能达到峰值。如图 5-20 所示。

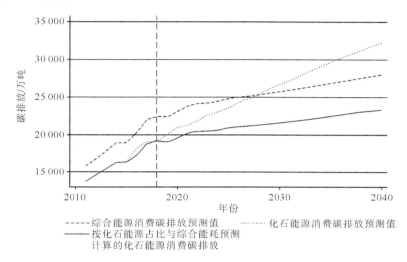

图 5-20　综合能源与化石能源消费碳排放预测比较

其中的主要原因，一方面是 GDP 及其增长速度高于综合能源消费二氧化碳排放预测时的 GDP 及其增速，从 2020 年至 2040 年，前者的增速为 3.87%，后者的增速为 1.64%。如图 5-21 所示。

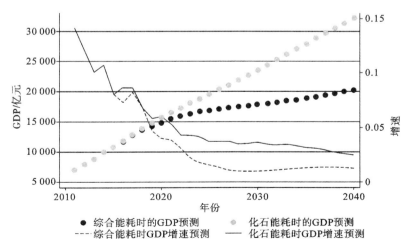

图 5-21　不同情形下的 GDP 及其增速预测

另一方面是人口预测值高于综合能源消费二氧化碳排放预测时的人口预测值，如图 5-22 所示。

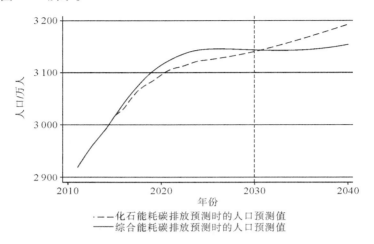

图 5-22　不同情形下的人口预测值

从综合能源消费强度来看，综合能源消费碳排放预测时的综合能源消耗强度高于化石能源消费碳排放预测时的综合能耗强度。在 2020 年时，前者为 0.634 吨标准煤/万元，后者为 0.645 吨标准煤/万元；而在 2030 年时，前者为 0.590 吨标准煤/万元，后者为 0.549 吨标准煤/万元。到 2040 年时，前者为 0.566 吨标准煤/万元，后者为 0.487 吨标准煤/万元，如图 5-23 所示。

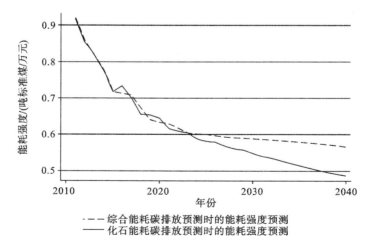

图 5-23　不同情形下的综合能耗强度预测结果

对化石能源消费占比的预测显示，从 2020 年至 2040 年，化石能源消费占比从 84.75% 缓慢降低至 83.52%，从而使得二氧化碳排放降低迟缓，如图 5-24 所示。

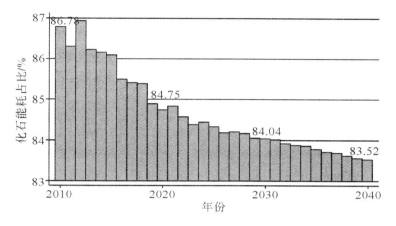

图 5-24　化石能源消费占比预测结果

三、产业活动能源消费的碳排放预测

在假设能源消费的碳排放系数一定的情况下，产业活动能源消费的碳排放与经济发展水平、能源消耗强度相关，而经济发展水平又与产业结构相关，能源消耗强度与产业结构、能源消费结构、能源利用水平相关。

$$C = f(GDP, i_s, e_i, e_s)$$

其中 GDP 为地区生产总值；i_s 为产业结构，用第三产业占比来表示；e_i 为产业活动能源强度，表示单位 GDP 的能源消费量，是与能源利用水平相关的变量；e_s 为能源消费结构，用化石能源的占比来表示，如表 5-31 所示。

表 5-31　　　　　　　产业能源消费预测数据集

年份	产业能耗二氧化碳排放量/万吨	GDP/亿元	第三产业占比/%	化石能耗结构/%	能耗强度/（吨标准煤/万元）
1995	—	1 123.07	32.61	90.10	—
1996	—	1 251.01	34.87	89.55	—
1997	4 413.258	1 391.15	36.57	89.27	1.290 2
1998	5 633.315	1 510.88	39.06	88.15	1.516 3

表5-31(续)

年份	产业能耗二氧化碳排放量/万吨	GDP/亿元	第三产业占比/%	化石能耗结构/%	能耗强度/（吨标准煤/万元）
1999	6 254.802	1 628.62	40.84	87.78	1.561 9
2000	5 867.353	1 770.31	41.66	87.70	1.347 9
2001	5 599.186	1 933.28	42.49	86.61	1.177 8
2002	4 449.650	2 136.17	42.82	87.66	0.847 1
2003	4 766.725	2 386.06	42.31	88.48	0.812 5
2004	5 099.783	2 681.85	40.52	88.72	0.773 4
2005	7 171.406	2 995.60	41.54	87.84	0.973 6
2006	7 664.932	3 367.00	42.21	87.20	0.925 8
2007	8 551.046	3 902.27	43.03	87.75	0.891 2
2008	11 166.332	4 468.13	45.42	87.31	1.016 4
2009	11 992.473	5 133.77	45.71	87.23	0.95
2010	13 323.451	6 011.60	46.80	86.78	0.901 3
2011	14 780.841	6 997.43	46.99	86.29	0.859 1
2012	15 637.055	7 949.10	46.41	86.93	0.8
2013	12 788.124	8 838.55	47.16	86.22	0.582 6
2014	14 187.091	9 899.90	46.78	86.15	0.582 8
2015	14 556.368	10 768.70	47.70	86.09	0.549 7

（一）模型简介

IPAT 模型是用来阐述能源消费量、人口、人均 GDP 和人均能源消费量四者之间关系的一个概念性框架，是一个被广泛认可的环境、人口、技术和经济关系模型，该模型将环境影响 I、人口规模 P、人均财富 A 和技术水平 T 联系在一起，称为环境压力等式，表达式为：

$$I = P \times A \times T$$

其中的变量 I、P、A、T 分别代表环境负荷、人口、人均 GDP、单位 GDP 的环境负荷。York 等（2003）在此经典模型基础上提出了随机回归影响模型，即 STIRPAT 模型，表达式为：

$$I = \alpha \times P^\beta \times A^\gamma \times T^\delta \times e$$

其中 α 为比例常数项，β、γ、δ 为指数项，e 为误差项。STIRPAT 模型是

IPAT 模型的衍生形式，如果 $\beta = \gamma = \delta = 1$，STIRPAT 模型就成为 IPAT 模型。模型 STIRPAT 拟合和预测时通常变形为对数形式，即

$$\ln I = \ln\alpha + \beta\ln P + \gamma\ln A + \delta\ln T + \ln e$$

此方程回归系数反映了解释变量对被解释变量影响的弹性，即解释变量变化 1% 导致的被解释变量变化的百分数。方程的标准回归系数反映的是解释变量对被解释变量的影响程度与方向，其中系数的绝对值大小反映解释变量的影响程度，系数正负反映解释变量的影响方向。标准回归系数的绝对值越大，说明与其他因素相比，其影响程度越高；反之，绝对值越小其影响程度越小。同时，如果某解释变量为正，说明此解释变量为增量因子，是正效应，促进被解释变量的增加；如果某解释变量为负，则说明此解释变量为减量因子，是负效应，促进被解释变量的减小。

上述 STIRPAT 模型可以根据影响因素的不同进行拓展。如果考虑的影响因素是无量纲的，可以在对数形式模型中直接加入影响因子，并通过系数和常数项进行影响效果修正。若引入有量纲的影响因子，则需要在结合 IPAT 恒等式或 LMDI 模型进行无残差的分解后，加入指数再转化为对数形式。本书建立的 STIRPAT 拓展模型为：

$$\ln I = \ln\alpha + \beta\ln P + \gamma\ln A + \delta\ln E_I + \lambda\ln C_T + \zeta\ln U_S + \theta\ln I_S + \zeta\ln E_S + \ln e$$

其中的解释变量分别表示人口数量、经济发展水平、能源消耗强度、碳排放系数、城市化率、产业结构、能源消费结构对被解释变量化石能源消费二氧化碳排放的影响。相关变量的解释和操作化定义见表 5-32。

表 5-32　　　　　　　　STIRPAT 拓展模型中的变量定义

序号	解释变量	变量解释及其操作化定义	单位
1	I	化石能源消费的二氧化碳排放数量	吨
2	P	总人口数量，用常住人口数量表示	万人
3	A	经济发展水平，用人均地区生产总值表示	元/人
4	E_I	综合能源消费强度，用单位地区生产总值的综合能耗水平表示	吨标准煤/万元
5	C_T	碳排放系数，表示单位能耗水平的二氧化碳排放数量，来源于 2015 年能源统计年鉴	吨/吨标准煤
6	U_S	城市化率，用城镇人口占总人口数量的百分比表示	%
7	I_S	产业结构，用第三产业产值占地区生产总值的百分比表示	%

表5-32(续)

序号	解释变量	变量解释及其操作化定义	单位
8	E_s	能源消费结构,用化石能源占能源消费总量的占比表示	%
9	α 表示常数项,β、γ、δ、λ、ζ、θ、ζ 为指数,e 为误差项		

需要说明的是,尽管能源消耗的碳排放系数往往与能源利用结构与水平相关,反映了能源利用技术水平、能源消费结构带来的能源效率变化;但是,考虑到能源消耗强度和碳排放系数共同反映了碳排放强度,加之技术演化的长周期特性,本书将此二者合并,并引入技术进步率用来反映能源使用效率。于是,本书的研究模型变为:

$$\ln I = \ln\alpha + \beta\ln P + \gamma\ln A + \delta\ln C_I + \zeta\ln U_s + \theta\ln I_s + \zeta\ln E_s + \xi\ln T + \ln e$$

其中的解释变量分别表示人口数量、经济发展水平、二氧化碳排放强度、城市化率、产业结构、能源消费结构、技术水平等对二氧化碳排放的影响。

(二)模型拟合

考虑到面板数据中的多重共线性,用岭回归方法进行模型拟合,得到的岭迹图如图5-25所示,解释变量对被解释变量的影响在 k = 0.115 以后变得稳定。

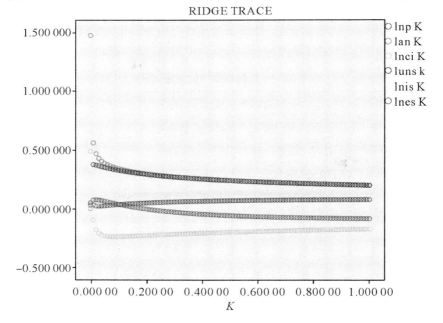

图 5-25　岭迹图

模型拟合后的可决系数在 k = 0.115 时为 0.989 72，并且此时的 F 统计量为 224.62，显著性检验的 sig 为 0，整体模型拟合良好（见图 5-26）。

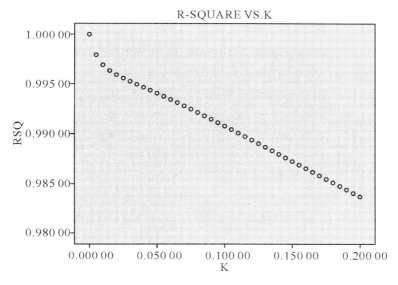

图 5-26　可决系数变化情况

取 k = 0.115 时，对应的标准化岭回归方程为：

$$\ln I = 0.335\ln P^* + 0.328\ln A^* - 0.242\ln C_T^* + 0.316\ln U_S^* + 0.094\ln I_S^* + 0.264\ln E_S^*$$

此时拟合的岭回归方程为：

$$\ln I = 11.84 + 0.732\ln P^* + 0.224\ln A^* - 0.507\ln C_T^* + 0.628\ln U_S^* + 0.443\ln I_S^* + 0.995\ln E_S^*$$ 利用此模型对 1995—2015 年二氧化碳排放量进行核算，其结果见表 5-33。

表 5-33　　　　　　　二氧化碳排放量实际值与预测值比较

年份	二氧化碳排放量/吨	方程拟合数值/吨	误差/%
1995	39 368 956.12	37 153 961.70	5.63
1996	41 200 590.73	41 554 129.90	−0.86
1997	44 561 415.25	45 245 767.44	−1.54
1998	45 940 858.15	49 329 974.65	−7.38
1999	49 179 967.12	52 586 095.90	−6.93
2000	51 985 326.13	55 912 316.68	−7.55

表5-33（续）

年份	二氧化碳排放量/吨	方程拟合数值/吨	误差/%
2001	54 812 323.46	59 117 554.20	-7.85
2002	60 848 185.29	63 972 678.21	-5.13
2003	68 267 424.26	67 960 949.77	0.45
2004	73 485 947.73	71 726 790.81	2.39
2005	76 186 557.60	77 932 417.11	-2.29
2006	83 436 378.36	82 661 101.68	0.93
2007	97 281 952.48	88 692 661.94	8.83
2008	101 047 266.05	100 185 928.28	0.85
2009	109 926 845.73	109 012 917.14	0.83
2010	123 993 474.96	117 713 781.28	5.06
2011	136 363 954.97	128 244 927.03	5.95
2012	145 312 383.85	140 966 111.53	2.99
2013	153 789 441.60	149 809 967.80	2.59
2014	162 979 826.24	160 174 401.86	1.72
2015	163 661 187.43	174 128 257.39	-6.40

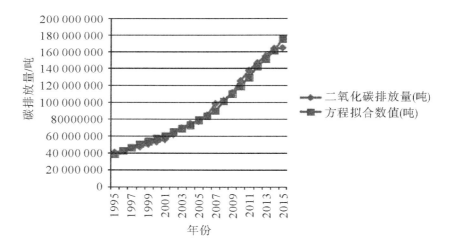

图 5-27　二氧化碳排放实际值与预测值比较

　　表5-33 和图5-27 显示了预测值与实际值之间的误差大小。与实际值相比，模型拟合的数据误差较小，标准差为4.957，预测值与实际值基本吻合，

也符合重庆经济社会发展状况和规律。

第五节 重庆碳排放峰值预测

本书中相关变量的预测是基于时间序列进行的，并通过比较国内外经验数据来确定不同的发展情况，以此作为情景设计中的刻画指标的依据。本节首先预测 GDP 指标，再根据相关指标间的关系预测人口、城市化率、产业结构等指标。

一、情景指标的预测

（一）GDP 增长预测

重庆自 1978 年以来的 GDP 呈现较快上升趋势，按照 1995 年不变价调整为不变价 GDP 序列，其时间序列不平稳，但是该时间序列的二阶差分序列平稳，如图 5-28 所示。

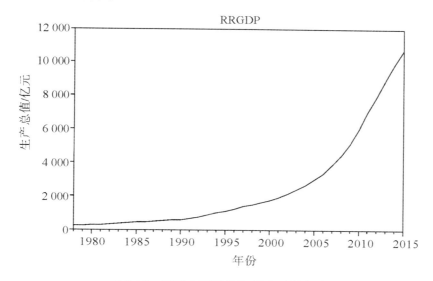

图 5-28 1995 年不变价格 GDP 时间序列

对不变价 GDP 时间序列的二阶差分序列进行自相关分析，结果显示该时间序列的自相关系数和偏自相关系数均呈现拖尾，可选择的 ARMA 为（5，5），如图 5-29 所示。

Autocorrelation	Partial Correlation		AC	PAC	Q-Stat	Prob
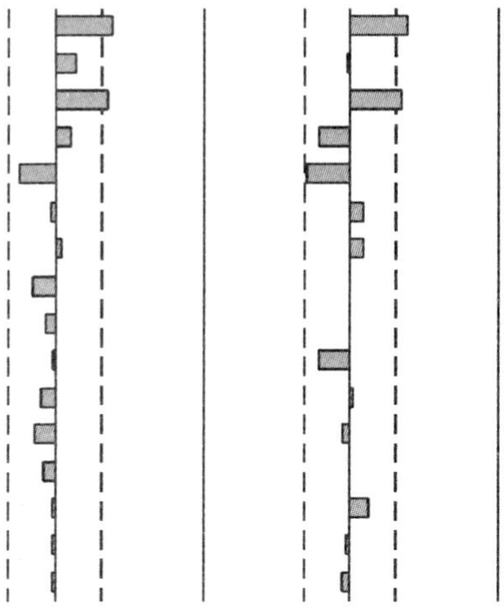		1	0.401	0.401	6.280 8	0.012
		2	0.151	0.101	7.203 8	0.027
		3	0.359	0.360	12.555	0.006
		4	0.101	−0.228	12.990	0.011
		5	−0.253	−0.303	15.805	0.007
		6	−0.048	0.088	15.912	0.014
		7	0.036	0.085	15.974	0.025
		8	−0.168	−0.004	17.350	0.027
		9	−0.057	0.005	17.578	0.040
		10	−0.024	−0.222	17.608	0.062
		11	−0.112	0.019	18.300	0.075
		12	−0.149	−0.065	19.559	0.076
		13	−0.086	0.001	20.001	0.095
		14	−0.024	0.122	20.036	0.129
		15	−0.015	−0.015	20.051	0.170
		16	−0.015	−0.059	20.067	0.217

图 5-29 不变价 GDP 时间序列二阶差分序列的相关分析图

经过比较选择，最后确定的模型为只含有 AR（1）、AR（3）、MA（5）的 ARMA（5，5）模型。利用该模型进行 GDP 序列静态预测，结果表明，预测值均在 95% 的置信区间范围内，并且均方根误差为 42.13，平均绝对误差为 29.83，平均相对误差为 1.85，Theil 不等系数为 0.005，偏差比例为 0.019 6，方差比例为 0.026，协方差比为 0.954 1。这显示出预测误差比较小，预测模型拟合较好，预测结果较优，如图 5-30 所示。

同时，对预测产生的序列残差项进行自相关分析表明，残差序列不存在自相关，为白噪声，因此模型是适合的模型，如图 5-31 所示。

利用模型进行预测，结果显示，2016—2030 年的不变价 GDP 分别为 11 580.45亿元、12 393.11 亿元、13 202.38 亿元、14 002.33 亿元、14 818.70 亿元、15 642.61 亿元、16 467.20 亿元、17 297.99 亿元、18 134.72 亿元、18 974.87 亿元、19 819.01 亿元、20 667.39 亿元、21 519.23 亿元、22 374.32 亿元、23 232.64 亿元，GDP 增长速度为 5.26%，其中"十三五"期间增速为 6.6%。

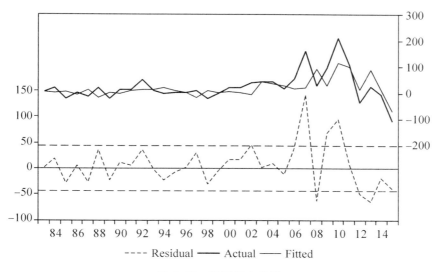

图 5-30　模型拟合效果

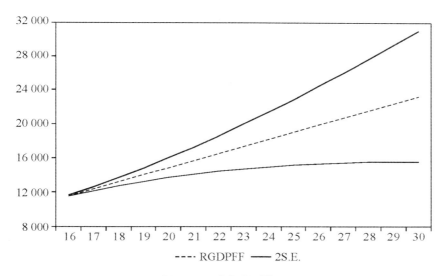

图 5-31　动态预测结果

（二）人口数量预测

重庆常住人口变化情况如图 5-32 所示，其中 2004 年为 2 793 万人，为成为直辖市以来最低数量，而自 2005 年以来持续增加，2015 年时达到 3 016.55 万人。

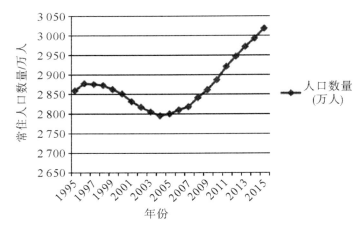

图 5-32　重庆常住人口变化情况

考虑到人口数量变化的复杂性，特别是由于人口变化与经济发展水平之间存在密切关系，因此本节通过人口数量与经济增长之间的协整关系对人口数量进行预测。

由于常住人口数量和不变价 GDP 两个时间序列均为二阶单整序列，建立两个时间序列之间的关系模型，并对其进行回归分析得到：

$$P = 2\ 829.787 + 0.000\ 004\ 87 \times RGDP - 16.405 \times T$$

$$t = (512.97) \quad (17.76) \quad (-12.17)$$

$$R^2 = 0.964\ 6 \quad D.\ W. = 0.58$$

其中的 T 是与时间有关系的变量。

模型的残差序列不存在单根，说明常住人口数量和不变价 GDP 之间存在协整关系，模型的拟合效果良好。

利用上述模型进行预测，结果表明，预测值均在 95% 的置信区间范围内，并且均方根误差为 11.85，平均绝对误差为 10.16，平均相对误差为 0.35，Theil 不等系数为 0.002，偏差比例为 0.000，方差比例为 0.009，协方差比为 0.990 9。这显示出预测误差比较小，预测模型拟合较好，预测结果较优，如图 5-33 所示。

预测结果显示，2016—2030 年重庆常住人口数量分别为 3 049.21 万人、3 072.38 万人、3 095.38 万人、3 117.93 万人、3 141.28 万人、3 165.00 万人、3 188.75 万人、3 212.80 万人、3 237.14 万人、3 261.65 万人、3 286.35 万人、3 311.26 万人、3 336.33 万人、3 361.57 万人、3 386.96 万人，年均增长率 0.75%。

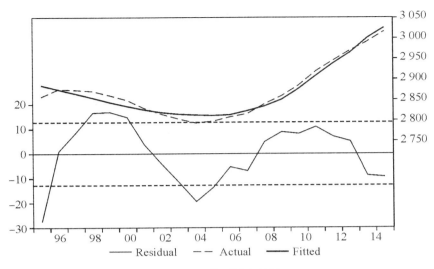

图 5-33 模型拟合效果

（三）城市化率预测

鉴于城市化率为相对指标，对其进行预测必须先预测城镇人口数量，然后确定其在总人口中的占比。重庆城镇化率发展变化情况如图 5-34 所示。

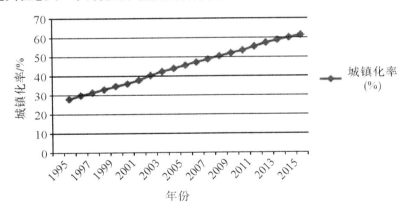

图 5-34 重庆城镇化率变化情况

由于城镇人口数量时间序列二阶单整，对其建立 ARMA（2，5）模型进行预测，模型的拟合效果良好，如图 5-35 所示。

根据预测，重庆城镇人口数量 2016—2030 年分别为 1 893.69 万人、1 946.52 万人、1 992.89 万人、2 041.84 万人、2 097.65 万人、2 153.59 万人、2 204.77 万人、2 255.88 万人、2 309.6 万人、2 363.36 万人、2 415.68 万人、

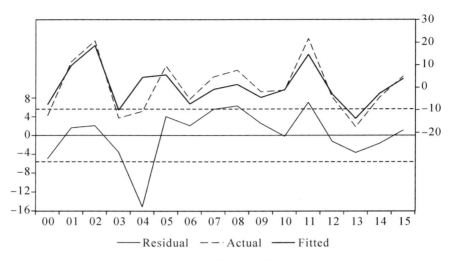

图 5-35　模型拟合效果

2 467.99 万人、2 521.08 万人、2 574.18 万人、2 626.85 万人，年增长率为 2.41%。

同理，可预测农村人口数量。根据城镇人口、农村人口计算的人口数量以及之前预测的人口数量见表 5-34①。

表 5-34　　　　　　　　　　人口及城市化率预测值

年份	城镇人口预测/万人	农村人口预测/万人	城乡人口预测合计/万人	城市化率/%	按回归分析预测人口总数/万人	城市化率/%
2016	1 893.69	1 145.54	3 039.23	62.31	3 049.21	62.10
2017	1 946.52	1 111.50	3 058.02	63.65	3 072.38	63.36
2018	1 992.89	1 076.21	3 069.10	64.93	3 095.38	64.38
2019	2 041.84	1 040.28	3 082.12	66.25	3 117.93	65.49
2020	2 097.65	1 003.75	3 101.40	67.64	3 141.28	66.78
2021	2 153.59	966.91	3 120.50	69.01	3 165.00	68.04
2022	2 204.77	929.78	3 134.55	70.34	3 188.75	69.14
2023	2 255.88	892.50	3 148.38	71.65	3 212.80	70.22

---

①　按照城乡人口预测合计算的城市化率拟合较好。

表5-34(续)

年份	城镇人口预测/万人	农村人口预测/万人	城乡人口预测合计/万人	城市化率/%	按回归分析预测人口总数/万人	城市化率/%
2024	2 309.60	855.07	3 164.67	72.98	3 237.14	71.35
2025	2 363.36	817.58	3 180.94	74.30	3 261.65	72.46
2026	2 415.68	780.02	3 195.70	75.59	3 286.35	73.51
2027	2 467.99	742.42	3 210.41	76.87	3 311.26	74.53
2028	2 521.08	704.80	3 225.88	78.15	3 336.33	75.56
2029	2 574.18	667.15	3 241.33	79.42	3 361.57	76.58
2030	2 626.85	629.49	3 256.34	80.67	3 386.96	77.56

（四）产业结构预测

重庆三次产业的变化趋势表明，第一、第二、第三产业时间序列均不平稳，其中第二、第三产业增长较快，如图5-36所示。

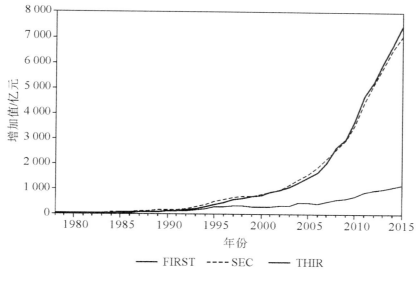

图5-36 三次产业发展趋势

第一产业1995年不变价产值时间序列为二阶单整，对其建立的预测模型为ARMA（2，4）。按照信息原则选择模型，其中AR（1）、MA（2）进入模型。该模型的静态预测结果表明，预测值均在95%的置信区间范围内，并且均方根误差为22.89，平均绝对误差为16.30，平均相对误差为5.98，Theil 不等系数为0.031，偏差比例为0.004，方差比例为0.018，协方差比为0.978 0。这显示出预测误差比较小，预测模型拟合较好。模型预测后的残差序列不存在单根，因此预测效果较好。利用模型进行动态预测，2016年第一产业产值为836.63亿元，2020年为1 027.21亿元，而到2030年则是1 597.08亿元，年均增长速度为4.73%，其中"十三五"期间增速为5.45%。

第二产业1995年不变价产值的时间序列也为二阶单整，对其建立的预测模型为 ARMA（3，3）。按照信息原则选择模型，其中 AR（1）、MA（1）、MA（3）、MA（4）进入模型。该模型的静态预测结果表明，预测值均在95%的置信区间范围内，并且均方根误差为39.75，平均绝对误差为30.12，平均相对误差为5.05，Theil 不等系数为0.01，偏差比例为0.003，方差比例为0.01，协方差比为0.986 7。这显示出预测误差比较小，预测模型拟合较好。模型预测后的残差序列不存在单根，因此预测效果较好。利用模型进行动态预测，2016年第一产业产值为5 087.62亿元，2020年为6 199.27亿元，而到2030年则是10 450.18亿元，年均增长速度为5.26%，其中"十三五"期间增速为5.06%。

第三产业1995年不变价产值时间序列的对数序列为一阶单整，对其建立的预测模型为 ARMA（6，7）。按照信息原则选择模型，其中 AR（1）、AR（6）、MA（1）、MA（6）、MA（7）进入模型。该模型的静态预测结果表明，预测值均在95%的置信区间范围内，并且均方根误差为26.84，平均绝对误差为17.47，平均相对误差为1.63，Theil 不等系数为0.007，偏差比例为0.003，方差比例为0.026，协方差比为0.970 8，显示出预测误差比较小，预测模型拟合较好。模型预测后的残差序列不存在单根，因此预测效果较好。利用模型进行动态预测，2016年第一产业产值为5 721.13亿元，2020年为9 826.61亿元，而到2030年则是36 412.09亿元，年均增长速度为13.95%，其中"十三五"期间增速为13.86%（见表5-35）。

表5-35 三产结构预测

年份	第一产业/亿元	第二产业/亿元	第三产业/亿元	总产值/亿元	第一产业占比/%	第二产业占比/%	第三产业占比/%
2015	787.69	4 843.17	5 134.87	10 765.73	7.32	44.99	47.70
2016	836.63	5 087.62	5 721.13	11 645.37	7.18	43.69	49.13
2017	878.65	5 365.90	6 304.95	12 549.50	7.00	42.76	50.24
2018	929.23	5 587.29	7 176.68	13 693.20	6.79	40.80	52.41
2019	974.77	5 872.58	8 401.66	15 249.01	6.39	38.51	55.10

表5-35(续)

年份	第一产业 /亿元	第二产业 /亿元	第三产业 /亿元	总产值 /亿元	第一产业 占比 /%	第二产业 占比 /%	第三产业 占比 /%
2020	1 027.21	6 199.27	9 826.61	17 053.09	6.02	36.35	57.62
2021	1 076.06	6 554.56	11 393.68	19 024.30	5.66	34.45	59.89
2022	1 130.54	6 931.16	13 060.38	21 122.08	5.35	32.81	61.83
2023	1 182.56	7 324.93	15 150.15	23 657.64	5.00	30.96	64.04
2024	1 239.21	7 733.52	17 420.96	26 393.68	4.70	29.30	66.00
2025	1 294.26	8 155.57	19 730.43	29 180.27	4.44	27.95	67.62
2026	1 353.19	8 590.34	22 220.86	32 164.39	4.21	26.71	69.09
2027	1 411.19	9 037.39	25 060.75	35 509.33	3.97	25.45	70.58
2028	1 472.49	9 496.46	28 414.44	39 383.39	3.74	24.11	72.15
2029	1 533.36	9 967.41	32 125.10	43 625.88	3.51	22.85	73.64
2030	1 597.08	10 450.18	36 412.09	48 459.35	3.30	21.56	75.14

注：产值为1995年不变价。

（五）能源消费水平与结构预测

能源消费水平与生产活动水平和消费活动水平相关，也与能源利用的技术进步密不可分。因此，可以推断能源消耗与经济发展、人口数量及技术进步相关。为减轻碳排放预测时的多重共享性问题，此处用时间序列进行预测。重庆能源消费量时间序列为二阶单整，其二阶差分序列自相关系数和偏自相关系数拖尾。根据自相关图并按照信息最小化原则确定的预测模型为ARMA（2，6），如图5-37所示。

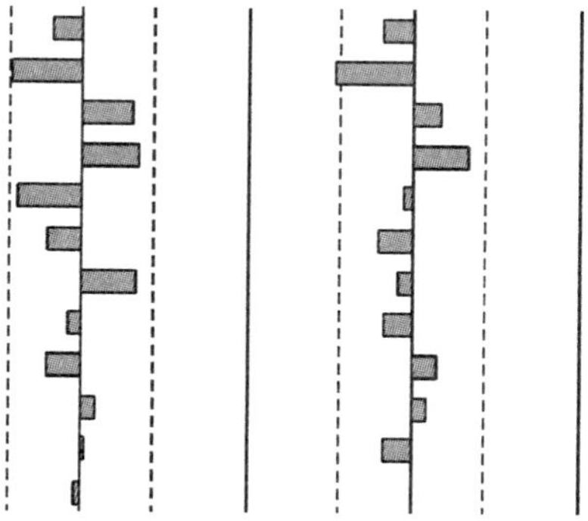

Autocorrelation	Partial Correlation		AC	PAC	Q-Stat	Prob
		1	−0.180	−0.180	0.720 8	0.396
		2	−0.441	−0.489	5.279 2	0.071
		3	0.333	0.172	8.045 7	0.045
		4	0.353	0.350	11.355	0.023
		5	−0.387	−0.060	15.622	0.008
		6	−0.211	−0.219	16.987	0.009
		7	0.349	−0087	21.042	0.004
		8	−0.080	−0.182	21.276	0.004
		9	−0.209	0.136	23.022	0.006
		10	0.097	0.096	23.439	0.009
		11	0.014	−0.187	23.449	0.015
		12	−0.041	0.007	23.545	0.023

图5-37　二阶差分序列自相关分析

模型的静态预测结果显示,预测值均在95%的置信区间范围内,并且均方根误差为135.91,平均绝对误差为91.36,平均相对误差为2.29,Theil 不等系数为0.013,偏差比例为0.003 9,方差比例为0.013,协方差比为0.948 0。这显示出预测误差比较小,预测模型拟合较好。模型预测后的残差序列不存在单根,因此预测效果较好。利用模型进行动态预测,2016 年能源消费为 7 778.06 万吨标准煤,2020 年为 8 490.74 万吨标准煤,而到 2030 年则是 10 962.59 万吨标准煤,年均消费增长速度为 2.36%,其中"十三五"期间增速为 1.89%。

同理,对煤炭、天然气、油料和电力能源消耗分别按照时间序列进行预测,得到的预测结果如表 5-36 所示。

表 5-36   能源结构预测

年份	煤炭/万吨标准煤	天然气/万吨标准煤	油料/万吨标准煤	电力/万吨标准煤	化石能源占比/%
2016	4 552.97	1 154.16	1 204.18	1 194.46	85.26
2017	4 484.00	1 129.32	1 266.81	1 218.51	84.95
2018	4 595.28	1 243.25	1 318.11	1 236.84	85.26
2019	4 626.84	1 221.33	1 403.98	1 312.87	84.67
2020	4 814.25	1 327.94	1 514.62	1 324.41	85.25
2021	4 912.19	1 313.50	1 541.47	1 343.70	85.25
2022	5 061.49	1 413.08	1 625.07	1 413.15	85.14
2023	5 181.31	1 405.27	1 653.74	1 429.84	85.21
2024	5 318.05	1 498.60	1 733.01	1 450.26	85.50
2025	5 445.07	1 496.67	1 793.44	1 514.11	85.23
2026	5 577.68	1 584.46	1 852.03	1 534.93	85.45
2027	5 707.08	1 587.74	1 904.90	1 556.54	85.53
2028	5 838.32	1 670.62	1 975.24	1 615.63	85.44
2029	5 968.50	1 678.53	2 058.09	1 639.74	85.55
2030	6 099.29	1 757.05	2 098.61	1 662.57	85.69

二、碳排放峰值结果

经模型拟合预测可知(见表 5-37、图 5-38),重庆市碳排放实际上在

2025—2027 年进入小平台期，平均碳排放为 25 619.38 万吨；2024—2028 年为大平台期，平均碳排放为 25 466.85 万吨。因此，根据全国在 2030 年左右达峰的预期，重庆市能源活动的碳排放峰值建议定为 2.58 亿吨，坐标为 2026 年①。

表 5-37　　　　　　　　　　碳排放预测序列

年份	人口数量/万人	人均 GDP/（元/人）	碳排放强度/（吨/万元）	城市化率/%	第三产业占比/%	化石能源占比/%	化石能源消费二氧化碳排放量/万吨
2016	3 049.21	37 978.54	1.65	62.31	49.13	85.26	17 676.81
2017	3 072.38	40 337.20	1.59	63.65	50.24	84.95	19 213.93
2018	3 095.38	42 651.87	1.54	64.93	52.41	85.26	20 440.35
2019	3 117.93	44 909.03	1.46	66.25	55.10	84.67	21 978.87
2020	3 141.28	47 174.08	1.41	67.64	57.62	85.25	23 135.65
2021	3 165.00	49 423.75	1.39	69.01	59.89	85.25	23 829.72
2022	3 188.75	51 641.60	1.36	70.34	61.83	85.14	24 306.31
2023	3 212.80	53 840.86	1.32	71.65	64.04	85.21	24 549.38
2024	3 237.14	56 020.81	1.29	72.98	66.00	85.50	25 040.36
2025	3 261.65	58 175.72	1.27	74.30	67.62	85.23	25 290.77
2026	3 286.35	60 307.08	1.24	75.59	69.09	85.45	25 796.58
2027	3 311.26	62 415.54	1.22	76.87	70.58	85.53	25 770.79
2028	3 336.33	64 499.62	1.20	78.15	72.15	85.44	25 435.77
2029	3 361.57	66 559.15	1.18	79.42	73.64	85.55	24 927.05
2030	3 386.96	68 594.34	1.16	80.67	75.14	85.69	24 677.78

备注：GDP 为 1995 年不变价。

---

① 2015 年重庆的单位 GDP 能耗水平和碳强度水平已经低于全国平均水平，因此在全国 2030 年左右达碳排放峰值的情况下，模型拟合预测的时间年份到 2030 年为止，并且在 2025—2028 年为平台期，因此可以判断重庆的碳排放在 2030 年以前可达到峰值。

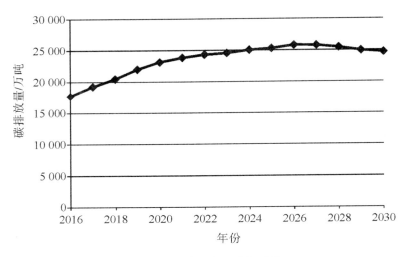

图 5-38　碳排放预测序列图

三、2020 年碳排放总量预测

从表 5-37 和图 5-38 可以得出重庆市碳排放峰值的坐标。经与国家碳排放峰值预期目标比较，重庆市 2026 年达到碳排放峰值 2.58 亿吨具有较强的可行性。由此，在重庆市碳排放达峰路径中，对应寻找 2020 年的碳排放量为 23 135.65 万吨。

按照重庆市国民经济社会"十三五"规划，到 2020 年重庆市经济总量将超过 2.4 万亿元（以 2015 年不变价），对应碳排放强度为 0.96 吨/万元，比 2015 年下降 20%左右，而国务院在《"十三五"控制温室气体排放工作方案》（国发〔2016〕61 号）中下达重庆的"十三五"单位 GDP 二氧化碳排放目标为 19.5%。

两相对比，重庆市 2020 年碳排放总量控制目标建议设定为 2.3 亿吨较为合适①。

———————————

① 这里关于重庆 2020 年碳排放的总量控制目标，仅是从学术研究中得出的建议，最终重庆市的 2020 年总量目标以国家核定为准。

第六章　基于政府考核的碳排放控制机制

上一章在总结部分城市达峰设定经验的基础上，运用计量模型预测了重庆市碳排放峰值将在 2026 年达到。对应的 2020 年的碳排放总量经与碳强度目标相对照，本书指出，重庆市 2020 年碳排放量控制目标设定为 2.3 亿吨比较合适。由此，本章在 2020 年碳排放总量控制目标下，通过研究分析重庆市碳排放总量和碳强度"双控"目标对区县政府的分解下达，建立基于政府考核的碳排放控制机制。

第一节　总量控制目标分解模型设计

本节主要提出总量控制的分解思路、模型构建和指标选取等内容。

一、分解思路

公平和效率兼顾是碳排放总量目标分解的基本原则。基本原则具体可细化为：

一是公平性原则，符合地区经济发展水平和潜在空间、人口规模、人口结构等客观差异。

二是效率性原则，要保证以高质量发展为第一位，在碳减排的同时要考虑统筹经济发展和经济效益。

三是可行性原则，即尽可能简化分解模型和指标体系，保证所选指标具有规范的统计制度保障，数据来源可靠，同时兼顾指标数据的易得性。

四是绝大部分可达性原则，目标的设定和分解，要能够兼顾总量的完成和绝大部分下级行政单位能够完成，如果分解下达的目标大部分地区完成不了，总量目标控制的初衷也就难以实现，也就难以体现考核对总量控制的压力传导作用。

基于以上原则，进行目标分解的基本思路是：一是研究确定体现以上四项原则的相关指标，以此构建概念模型和相应的指标体系，并对各个指标赋予相应的权重系数。二是分解地区碳排放总量控制目标。每一个指标对应一个碳排放总量子目标，所有子目标总和与碳排放总量控制目标一致。三是根据每个指标的具体内容构建一个地区分配指数，按照该指数将子目标进一步分解到各个地区（市）。四是将每个地区（市）的所有指标对应的碳排放总量子目标加总，计算得到各个地区（市）的碳排放总量控制目标。

二、模型构建

　　碳排放总量控制目标分解模型主要涉及 4 大类指标，如图 6-1 所示。

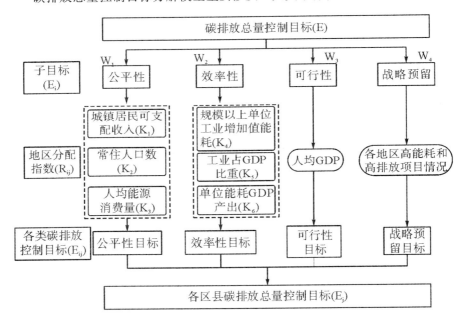

图 6-1　碳排放总量控制目标分解模型框架图

三、指标选取

（一）公平性指标

　　公平主要是指人际公平、发展阶段公平和责任分配公平，即主要考虑各地区人口数量、所处发展阶段和应承担的责任。本书选择各地区的常住人口数、城镇居民可支配收入和人均能源消费量作为该指标下的地区分解指数。常住人口越多的区域应得到越大的碳排放空间，为正向指标。城镇居民可支配收入水平越低，应分配越大的碳排放空间，为逆向指标。由于我国目前非化石能源比例仍然较低，人均能源消费量越高基本意味着碳排放水平越高，应承担越高的碳减排责任，即分配越小的碳排放空间，为逆向指标。

（二）效率性指标

效率主要是指以最小的成本实现最大的减排效果，即主要考虑各地区减排潜力和碳排放空间利用效率。本书选择规模以上单位工业增加值能耗、工业占GDP比重和单位能耗的GDP产出作为该指标下的地区分配指数。规模以上单位工业增加值能耗和工业占GDP比重分别代表技术减排潜力和结构减排潜力，潜力越高得到的碳排放空间越小，为逆向指标。单位能耗GDP产出越高代表单位碳排放利用效率越高，得到的碳排放空间越大，为正向指标。

（三）可行性指标

考虑可行性需要从政策可行性和技术可行性两方面考虑。政策可行性即指分配方案能够被各地方政府接受，由于当前我国经济下行压力加大，地方政府的焦点仍为经济增长，故以体现区域财政能力的人均生产总值为政策可行的地方分配指数，为逆向指标。技术可行性主要指模型的难度和现有统计体系相关数据的可获取度。结合我国在"十三五"开展碳排放总量控制的政策，并考虑到现行统计体系中还未完善碳排放相关统计，因此本书在构建地方分配指数时不考虑大多数研究中出现的碳排放相关数据，使本书构建的总量控制目标分解体系更具可操作性，更接近政府决策的需求。

（四）战略预留指标

结合我国中央人民政府通常会基于整体战略考虑给下级政府部门安排重大项目的实际情况，本书设置预留指标以保证能有效完成碳排放总量控制目标任务。由于重大项目的碳排放量将占据各地区的碳排放空间，所以需要将碳排放总量目标中预留一部分作为战略预留指标，可根据届时国家项目安排情况把相关战略预留碳排放指标分配给地方，使本分解体系更具有灵活性。

重庆市 CO_2 排放总量控制目标各类指标权重分配见表6-1。

表6-1　　重庆市 CO_2 排放总量控制目标各类指标权重分配

同等重要	偏重公平	偏重效率	偏重可行
0.3	0.5	0.2	0.2
0.3	0.2	0.5	0.2
0.3	0.2	0.2	0.5
0.1	0.1	0.1	0.1

四、分解计算方法

这里将待分解的碳排放总量控制目标（E）分为 4 个子目标：

$$E_i = E \times W_i \tag{6-1}$$

其中 E_i 是指地区层面分解给 i 个指标的碳排放量控制目标；W_i 是指第 i 个子目标在地区碳排放总量控制目标中所占的权重，$\sum\limits_{i=1}^{4} W_i = 1$。随后，再通过构建地区分解指数（$R_{ij}$）得到各子目标下各地区的碳排放控制目标（$E_{ij}$）和各地区的碳排放控制目标（$E_j$）：

$$E_{ij} = E_i \times R_{ij} \tag{6-2}$$

$$E_{ij} = \sum\limits_{i=1}^{4} E_{ij} \tag{6-3}$$

除战略预留子目标是根据各地项目规划实际情况分配之外，公平性子目标、效率性子目标和可行性子目标都需要按照各自原则分配给地方。由于构成公平性子目标和效率性子目标地区分配指数的各类指标具有不同的量纲，指标值差异大，因此为消除量纲影响并整合正向指标和逆向指标，有必要对各个指标进行标准化，本书采用归一化法。正向指标（$K_{正}$）标准化的计算方法为：

$$K_{正} = \frac{K_r - K_{min}}{K_{max} - K_{min}} \tag{6-4}$$

其中，Kr 为各指标的实际值（$r = 1, 2, \cdots, 6$），K_{max} 和 K_{min} 分别为该指标在所评价对象（如某省不同地市）中的最大值和最小值。

对于逆向指标（$K_{逆}$），计算方法为：

$$K_{逆} = 1 - K_{正} \tag{6-5}$$

基于以上标准化的指标，公平性和效率性子目标的地区分配指数（R_{ij}）具体计算公式如下：

$$R_{ij} = \frac{\sum\limits_{r=1}^{n} K_{ij}}{\sum\limits_{r=1}^{n} \sum\limits_{j=1}^{m} K_{rj}} \tag{6-6}$$

其中，$i = 1$、2，分别代表公平性子目标和效率性子目标的地区分配指数；K_{rj} 代表第 j 个地区（$j = 1, 2, \cdots, m$）的 第 r 个指标标准化值，R_{1j} 对应 K_{1j}、K_{2j} 和 K_{3j}，R_{2j} 对应 K_{3j}、K_{4j} 和 K_{5j}。

可行性子目标按照人均 GDP 进行分配。考虑各地方发展经济的需求，按照共同富裕的原则，本书以各地区与该地区规划的人均 GDP 目标值的差距构建本目标的地区分配指数（R_{3j}），差距越大分得越大的碳排放空间，即：

$$R_{3j} = \frac{GDP_t - GDP_j}{\sum\limits_{j=1}^{m} \left| (GDP_t - GDP_j) \right|} \qquad (6-7)$$

其中，GDP_t 是该省规划的人均 GDP 目标，GDP_j 为第 j 个地区的 2015 年 GDP 水平。若目标值低于人均 GDP 水平较高的地区，则分配碳排放空间可能是负值，即这类地区将需要为较为落后的地区腾出发展空间。

第二节　重庆市总量目标分解实证分析

上一节提出了总量控制的分解思路、模型构建、指标选取和分解计算方法，本节以重庆市为对象，对碳排放总量分配目标的确定、分解指数的确定以及各区县分解结果等内容进行量化分析。

一、总量分配目标的确定

这里需要指出的是，本书采用"控制增量为主、削减存量为辅"的原则，对分配对象尝试采用"增量+部分存量"的方法，即将 2015 年全市实际碳排放量（即存量）的一部分（如 5%）与 2016—2020 年全国碳排放增量控制目标按照上述方法进行分解，则各地区碳排放总量控制目标为"各地调整后的存量+目标分解值"。

本书以 2015 年为基准年，预测到 2020 年，重庆市全市碳排放为 2.3 亿吨，并根据"部分存量+增量"的方法设置碳排放总量控制目标。碳排放仅指因为能源消费而产生的排放，主要来自煤炭、石油、天然气和电力调入调出四部分。重庆市 2015 年能源消费数据和相应折标准煤系数来自《中国能源统计年鉴》，碳排放因子来源于 2005 年国家温室气体清单，电力调入调出碳排放因子来自《2013 年中国区域电网基准线排放因子》。由于重庆市属电力净调入，故产生净的碳排放。按照如下公式计算 2015 年重庆市能源消费产生的 CO_2 排放（E_{CO_2}）：

$$E_{CO_2} = \sum_{i=1}^{3} (A_i \times e_i \times c_i) + T \times EF \qquad (6-8)$$

其中，$i=1$，2，3，分别指煤炭、石油和天然气；A_i 为能源 i 的实物消费量（t 或 m^3）；e_i 为能源 i 的折标准煤系数（tce/t 或 tce/m^3）；c_i 为能源 i 的碳排放因子（tCO_2/tce），煤炭、石油、天然气分别为 2.64、2.08 和 1.63；T 为

净调入电量；EF 是重庆市电力调入调出电网的碳排放因子，根据 2005 年我国区域电网排放因子数据，重庆市辖区电网单位供电平均二氧化碳排放因子为 0.53 千克/千瓦时。

权重系数反映了不同指标在目标分解中的重要程度，直接体现不同地区针对自身利益的诉求。例如，人口规模大、人均可支配收入较低的地区可能要求提高公平指标权重（W_1），而工业占比较低、生产技术和水平较高的地区会要求提高效率性指标权重（W_2）。权重系数一般可由各政府主管部门和各地方共同协商确定，最终结果反映各方的政治妥协。本书考虑到结果的客观性和重庆市实际，在战略预留指标设定为 10% 的情况下，考虑其他三项权重相同、偏重公平、偏重效率以及偏重可行性四类情景。

二、分解指数的确定

这里针对公平性、效率性和可行性子目标设置三个地区分解指数。2015 年各区县的常住人口、城镇居民可支配收入、工业占 GDP 比重、人均 GDP 等均取自《2016 年重庆市统计年鉴》，人均能源消费量、规模以上单位工业增加值能耗和单位能耗 GDP 产出通过整理计算得到。

三、区县分解结果

重庆区县分解结果见表 6-2。

表 6-2　　　　重庆 2020 年分区县碳排放总量控制目标分解①

区县（自治县）	2015 年碳排放量/万吨	2020 年碳排放控制目标/万吨
全市	—	23 000
渝中区	548	697.51
大渡口区	258	328.39
江北区	506	644.05
沙坪坝区	530	674.60
九龙坡区	916	1 165.91
南岸区	548	697.51

---

① 此处对重庆市各区县碳排放量目标的分解结果仅仅是学术探讨的结果，不作为地方政府行政考核的依据，特此说明。

表6-2(续)

区县（自治县）	2015 年碳排放量 /万吨	2020 年碳排放控制目标 /万吨
北碚区	662	842.61
渝北区	734	934.26
巴南区	434	552.41
涪陵区	1 108	1 410.29
长寿区	1 992	2 535.47
江津区	1 620	2 061.98
合川区	922	1 173.55
永川区	644	819.70
南川区	354	450.58
綦江区（不含万盛）	538	684.78
万盛经开区	350	445.49
大足区	474	603.32
潼南区	202	257.11
铜梁区	224	285.11
荣昌区	530	674.60
璧山区	358	455.67
万州区	692	880.80
梁平区	154	196.02
城口县	138	175.65
丰都县	292	371.67
垫江县	244	310.57
忠县	240	305.48
开州区	542	689.87
云阳县	116	147.65
奉节县	136	173.10
巫山县	82	104.37
巫溪县	58	73.82

表6-2(续)

区县（自治县）	2015年碳排放量 /万吨	2020年碳排放控制目标 /万吨
黔江区	170	216.38
武隆区	96	122.19
石柱县	120	152.74
秀山县	278	353.85
酉阳县	120	152.74
彭水县	140	178.20

第三节　碳强度下降目标分解方法

上一节对重庆市"十三五"碳排放总量进行了指标分解，本节将研究碳强度下降目标分解下达的方法和相关问题。

一、分解思路

重庆市"十三五"碳强度下降目标为19.5%。分解思路主要是根据2015年重庆市经济和碳排放相关指标在全市各个区县的分布情况，以及各个区县的"十三五"规划中确定的经济发展目标和产业结构的调整，将2020年全市碳强度下降的目标根据GDP权重分解到各个区县。

在用数学方法描述并确定分配方案以后，将全市以及各区县的相关数据代入，得出最后的分配方案。

1. 各区县碳强度与重庆市总体碳强度的关系

设总体碳强度为t，各区县碳强度为t_i，$i=1$，2，$\cdots$，n，这里n为区县个数，在重庆市，$n=39$。

设全市GDP为y。各区县GDP为y_i，$i=1$，2，$\cdots$，n，$n=39$。设各区县GDP的权重为$w_i=\dfrac{y_i}{y}$。可以知道：$\sum\limits_{i=1}^{n}w_i=1$。

各区县碳强度与重庆市总体碳强度的关系为：

$$t=\sum_{i}^{n}t_i w_i \tag{6-9}$$

2015 年为碳排放强度分解：

$$t_{2015} = \sum_i^n t_{i2015} w_{i2015} \tag{6-10}$$

2. 碳排放强度下降分解：

$$t_{2015}(1 - 17\%) = \sum_i^n t_{i2015}(1 - r_i)(w_{i2015} + h_i) \tag{6-11}$$

式（6-11）中，r_i 表示 2020 年的各区县碳排放强度相对 2015 年的下降率，h_i 表示 2020 年的各区县 GDP 权重相对 2015 年的碳排放强度的变化量。这两个变量（r_i，h_i）是确定分配方案的关键变量。其中，h_i 是可以通过 2015 年的各区县 GDP 和 2020 年 GDP 目标来确定的。如何确定 r_i 成为重点任务。

此处，我们的思路为，参考 2015 年的碳排放强度，2020 年各区县 GDP 权重，选择相应的 r_i（见表 6-3）：

表 6-3　　　　　　　GDP 权重变化量与 2015 年碳排放强度矩阵

指标	$t_i > t_{2015}$	$t_i < t_{2015}$
$h_i > 0$	A	B
$h_i < 0$	C	D

采取循环拆分的方法，逐步确定每个区县的碳排放下降指标。

根据表 6-3，将 39 个区县分为四组，一组为 2015 年碳排放强度高于平均值，且 GDP 权重在 2020 年上升的区县（A）；第二组为 2015 年碳排放强度低于平均值，且 GDP 权重在 2020 年上升的区县（B）；第三组为 2015 年碳排放强度高于平均值，且 GDP 权重在 2020 年下降的区县（C）；第四组为 2015 年碳排放强度低于平均值，且 GDP 权重在 2020 年下降的区县（D）。

首先，我们把 A 和 D 归为一组，把 B 和 C 归为一组。要考虑到两种情况：$t_{A+D,2015} > t_{B+C,2015}$；$t_{A+D,2015} < t_{B+C,2015}$。

我们先分情况讨论。

情况一：$t_{A+D,2015} > t_{B+C,2015}$

在情况一中，又有两种情况：$h_{A+D} > 0$，$h_{B+C} < 0$，以及 $h_{A+D} < 0$，$h_{B+C} > 0$。

当 $h_{A+D} > 0$，$h_{B+C} < 0$ 时，可以看出，A+D 组的区县整体的 GDP 权重到 2020 年上升，而 B+C 组的区县整体的 GDP 权重到 2020 年下降。在该情况下，我们可以规定 $r_{A+D} > 19.5\%$，并由此推出 $r_{B+C} < 19.5\%$。在这一步，我们可以注明 $r_A + D > 19.5\%$，表示政府可以根据具体情况斟酌确定一个值，这个值的范围已经确定（以下所用该标记都表示同样的意思）。在该步骤，其他的值可以由这个确定的值推算出来：$r_{A+D} \Rightarrow r_{B+C}$。

当确定 r_{A+D} 和 r_{B+C} 后，再进行下一步拆分，确定 r_A、r_B、r_C、r_D。根据 r_{A+D}，我们可以确定 A 组和 D 组的下降指标：$r_A > r_{A+D}$，并且有：$r_A \Rightarrow r_D$。根据 r_{B+C}，我们可以确定 B 组和 C 组的下降指标：$r_C < r_{B+C}$，并且有：$r_C \Rightarrow r_B$。从上面的方案中可以观察到，$r_A > 19.5\%$，$r_C < 19.5\%$。

至此，我们可以初步确定 A、B、C、D 四个小组的下降指标分配方案：r_A、r_B、r_C、r_D。

接下来，我们在各组内要继续按照如上方法进行拆分分解碳强度下降指标。我们举一个 A 组内进行拆分分解的例子，其他的组内拆分以此类推。

在这里来确定 r_A，给出表6-4：

表6-4　　　　　　　GDP 权重变化量与 2015 年碳排放强度矩阵

指标	$t_i > t_{A2015}$	$t_i < t_{A2015}$
$h_{Ai} > 0$	A_A	B_A
$h_{Ai} < 0$	C_A	D_A

这里，t_{A2015} 表示 A 组 2015 年的平均碳排放强度。h_{Ai} 表示在 A 组中的权重到 2020 年的变化量。A 组内的区县又分为四组：一组为 2015 年碳排放强度高于平均值 t_{A2015}，且 GDP 权重在 2020 年上升的区县（A_A）；第二组为 2015 年碳排放强度低于平均值，且 GDP 权重在 2020 年上升的区县（B_A）；第三组为 2015 年碳排放强度高于平均值，且 GDP 权重在 2020 年下降的区县（C_A）；第四组为 2015 年碳排放强度低于平均值，且 GDP 权重在 2020 年下降的区县（D_A）。

根据表6-4的分组，我们又可以重复上述方法，对表6-3中的四组碳强度下降指标进行分配。

该分配方法可以在 B、C、D 组中重复，并且在每组中循环下去，直至分到每一个区县。

当 $h_{A+D} < 0$，$h_{B+C} > 0$ 时，可以看出，A+D 组的区县整体的 GDP 权重到 2020 年下降，而 B+C 组的区县整体的 GDP 权重到 2020 年上升。这比前文中的情况要复杂一些。因为基于 $t_{A+D,2015} > t_{B+C,2015}$ 的前提条件下，上述情况难以确定 A+D 组和 B+C 组的下降指标取值范围（高于还是低于 19.5%）。此处，我们需观察 A+D 组区县的碳排放总量与 2015 重庆市 GDP 的比值在权重变化以后是上升还是下降。如果上升了，我们可以规定 $r_{A+D} > 19.5\%$，并且推出 $r_{B+C} < 19.5\%$。以

后的拆分就类似于前面的步骤；如果下降了，我们可以规定 $r_{A+D}<19.5\%$ ，并且推出 $r_{B+C}>19.5\%$ 。以后的拆分就类似于上述的步骤。

情况二：$t_{A+D,2015}<t_{B+C,2015}$

在情况二中，又有两种情况：$h_{A+D}>0$ ， $h_{B+C}<0$ ，以及 $h_{A+D}<0$ ， $h_{B+C}>0$ 。

当 $h_{A+D}>0$ ， $h_{B+C}<0$ 时，可以看出，A+D 组的区县整体的 GDP 权重到 2020 年上升，而 B+C 组的区县整体的 GDP 权重到 2020 年下降。但是跟前面不同的是，A+D 组的区县的碳排放强度在 2015 年是低于全市整体平均水平的，这就不能用前面中的方案来分配。在这种情况下，如果 A+D 组的区县总体的碳排放总量/2015 重庆市 GDP 的比值在权重变化以后是上升的，那么我们就规定 $r_{A+D}>19.5\%$ ；反之，如果 A+D 组的区县的碳排放总量/2015 重庆市 GDP 的比值在权重变化以后是下降，那么我们就规定 $r_{A+D}<19.5\%$ 。并且可以根据确定的 r_{A+D} 推出 r_{B+C} ：$r_{A+D}\Rightarrow r_{B+C}$ 。

当 $h_{A+D}<0$ ， $h_{B+C}>0$ 时，与前面中的情况相反，但原理是一样的。可以看出，B+C 组的区县整体的 GDP 权重到 2020 年上升，而 A+D 组的区县整体的 GDP 权重到 2020 年下降。在该情况下，我们可以规定 $r_{B+C}>19.5\%$ ，并由此推出 $r_{A+D}<19.5\%$ 。在该步骤，其他的值可以由这个确定的值推算出来：$r_{B+C}\Rightarrow r_{A+D}$ 。随后实施循环拆分。

二、数据选择及分析

在上述方法中，对于各区县指标分配后的碳排放强度根据其"十三五"规划的目标进行 GDP 加权平均，以保证全市相对于 2015 年碳排放强度下降 19.5% 以上。但是，"十三五"规划的目标是一个未来的预期，具有不确定性。选择 2015 年的 GDP 权重进行加权平均成为一个可操作性选择，但同时也失去了对各区县未来 GDP 权重变化的考虑。

各区县 GDP 权重变化对于全市碳排放强度的影响被看作是经济结构对碳排放强度的影响。经济结构的优化，即高强度的子经济体的权重减小，低强度的子经济体的权重加大，对于减小全市总体碳排放强度是有利的；反之，经济结构的恶化，即高强度的子经济体的权重加大，低强度的子经济体的权重减小，对于减小全市总体碳排放强度是不利的。

回顾式（6−11）：$t_{2015}\left(1-19.5\%\right)=\sum_{i}^{n}t_{i2015}\left(1-r_i\right)\left(w_{i2015}+h_i\right)$ ，首先将其泛化处理，记为 $t_c\left(1-r\right)=\sum_{i}^{n}t_{ic}\left(1-r_i\right)\left(w_{ic}+h_i\right)$ ，式中脚标中的 c 表示基准年。

假设各个区县的强度下降指标一致，$r_i = r$，$i = 1, 2, \cdots, n$，以便于分析经济结构变化对排放强度的影响。对上式进行整理，可以得到：

$$t_c (1 - r) = (1 - r) \left(t_c + \sum_i t_{ic} h_i \right) \tag{6-12}$$

可以看到：

$$\sum_i t_{ic} h_i < 0 \Rightarrow (1 - r) \left(t_c + \sum_i t_i h_i \right) < (1 - r) t_c ;$$

$$\sum_i t_{ic} h_i = 0 \Rightarrow (1 - r) \left(t_c + \sum_i t_i h_i \right) = (1 - r) t_c ;$$

$$\sum_i t_{ic} h_i > 0 \Rightarrow (1 - r) \left(t_c + \sum_i t_i h_i \right) > (1 - r) t_c 。$$

上述三式分别为情况 a、情况 b、情况 c。可以看出，情况 a 中，总体上各区县的碳排放强度下降压力比全市的碳排放强度下降压力小；情况 b 中，总体上各区县的碳排放强度下降压力与全市的碳排放强度下降压力一致（该情况很少见）；情况 c 中，总体上各区县的碳排放强度下降压力比全市的碳排放强度下降压力大。

根据以上分析，设定一个压力指标 $p = \dfrac{\sum_i t_{ic} h_i}{t_c}$。该压力指标衡量子经济体相对于总体经济的碳排放强度下降指标承担更大还是更小的压力。可以看出，如果大部分碳排放强度高的区县的经济权重上升而大部分碳排放强度低的区县的经济权重下降，则 p 值趋大；反之，则 p 值趋小。

压力指标 p 值的取值范围为（-1，+1），$-1 < p < 0$ 与情况 a 对应，$p = 0$ 与情况 b 对应，$0 < p < 1$ 与情况 c 对应。通过对比 p 值，我们可以看出根据当年各区县的碳排放强度，目标年份的经济结构发展对全市碳排放强度是改善还是恶化。

需要指出的是，这里的压力指标只针对经济结构调整，并没有考虑各区县的产业内部的能源使用效率的提高（能源结构优化及能效提高），以及政府政策等因素。所以，综合经济结构调整（p 值）以及能源使用效率变化，全市的总体碳排放强度实际情况等与根据经济权重进行预测的结果有所不同。通过根据经济权重进行预测的结果与目标年份总体碳排放强度实际情况的比较，可以将经济结构和其他因素（主要为能源使用效率）对全市的碳排放强度的影响分割开。

将 2010 年至 2016 年的数据按照以下方法进行整理：将各区县当年碳强度分别与下一年的地区生产总值权重加权平均，再与当年的地区生产总值权重加权平均。对结果进行如下分析：如果当年的全市总体强度高于各区县当年碳排放强度与下一年的地区生产总值权重加权平均值，说明经济结构的调整对于全市的碳排放强度的影响是正面的；反之，如果当年的全市总体强度低于各区县当年碳排放强度与下一年的地区生产总值权重加权平均值，说明经济结构的调整对于全市的碳排放强度的影响是负面的。同时，如果当年的全市总体碳排放强度高于各区县前一年碳排放强度与当年的地区生产总值权重加权平均值，则说明除经济结构调整以外的其他影响全市碳排放强度的因素起到了负面的影响；反之，如果当年的全市总体碳排放强度低于各区县前一年碳排放强度与当年的地区生产总值权重加权平均值，则说明除经济结构调整以外的其他影响全市碳排放强度的因素起到了正面的影响（见表6-5和图6-2）。

表6-5　　　　　　　　碳排放强度不同加权平均值比较

年份	当年能耗强度/t	当年强度与次年权重加权平均强度
2010	1.42	1.43
2011	1.38	1.39
2012	1.35	1.37
2013	1.29	1.26
2014	1.18	1.19
2015	1.13	1.12
2016	1.08	1.21

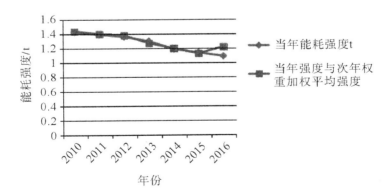

图6-2　碳排放强度不同加权平均值比较图

2010—2015 年压力指标见表 6-6 和图 6-3。

表 6-6   2010—2015 年压力指标表

年份	压力 P
2010	0. 005 860 685
2011	0. 005 390 522
2012	0. 019 588 974
2013	−0. 030 255 055
2014	0. 004 350 624
2015	−0. 005 124 357

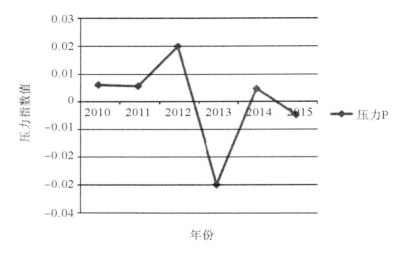

图 6-3   2010—2015 年压力指标图

从表 6-6 和图 6-3 中可以看出，除 2013 年和 2015 年外，2010—2015 年其他年份的全市总体强度低于各区县当年碳排放强度与下一年的地区生产总值权重加权平均值，说明经济结构的调整对于全市的碳排放强度的影响是负面的。2013 年和 2015 年，当年的全市总体强度高于各区县当年碳排放强度与下一年的地区生产总值权重加权平均值，说明经济结构的调整对于全市的碳排放强度的影响是正面的。表 6-6 和图 6-3 中的压力指标值与这一现象对应，除 2013 年和 2015 年的压力指标 p 为负（积极影响），2010—2015 年其他年份的压力指标 p 全部为正（消极影响）。

同时，我们观察到，所有年份当年的全市总体碳排放强度低于各区县前一年碳排放强度与当年的地区生产总值权重加权平均值，则说明除经济结构调整以外的其他影响全市碳排放强度的因素，起到了正面的影响。

三、碳强度目标分解结果

根据前面的分析，对于重庆市"十三五"碳排放强度下降目标的分解，考虑经济结构的调整变化，将 2015 年重庆市各区县的碳排放强度与各区县规划的 2020 年地区生产总值的权重进行加权平均，然后按照方案分解碳排放强度下降指标。该方法将经济结构调整以外的因素全部整合在各区县的碳排放强度下降任务中。根据前面的分析，除经济结构调整以外的其他影响全市碳排放强度的因素，起到了正面的影响。从这一点来说，对下降任务的完成期望应该是比较乐观的，如表 6-7、表 6-8 所示。

表 6-7 　　　　　　　　　　　　原始数据整理

区县	2015 年 GDP /亿元	2015 年 GDP 权重/%	2015 年能耗 /10 000tce	2015 年排放 /10 000tCO$_2$	2020 年 GDP /亿元	2020 年 GDP 权重/%
九龙坡区	589.6	7.3	531.23	1 371.794	1 200	0.061
渝北区	574	7.2	398.356	1 028.675	1 500	0.077
沙坪坝区	420	5.2	371.28	958.756	845	0.043
渝中区	553	6.9	195.209	504.088	1 000	0.051
万州区	500	6.2	572.5	1 478.367	1 250	0.064
涪陵区	430	5.4	606.3	1 565.648	1 000	0.051
江北区	391	4.9	337.042	870.344	1 200	0.061
南岸区	349	4.3	308.865	797.582	1 000	0.051
巴南区	309	3.9	264.195	682.231	800	0.041
江津区	303	3.8	672.357	1 736.227	750	0.038
永川区	300	3.7	305.4	788.634	700	0.036
合川区	245	3.1	289.1	746.543	570	0.029
北碚区	232	2.9	301.368	778.223	500	0.026
长寿区	228.6	2.8	547.726	1 414.392	800	0.041
大渡口区	177.2	2.2	555.699	1 434.982	400	0.02
綦江区	167	2.1	159.819	412.701	500	0.026

表6-7（续）

区县	2015 年 GDP /亿元	2015 年 GDP 权重/%	2015 年能耗 /10 000tce	2015 年排放 /10 000tCO$_2$	2020 年 GDP /亿元	2020 年 GDP 权重/%
荣昌区	160	2	303.68	784.193	350	0.018
璧山区	152.7	1.9	156.059	402.992	400	0.02
铜梁区	150	1.9	114.6	295.932	330	0.017
开州区	149	1.9	277.587	716.813	380	0.019
大足区	145	1.8	114.55	295.803	300	0.015
南川区	143	1.8	199.914	516.238	300	0.015
潼南区	116.8	1.5	93.907	242.497	260	0.013
垫江县	113.9	1.4	88.386	228.24	220	0.011
梁平区	111.11	1.4	95.777	247.325	300	0.015
忠县	109.4	1.4	87.301	225.438	300	0.015
奉节县	103	1.3	83.842	216.505	200	0.01
黔江区	100	1.2	91	234.989	300	0.015
云阳县	85	1.1	68.765	177.572	200	0.01
丰都县	77.1	1	55.281	142.751	250	0.013
秀山县	76	0.9	169.48	437.648	200	0.01
武隆区	72.4	0.9	74.644	192.754	200	0.01
彭水县	66.4	0.8	60.557	156.376	170	0.009
石柱县	64.8	0.8	57.413	148.257	164	0.008
酉阳县	58	0.7	68.788	177.631	160	0.008
巫山县	50	0.6	51.55	133.118	105	0.005
万盛区	49	0.6	162.778	420.342	130	0.007
巫溪县	37	0.5	40.848	105.482	100	0.005
城口县	25	0.3	61.65	159.199	60	0.003
总计	8 023.01				19 514	

表 6-8   碳强度下降指标分解方案

组	区县	t_i	t_i-t_{2015}	wi_{2015}	wi_{2020}	h_i	r_i
A	酉阳县	1.186	0.058	0.007 229 2	0.008 199 2	0.000 97	0.19
	开州区	1.863	0.735	0.018 571 6	0.019 473 2	0.000 901 6	0.205
	江津区	2.219	1.091	0.037 766 4	0.038 433 9	0.000 667 6	0.205
	万盛区	3.322	2.194	0.006 107 4	0.006 661 9	0.000 554 5	0.19
	秀山县	2.23	1.102	0.009 472 8	0.010 249 1	0.000 776 3	0.205
	长寿区	2.396	1.268	0.028 493	0.040 996 2	0.012 503 2	0.2
	万州区	1.145	0.017	0.062 320 7	0.064 056 6	0.001 735 8	0.19
B	丰都县	0.717	-0.411	0.009 609 9	0.012 811 3	0.003 201 5	0.185
	忠县	0.798	-0.33	0.013 635 8	0.015 373 6	0.001 737 8	0.19
	渝北区	0.694	-0.434	0.071 544 2	0.076 867 9	0.005 323 7	0.185
	綦江区	0.957	-0.171	0.020 815 1	0.025 622 6	0.004 807 5	0.19
	黔江区	0.91	-0.218	0.012 464 1	0.015 373 6	0.002 909 4	0.185
	南岸区	0.885	-0.243	0.043 499 9	0.051 245 3	0.007 745 4	0.185
	江北区	0.862	-0.266	0.048 734 8	0.061 494 3	0.012 759 5	0.19
	巫溪县	1.104	-0.024	0.004 611 7	0.005 124 5	0.000 512 8	0.19
	武隆区	1.031	-0.097	0.009 024	0.010 249 1	0.001 225	0.185
	璧山区	1.022	-0.106	0.019 032 8	0.020 498 1	0.001 465 3	0.19
	彭水县	0.912	-0.216	0.008 276 2	0.008 711 7	0.000 435 5	0.18
	石柱县	0.886	-0.242	0.008 076 8	0.008 404 2	0.000 327 5	0.19
	梁平区	0.862	-0.266	0.013 848 9	0.015 373 6	0.001 524 7	0.185
	巴南区	0.855	-0.273	0.038 514 2	0.040 996 2	0.002 482	0.19

表6-8(续)

组	区县	ti	ti−t$_{2015}$	wi$_{2015}$	wi$_{2020}$	hi	ri
C	大渡口区	3.136	2.008	0.022 086 5	0.020 498 1	−0.001 588 4	0.205
	城口县	2.446	1.318	0.003 116	0.003 074 7	−4.13E−05	0.18
	荣昌区	1.898	0.77	0.019 942 6	0.017 935 8	−0.002 006 8	0.19
	涪陵区	1.41	0.282	0.053 595 8	0.051 245 3	−0.002 350 6	0.185
	南川区	1.398	0.27	0.017 823 7	0.015 373 6	−0.002 450 2	0.20
	北碚区	1.299	0.171	0.028 916 8	0.025 622 6	−0.003 294 2	0.18
	合川区	1.18	0.052	0.030 537 2	0.029 209 8	−0.001 327 4	0.19
D	巫山县	1.031	−0.097	0.006 232 1	0.005 380 8	−0.000 851 3	0.19
	永川区	1.018	−0.11	0.037 392 4	0.035 871 7	−0.001 520 8	0.19
	九龙区	0.901	−0.227	0.073 488 6	0.061 494 3	−0.011 994 3	0.19
	沙坪区	0.884	−0.244	0.052 349 4	0.043 302 2	−0.009 047 2	0.18
	奉节县	0.814	−0.314	0.012 838 1	0.010 249 1	−0.002 589	0.185
	云阳县	0.809	−0.319	0.010 594 5	0.010 249 1	−0.000 345 5	0.205
	潼南区	0.804	−0.324	0.014 558 1	0.013 323 8	−0.001 234 4	0.19
	大足区	0.79	−0.338	0.018 073	0.015 373 6	−0.002 699 4	0.195
	垫江县	0.776	−0.352	0.014 196 7	0.011 274	−0.002 922 7	0.19
	铜梁区	0.764	−0.364	0.018 696 2	0.016 910 9	−0.001 785 3	0.20
	渝中区	0.353	−0.775	0.068 926 7	0.051 245 3	−0.017 681 5	0.14

　　下降指标分解方案在权重分配的基础上，还考虑了各个区县的具体的产业结构在"十二五"规划中的调整目标：对于第三产业比重增加的区县，其下降指标相对调高；对于第一、二产业比重上升了的区县，其下降指标相对调低①，如表6-9、表6-10所示。

---

　　① 这里各区县碳强度指标分解的结果仅是学术研究，与当地政府分解的结果不一致的地方，行政考核中以地方政府分解下达的指标为准。

表 6-9 **产业结构调整向高排放发展的区县**

区县/产业		2015 年比重/%	2020 年比重/%	比重变化/%
丰都区	第一产业	21.3	11.2	-10.1
	第二产业	39.8	56.8	17
	第三产业	38.9	32	-6.9
潼南区	第一产业	23.2	13	-10.2
	第二产业	36.4	51	14.6
	第三产业	40.4	36	-4.4
开州区	第一产业	20.2	10	-10.2
	第二产业	43.3	56	12.7
	第三产业	36.5	34	-2.5

表 6-10　　　　　　**产业结构调整向低排放发展的区县**

区县/产业		2015 年比重/%	2020 年比重/%	比重变化/%
铜梁区	第一产业	14.2	9	-5.2
	第二产业	55.3	52	-3.3
	第三产业	30.5	39	8.5
南川区	第一产业	15.9	10	-5.9
	第二产业	50.8	52	1.2
	第三产业	33.3	38	4.7
秀山县	第一产业	15	10	-5
	第二产业	51	50	-1
	第三产业	34	40	6
巴南区	第一产业	8.9	5	-3.9
	第二产业	52	50	-2
	第三产业	39.1	45	5.9
大渡口区	第一产业	0.8	0.8	0
	第二产业	68.8	59.2	-9.6
	第三产业	30.4	40	9.6
大足区	第一产业	16.5	9.7	-6.8
	第二产业	49.5	52	2.5
	第三产业	34	38.3	4.3

表6-10（续）

区县/产业		2015 年比重/%	2020 年比重/%	比重变化/%
云阳县	第一产业	39	22	−17
	第二产业	49	50	1
	第三产业	12	28	16

第四节　碳排放目标考核机制

本章前三节对碳排放总量和强度进行了分解研究，本节将对降低碳排放强度和控制碳排放总量目标考核指标、考核方法进行设计，制定出对重庆市各区县都切实可行的考核评价办法。

一、考核指标设计原则

（一）对国家考核指标的采用

对于能够获得基础数据，在区县级具有实际可操作性的国家考核指标全部予以保留，以体现与国家考核重点内容的一致性。

（二）与重庆市实际情况的结合

紧密围绕重庆市人民政府《"十三五"控制温室气体排放工作方案》（渝府发〔2017〕10 号）的工作内容，做到考核工作与实际业务工作的有机结合。

（三）与节能目标考核的关系

为避免重复考核，对于已纳入节能目标考核的指标将不再进行设计，确需纳入控制温室气体排放目标考核的数据将直接采信节能考核结果。

二、考核对象与内容

（一）考核对象

重庆市境内的 39 个区县（自治县），双桥并入大足区考核①。

（二）考核内容

主要包括目标完成情况、任务与措施落实情况、基础工作与能力建设落实情况及其他等。其中：

---

① 与重庆市政府对各区县经济社会发展实绩考核中的考核对象保持一致。

（1）目标完成情况是指重庆市各区县二氧化碳强度年度下降目标以及一段时间周期内累计进度目标的完成情况。

（2）任务与措施落实情况是指重庆市各区县调整产业结构、节约能源和提高能效、调整能源结构、增加森林碳汇的任务完成情况。

（3）基础工作情况是指重庆市各区县低碳试点示范建设和控制温室气体排放工作落实情况。

（4）能力建设情况是指重庆市各区县温室气体排放制度建设、科技支撑以及组织领导和公众教育工作的开展情况。

（5）其他情况是指重庆市各区县参与创新低碳制度体系相关工作的情况。

（三）评价考核方法

本节采取百分制量化评分方法，相应设置目标完成情况指标、任务与措施落实情况指标、基础工作与能力建设落实情况指标及其他情况指标，并分解为12项基础指标，依据各项指标的权重、评分基准和细则进行逐项评分，各项合计即为考核对象的综合得分。

（1）目标完成情况指标为定量考核指标，满分为50分。包括各区县人民政府年度下降目标的完成情况以及累计进度下降目标进度完成情况。年度下降目标为市政府下达的各区县"十三五"单位GDP二氧化碳排放下降指标，累计进度下降目标是根据市政府下达的各区县"十三五"单位GDP二氧化碳排放下降指标中的各年度指标，按时间进度应达到的目标完成情况。它们各按目标完成率计分，其中超过进度目标的可适当加分。

（2）任务与措施落实情况指标为定量与定性结合考核指标，满分25分。包括调整产业结构、节约能源和提高能效、重点领域控制温室气体排放、增加森林碳汇、重点碳排放企业碳减排管理等五项主要任务的完成情况。其中调整产业结构、节约能源和提高能效、增加森林碳汇等三项主要任务完成指标为定量考核指标，以同步实施的其他约束性和预期性指标考核结果为评分依据，不再进行重复考核。其他定性指标各按其评分标准计分。

（3）基础工作与能力建设落实情况指标满分为25分。包括控制温室气体排放实施方案或低碳发展规划的制定与落实、温室气体排放统计与核算制度建设、资金保障及重点低碳示范工程建设、组织领导和公众参与等，均为定性考核指标，各按其评分标准计分。

（4）其他情况指标为加分项，满分为2分。主要是对开展体制机制创新、在低碳绿色发展方面探索出先进经验和好的做法的一些地区适当加分，以资鼓励并发挥导向作用。

（四）评价考核结果

考核结果根据综合得分划分为四个等级：60 分以下为"未完成"，60~74
分为"完成"，75~89 分为"良好"，90 分及以上为"优秀"。具体评分标准
如表 6-11 所示。

表 6-11　　　　重庆市区县（自治县）人民政府控制温室气体
排放目标责任评价考核指标及评分标准

考核内容	考核指标	分值	评分基准或依据	评分细则
一、目标完成（50分）	1. 单位地区生产总值二氧化碳排放年度下降目标完成进度率	25	各区县确定的年度下降目标，经核定的年度目标完成率	根据年度目标的完成情况评分，年度目标完成率超过 100% 得 25 分；低于 100% 的，得分为年度目标完成率乘以 25
	2. "十三五"二氧化碳排放总量目标完成进度率	25	当年应达到的累计进度目标，经核定的累计进度目标完成率	根据累计进度目标的完成情况评分，累计进度目标完成率超过 100% 得 25 分，并且每超出 10 个百分点加 1 分，最多加 2 分；低于 100% 的，得分为累计进度目标完成率乘以 25
二、任务与措施（25分）	3. 调整产业结构任务完成情况	4	同期的预期性指标考核结果	第三产业增加值占地区生产总值比重上升目标考核结果乘以 4，满分 4 分
	4. 节能和提高能效任务完成情况	5	同期的约束性指标考核结果	（1）"十三五"单位 GDP 能耗下降目标考核结果乘以 2，满分 2 分 （2）按要求开展固定资产投资节能评估和审查工作，并建章立制的，得 2 分 （3）节能监察机构运行良好，得 1 分
	5. 重点领域控制温室气体排放工作情况	6	相关的正式文件材料，实地核查	（1）工业领域：制定低碳产业试验园区建设规划或实施方案等，得 2 分 （2）建筑领域：实施绿色建筑推广等，得 1 分 （3）交通领域：实施低碳交通等，得 1 分 （4）市政领域：推广绿色照明等，得 1 分 （5）公共机构领域：实施低碳办公等，得 1 分
	6. 增加森林碳汇任务完成情况	4	同期的约束性指标考核结果	森林覆盖率增长考核结果乘以 4，满分 4 分
	7. 重点碳排放企业碳减排管理	6	相关的正式文件材料，实地核查	（1）落实国家节能低碳万家企业行动内容要求，得 1 分 （2）组织重点碳排放企业填报能源利用状况及温室气体排放报告，得 2 分 （3）组织碳交易试点企业积极配合开展温室气体排放报告和核查工作，得 2 分 （4）组织企业参加控制温室气体排放方面的培训，得 1 分

表6-11(续)

考核内容	考核指标	分值	评分基准或依据	评分细则
三、基础工作与能力建设(25分)	8. 控制温室气体排放实施方案制定与落实情况	5	相关的正式文件材料,实地核查	(1) 将地区二氧化碳排放强度降低目标纳入本地区经济社会发展规划和年度计划,得1分 (2) 编制本地区"十三五"控制温室气体排放实施方案或低碳发展专项规划,得2分 (3) 贯彻落实实施方案、跟踪分析执行情况并完成年度任务,得1分 (4) 按要求向市应对气候变化主管部门报送应对气候变化年度工作总结报告,得1分
	9. 温室气体排放统计、核算制度建设情况	6	相关的正式文件材料,实地核查	(1) 组织编制本地区温室气体排放清单并报送市应对气候变化主管部门,得2分 (2) 统计部门安排专人从事温室气体排放统计工作,得2分 (3) 参加市级组织的温室气体排放统计、核算培训,得2分
	10. 资金保障及重点工程实施情况	6	相关的正式文件材料,实地核查	(1) 在年度财政预算中设立应对气候变化或低碳发展专项资金,得3分 (2) 组织实施本地区重点低碳示范工程,得3分
	11. 组织领导和公众参与情况	8	相关的正式文件材料,实地核查	(1) 建立区县应对气候变化领导小组及部门分工协调机制,得1分 (2) 设立应对气候变化专职管理机构,安排专人从事专项工作,得2分 (3) 实施控制温室气体排放或低碳表彰奖励制度,得1分 (4) 组织低碳机关、低碳校园、低碳社区等创建活动,得2分 (5) 广泛利用报刊、广播电视、互联网等宣传媒体以及单位、公园、社区宣传栏等多种形式,积极向民众宣传绿色低碳理念,开展全国低碳日专题宣传活动,并向市应对气候变化主管部门报送活动总结,得2分
四、其他(加分项)	12. 体制机制等开创性探索	2	相关的正式文件材料,实地核查	开展体制机制创新,在绿色低碳发展方面探索先进经验和好的做法,发挥示范引领作用的,视情况加分,最多加2分
小计		102		

注:考核总分102分,其中有2分为奖励分。

三、考核方法及流程

重庆市人民政府根据国家下达的"十三五"单位 GDP 二氧化碳排放降低目标,按照科学合理的方法,分解下达到 39 个区县。只有制定和实施科学的考核方法,才能保证完成目标。

本书建议将对区县进行单位 GDP 二氧化碳排放下降目标的评价考核程序

分为考核对象自评、考核主管部门审核、现场核查、综合评价四个步骤。

（一）考核对象自评

各区县人民政府根据表 6-11 中的"责任评价考核指标及评分标准"进行自评，于每年 3 月底前将自评报告和"基础数据核查表"报送市发展改革部门，并提供各项考核得分的依据材料目录清单。

（二）考核主管部门审核

市发展改革委会同有关部门和专家召集各区县人民政府相关工作人员召开意见交流会，对各区县人民政府提交的自评估报告和基础数据资料、得分依据材料目录清单等进行交流审查。

（三）现场核查

市发展改革委会同有关部门和专家对考核对象碳强度下降目标完成情况以及控制温室气体排放工作情况进行现场考核，查验得分依据材料，并现场反馈初步评价考核意见和整改意见。

（四）综合评价

市发展改革委会同有关部门和专家完成上述工作之后，应及时进行综合评估，提出综合评估考核意见，于每年 6 月底前上报市人民政府，经市人民政府审定后向社会公布。

四、考核奖惩措施

（1）各区县人民政府碳强度下降目标责任评价考核的结果，经市人民政府审定后，作为对各区县人民政府领导班子和领导干部综合考核评价的重要内容。

（2）对考核结果为"优秀"和"良好"等次的区县（自治县）人民政府，给予通报表扬，并结合市级有关表彰活动进行表彰奖励。

（3）考核结果为"未完成"的区县人民政府，应在评价考核结果公告后一个月内，向市人民政府提交书面整改报告，并抄送考核主管部门。

（4）对在评价考核工作中存在瞒报、谎报行为的地区，予以通报批评，对直接责任人依纪依法追究责任。

五、考核组织管理

（一）组建评价考核领导小组

在重庆市应对气候变化领导小组下组成评价考核领导小组。对于未能完成约束性节能指标的区县，可由相应人民代表大会或其常委会启动问责程序，从而保证考核的权威性和严肃性。

（二）强化考核的基础工作

市统计局和各区县统计局负责做好各区县地区生产总值（GDP）、能源消耗等量化指标相关的统计工作。市林业局和各区县林业局负责做好对森林覆盖率和蓄积量的统计工作。市生态环境局和各区县生态环境局对低碳试点示范建设、控制温室气体排放和低碳试点工作落实情况、碳减排制度建设情况进行跟踪和落实，对每项工作进行准确地监督和记录。各相关部门在加强数据统计，完善监督管理的基础上，为核查工作做好数据分析对比。

目前，各区县碳排放监测和低碳服务机构不健全，对大家准确掌握各区县温室气体排放状况造成了一定影响。因而，各区县应建立健全碳排放监测和低碳服务机构，配备相应人员，配置相应设备，核拨监测经费。

第七章 基于市场交易的碳排放控制机制

上一章基于政府考核建立碳排放控制机制，重点是研究分析碳排放总量和强度"双控"目标的分解方法。本章将基于发挥市场机制对资源配置决定性作用的基本思想，研究碳排放权交易市场对碳排放总量控制的作用。

第一节 碳排放权交易市场概述

本节主要介绍碳交易的基础理论，分析了国际和国内碳市场的实施形态和主要特点。

一、碳交易理论基础

（一）碳交易概念

碳交易是为促进全球温室气体减排，减少全球二氧化碳排放所采用的市场机制。碳交易的概念源于 20 世纪 60 年代美国经济学家提出的排污权交易概念，其是指在一定的管辖区域内，确立合法的污染物排放权利（即排放权，通常以配额或排放许可证的形式表现出来）以及一定时限内的污染物排放总量，并允许这种权利像普通商品一样在污染物交易市场的参与者之间进行交易，以相互调剂排污总量，确保污染物实际排放不超过限定的排放总量，并以成本效益最优的方式实现污染物减排目标的市场机制减排方式。碳排放交易机制的基本原理是由于不同企业所处国家、行业或应用技术、管理方式的差异，因此其实现减排的成本是不同的。碳排放交易鼓励减排成本低的企业超额减排，并将获得的减排信用或配额通过交易的方式出售给减排成本高的企业，帮助减排成本高的企业实现减排目标，并降低实现环境目标的履约成本。其方式是合同的一方通过支付另一方款项以获得温室气体减排额，买方可以将购得的减排额用于减缓温室效应从而实现其减排的目标。在 6 种被要求减排的温室气体中，二氧化碳（CO_2）为最大宗，所以这种交易以每吨二氧化碳当量（tCO_2e）为计算单位，所以被通称为"碳交易"。其交易市场被称为碳市场（Carbon Market）。

（二）国内背景

党的十八届五中全会通过的《中共中央关于制定国民经济和社会发展第十三个五年规划的建议》，明确提出了绿色发展建设资源节约型、环境友好型社会的理念（第六篇），并专门用一章提出要积极应对全球气候变化（第二十一章），且在具体工作规划中，明确提出建立完善温室气体排放统计核算制度，逐步建立碳排放交易市场，推进低碳试点示范[1]。

国家发展改革委于 2010 年 7 月印发《关于开展低碳省区和低碳城市试点工作的通知》（发改气候〔2010〕1587 号）。该通知根据地方申报情况，统筹考虑各地方的工作基础和试点布局的代表性，确定首先在广东、辽宁、湖北、陕西、云南五省和天津、重庆、深圳、厦门、杭州、南昌、贵阳、保定八市开展试点工作[2]。

2011 年，国家发展改革委发布《关于开展碳排放权交易试点工作的通知》（发改办气候〔2011〕2601 号），同意北京市、天津市、上海市、重庆市、湖北省、广东省及深圳市开展碳排放权交易试点[3]。

（三）理论基础

从经济学的角度来看，环境问题实际上就是外部性问题。所谓外部性，即个人（包括自然人和法人）的经济活动对他人造成了影响，而这些影响又没被计入市场交易的成本和价格中去。外部性理论是环境经济学的基础，是 20 世纪 30 年代由庇古教授创立的旧福利经济学提出的，它反映和描述的是私人成本和社会成本的差异。他提出了庇古理论，主张用征税的办法向污染者收税，征收一个边际净私人产品和边际净社会产品的差额，也就是庇古税，从而使外部成本内部化，达到控制污染排放的目的。而后于 1960 年，罗纳德·科斯发表的《论社会成本问题》中提到了产权理论，其认为应当充分发挥市场的作用，只要明确界定产权，市场可以在政府不干预的情况下以有效方式消除

---

[1] 《坚持绿色发展 加快建设资源节约型与环境友好型社会》，网址：http://henan.sina.com.cn/city/2016-12-30/city-ifxzczff3451120.shtml。

[2] 信息来源于网址：http://qhs.ndrc.gov.cn/dtjj/201008/t20100810_365271.html。

[3] 信息来源于网址：http://www.ndrc.gov.cn/zcfb/zcfbtz/201201/t20120113_456506.html。

外部性问题，因此可以通过市场交易来使外部成本内部化。

科斯虽然提出了外部性行为产权化和交易化的重要思想，但将该思想应用于解决环境问题仍然经过了很长的时间。1966年汤姆·克洛克在《空气污染控制系统结构》中讨论了科斯思想在空气污染中的应用。1968年约翰·戴尔斯在其名著《污染、产权和价格》一书中讨论了科斯思想在水污染中的应用，提出了将满足环境标准的水污染物排放量作为许可份额，准予排污者之间开展有偿交易，这也是科斯思想的第一次实践应用。1971年，包谟和奥梯斯第一次正式地将排放权交易体系的总体属性呈现出来，证明了统一的收费可以以成本效率的方式实现预定的环境目标。但是包谟和奥梯斯的研究结果只能应用于特定的情况，即当所有排放者的排放对环境目标的实现有相同的影响，但如果某个特定地区设定空气或水污染的浓度目标在所有其他因素不变时，靠近目标地点的排放源远比远离目标的排放源对于环境目标的实现有更大的影响的情况下，单一的税率或者配额价格就不能满足需要，必须区分税率或价格。于是，1972年，蒙哥马利证明了通过为不同地点的排放源设定不同的配额可以使对环境目标实现有更高的边际影响的排放源支付更高的单位污染物排放价格。

基于这诸多理论，美国在1977年率先在国内实行了"排污权交易"，后被众多欧洲国家采用。之后美国于1995年又提出了"酸雨计划"并获成功，有效控制了大气中的污染物对环境的影响。而如今的碳排放权交易，也更多地学习和效仿了以上的理论基础和实践经验。

二、国际碳市场

国际上较为典型的碳市场有欧盟碳排放交易体系（EU-ETS）、英国碳交易市场、美国区域温室气体减排行动（RGGI）、澳大利亚新南威尔士温室气体减排体系（NSW GGAS）等。

（一）欧盟碳排放交易体系（EU-ETS）概述

1. 发展情况

EU-ETS实施的目的在于用最经济的方式实现温室气体减排目标。自2005年正式启动以来，EU-ETS已经取得了瞩目的成绩，目前冰岛、列支敦士登、挪威等非欧盟国家和欧盟全部的成员国共31个国家参与EU-ETS，覆盖了世界80%的碳排放权交易量，成为全球最大、最活跃的碳市场。EU-ETS至今已经历了三个交易期，其覆盖范围、配额分配方式、交易规则等不断趋于完善（见表7-1）。

第一交易期为探索阶段（2005—2007年），也是"边干边学"的时期。其主要是在实践中积累经验，寻找出适应欧盟的碳排放交易体系。该阶段所限制的温室气体减排许可交易仅涉及二氧化碳（CO_2），主要的参与部门集中在能源密集型的重要行业，而且该阶段95%的排放配额实行免费发放，各成员国每年最多拍卖其5%的排放许可。

第二交易期为改革阶段（2008—2012年），是欧盟碳排放交易体系逐步完善的阶段。这一阶段90%的配额是免费发放的，各国可拍卖的配额增加到10%，行业扩大到航空部门。第二交易期的富余配额则可以在第三交易期继续使用，从而增强了投资者的市场信心。

第三交易期为发展阶段（2013—2020年），欧盟结合前期经验进行了重大的改革，核心是总量确定和配额方式的改变，取消了由各成员国进行分配的自由权，改由欧盟直接确定，这赋予了欧盟更强的集中管理职能，且以拍卖作为基本的分配方式，增强了配额的稀缺性。

表 7-1　　　　　　　　　欧盟碳排放交易体系发展的三个阶段

要素内容	探索阶段 （2005—2007 年）	改革阶段 （2008—2012 年）	发展阶段 （2013—2020 年）
参与国	25 个成员国	27 个成员国	新增冰岛、挪威和列支敦士登，2014 年新增克罗地亚
目标	检验碳交易体系的设计，获得制度经验，为履行《京都议定书》奠定基础	至 2012 年时，实现《京都议定书》所签订的降低碳总排放量的 8%	至 2020 年碳总排放量在 2005 年基础上减少 21%，并促进配额制向拍卖制的转换
排放许可上限	22.98 亿吨/年，各成员国制定各自限值	20.98 亿吨/年，各成员国制定各自限值	18.46 亿吨/年，取消各成员国进行分配提案的方式，欧盟制定统一限值
覆盖行业	电力、石化、钢铁、建材等	2012 年新增航空业	新增化工和电解铝
覆盖温室气体	CO_2	CO_2	CO_2、N_2O、PFCs
配额方式	95% 以上配额免费发放，成员国自行分配；最多可拍卖 5% 的排放许可	免费发放占总额度的 90%，剩余配额可存储。最多可拍卖 10% 的排放许可；电力行业不能免费得到全部配额	60% 以上拍卖，2027 年实现 100% 拍卖，电力行业实行完全拍卖制

表7-1(续)

要素内容	探索阶段 (2005—2007 年)	改革阶段 (2008—2012 年)	发展阶段 (2013—2020 年)
储备	不可储备至第二阶段；但建立新进入者储备	允许，可延至第三阶段使用	与第二阶段相同
方法	历史法	历史法	基线法
惩罚	处以每标准吨超额排放部分的二氧化碳 40 欧元罚款	处以每标准吨超额排放部分的二氧化碳 100 欧元罚款	—

2. 欧盟排放交易体系运行模式

为确保排放交易体系的顺利运行，欧盟在实施过程中形成了监测报告与核查、机构设置和注册登记系统、惩罚机制等一系列完善的保障措施。

在监测报告与核查方面，《温室气体排放检测和报告指南》的实施为监测、报告和核查的客观性和准确性提供了保障和依据，所有在这个市场上进行碳交易的企业必须按照指南要求进行相应的监测和报告，再交由各成员国或相关机构进行核查；若报告没能核查通过，则 EUA 不得进行交易。

在注册登记系统方面，为了及时更新和追踪碳排放配额的交易状况，欧盟于 2004 年颁布实施了《关于标准、安全的注册登记系统的规定》，要求所有成员国都建立起全国性的注册平台，欧盟碳排放配额（EUA）的持有、交易和注销都要在平台上注册记录，碳交易市场上的企业也需要在注册平台上开立账户才可以进行碳交易活动。这些交易平台通过电子记账系统与欧盟交易日志联系起来，所有通过交易平台的交易信息都被记录在内。

在惩罚机制方面，由于是强制性的配额碳交易市场，因此欧盟排放交易体系还有着专门的监督和惩罚机制。对于未履约的成员国，欧盟按照超出排放上限价格进行罚款，这一举措使得大部分成员国的遵约率高达 98%。

3. 欧盟市场调节（储备）机制的功能和方式

2008 年以来，配额过剩和供需失衡成为欧盟碳市场面临的重要问题。欧盟也一直在思考借助"有形的手"对碳市场进行干预，减少碳配额供给，从而拉高碳价。2014 年 1 月欧盟委员会正式向欧盟会议提交稳定市场的计划草案，这一计划在反复投票、修改之后，欧盟议会和欧盟理事会分别于 2015 年 7 月和 10 月通过，并将从 2021 年开始实行"市场稳定储备"（MSR）机制。欧盟构建市场稳定储备机制的目的是解决市场碳排放权供求不平衡问题，使欧盟碳市场具备更大弹性。该机制将提供长期的解决方法，其作用就像一个央行，根据经济运行状况，对配额市场提供流动性。如果碳市场的排放配额剩余量超过某个限值，排放交易系统（ETS）将撤销部分碳信用额度；如果价格回升，该保留额度将放回市场。综合来看，市场稳定储备机制（MSR）将会成为欧盟碳排放权交易市场第四期市场碳排放权供求的重要调节机制，有力地提高欧盟碳市场的活跃度，推动碳市场的长期健康发展。

4. 欧盟碳期货交易市场

欧盟碳排放交易体系不仅进行 EUA 现货交易，还从 2006 年开始进行 EUA 期货交易，2008 年开始接受 CERs 的期货和期权交易。欧盟排放交易体系还是全球首个同时接受 CERs 和 EUAs 交易的碳交易市场，并将这两种碳产品与EUA 统一计量单位。期权、期货等碳交易衍生品的不断丰富，带动了欧盟排放交易体系碳金融交易工具的快速发展，使得二氧化碳排放权与石油、大豆、小麦等商品一样，可以在期货市场上进行交易，丰富了碳衍生品的品种，大大增强了碳交易市场的流动性。

欧洲气候交易所（ECX）是目前全球最大的碳排放权金融衍生品交易机构，全球碳期货和碳期权交易量 90% 以上都是通过 ECX 完成。ECX 的清算机构是伦敦清算所，伦敦清算所在碳期货合约的交易中起到了至关重要的作用，保证了碳期货合约的实际操作。对于市场上每一笔期货合约的交易，伦敦清算所规定了严格的保证金制度以规避违约风险。自 ECX 开展碳期货交易以来，碳期货市场的发展速度远远超过了碳现货市场，在日均成交量中，EUA 期货是 EUA 现货的 8.6 倍，CER 期货是 CER 现货的 14 倍。整个 ECX 的期货、期权交易量占到欧洲市场的 98%，目前已经超过大豆期货的交易量。

5. 存在的主要问题及原因

自 2008 年以来，欧盟的碳排放交易体系一直困扰于持续不断的价格下滑，这也是欧盟碳交易体系的最大诟病。2005 年欧盟碳排放交易体系成立之初，每吨碳价格在 30 欧元左右，2011 年尚为 11.45 欧元，2012 年跌到 5.82 欧元，2013 年更是跌至 5 欧元以下。持续的碳价下跌让欧盟的碳交易市场陷入困境，也为欧盟新能源计划蒙上了阴影。究其原因：一是碳排放配额分配过多，企业缺少减碳动力；二是欧债危机导致欧盟经济持续不景气，区域内工业活动放缓，突显出配额的过剩。此外，为达到减排目标，欧盟部分企业将大量工业活动转移到了欧盟以外的区域，造成了大量的碳泄漏，导致一些减排技术较落后的国家和地区温室气体排放量大大高于欧盟区域内的排放。

6. 碳交易第四期改革调整内容

2014 年 10 月，欧盟通过了《2030 年气候与能源政策框架》，提出了 EU-ETS 结构性改革的政策建议，从 2021 年开始设立"市场稳定储备（MSR）"，用于解决近年来碳排放配额过剩的问题，同时通过自动调整拍卖配额的供给，提高系统对市场冲击的恢复能力。鉴于上述背景，2015 年 7 月，欧盟委员会向立法会提交了 EU-ETS 第四个交易期（2021—2030 年）的提议，具体调整内容包括：

（1）提高配额稀缺性。自 2021 年开始，交易配额总量年度下降率由第三交易期的 1.74% 提高到 2.2%，57% 的配额以拍卖形式分配。

（2）引入市场灵活调整机制。建立"市场稳定储备"（MSR），即 2014—2016 年被拍卖的碳排放额度可储备起来，2020 年之后再放回市场。

（3）设立基金支持技术创新和可持续发展。一是建立技术创新基金，即 4.5 亿配额将被存储，用于支持可再生能源、碳捕获和储存（CCS）和能源密集型产业低碳创新等。二是建立现代化基金，即占 2021—2030 年总配额量的 2% 的配额，将拿来资助人均 GDP 低于欧盟平均水平 60% 的低收入成员国发展现代化能源系统和提升能源效率。

（二）英国碳排放权交易

1. 英国碳排放权交易方面的探索

在加入欧盟碳排放权交易体系前，英国是世界上最早实施温室气体排放贸易制度的国家，建设了国内碳排放交易体系（UK-ETS），并于 2002 年 4 月正式启动，涵盖 6 种温室气体，共运行 5 年（2002—2006 年），2007 年开始与欧盟排放交易制度接轨融合。

UK-ETS 最初建成后市场非常活跃，每年都有近 1 000 个参与者参与了至少 1 次交易活动。UK-ETS 取得的环境效益也很明显，仅在实施的第 1 年（2002 年），直接参与者就比基线减排 464 万 tCO_2e；到 2006 年 3 月，累计减排温室气体 700 万 tCO_2e。此外，UK-ETS 也给英国带来了丰厚的综合利益，企业界、经纪人、核实机构、政府以及利益相关者从 UK-ETS 的实践中获得了丰富的温室气体排放交易经验，使其能够占得先机，更有效地参与于 2005 年 1 月实施的欧盟排放交易体系（EU-ETS）。英国也成功依托其原有的成熟金融体系使伦敦成为欧洲碳市场金融中心。

2. 英国在 EU-ETS 框架下的碳交易管理体系

英国参与 EU-ETS 后，其碳交易管理体系从宏观管理和技术支撑两个层面可概括为"2+3"体系。其中，"2"为英国商业、能源与工业战略部和英国环境署，前者承担英国碳排放交易活动的最高决策和政策制定，后者具体负责碳市场运行的日常监管和执法活动。"3"为英国皇家认证认可委员会、洲际交易所和英国碳排放交易集团。英国皇家认证认可委员会负责审定和认证核查机构资质并监督核查机构工作，经其认证的核查机构在欧盟范围内的碳市场具有通行性；洲际交易所提供碳排放权交易以及配额拍卖平台；英国碳排放交易集团充当英国政府与行业企业之间沟通的纽带，增进行业企业与政府之间的对话与交流（见图 7-1）。

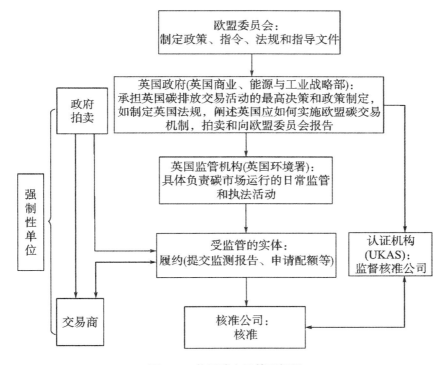

图 7-1　英国碳交易管理框架

　　MRV 是开展碳排放交易的重要基础环节。英国碳交易市场中 MRV 的实施，具体包括监测、报告、核查三个阶段共 14 个环节，涉及政府主管部门、参与企业、核查机构、认可机构等多个利益相关方（见图 7-2）。

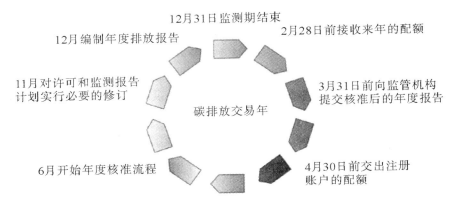

12月31日监测期结束
2月28日前接收来年的配额
12月编制年度排放报告
11月对许可和监测报告计划实行必要的修订
3月31日前向监管机构提交核准后的年度报告
碳排放交易年
6月开始年度核准流程
4月30日前交出注册账户的配额
6月30日前提交改进报告

图 7-2 英国参与欧盟 ETS 履约程序

3. 关于英国碳交易集团

英国碳交易集团在英国参与 EU-ETS 中发挥了特殊的作用。该集团在 1999 年由英国工业联盟（CBI）与 ACBE 推出的为政府提供咨询的非正式团体，当时有 30 个成员单位，最初由英国环境、食品与农村事务部（DEFRA）提供资金，2004 年 3 月独立成为由成员提供资金支持的有限公司。该集团目前已拥有 60 多个会员单位，下设国内工作组和国际工作组，其长期积累拥有的碳交易企业、贸易协会、技术专家等资源可以很好地为政府碳交易决策和碳交易企业提供专业性的技术支持。该集团更多起到政府和企业间的沟通桥梁作用：一方面向企业解读政府政策，为企业落实有关政策提供智力支持；另一方面通过汇集各行业协会信息资源，向政府反映碳交易企业的诉求。在协助政府采取合理的排放交易政策及相关事务方面，英国排放交易集团持续发挥了关键作用。

4. 欧盟碳交易和英国碳交易机制比较

欧盟实施强制的碳排放配额交易，配额由欧盟根据各个国家经济发展、新能源利用实际情况，统一发放。这种形式其实就是一个"双强"的交易模式，即强制加入、强制减排，这样的模式更具约束力，不论是交易量还是交易价格都比较有影响力。而英国的碳交易机制规定企业自愿参加，政府对于参加企业给予大量资金奖励；与欧盟碳排放交易体系一样，该机制实行配额交易，根据不同参与者的类型规定不同的分配配额方法。从其运行情况来看，虽然运行时间短（2006 年结束并入欧盟碳排放交易体系），但其为世界碳交易体系建设和发展提供了十分宝贵的经验，对促进英国减排、碳金融二级市场发展均起到了重要的推动作用，为英国在国际碳交易市场赢得了价格影响力。因此研究世界碳交易的发展变化，不能忽略英国碳交易体系。对二者的比较如表7-2所示①。

表7-2 　　　　　　　　欧盟和英国碳交易机制比较

特征与区别	欧盟	英国
排放权交易制度	欧盟排放权交易制度（EU-ETS)	英国排放交易制度（UK-ETS)
交易性质	强制性	自愿性与强制性
交易类型	总量交易模式	总量交易模式与基于项目信用交易模式
实施期间	第一期：2005—2007年；第二期：2008—2012年；第三期：2013—2020年	2002—2006年，2007年后参与欧盟减排体系
分配方法	第一期：95%免费配额，5%会员自行决定。第二期：90%免费配额，10%会员自行决定。第三阶段：引入拍卖	直接参与者：溯往原则。协议参与者：无偿分配
财税措施	部分欧盟国家实施碳税	气候税，碳基金
惩罚机制	公布信息。第一期：每吨罚款40欧元；第二期：每吨罚款100欧元，次年并入排放目标	直接参与者：不支付奖励金，返还奖励金，次年减少同等数量的排放权，或处以每吨30英镑的罚款。协议参与者将取消次年的减税优惠
优点	全球市场规模最大。	建立较早的温室气体减排机制；政府与企业联系紧密；税收与碳基金参与形成混合机制。
缺点	初期配额无法储存，使第一阶段与第二阶段转换时价格大幅下滑。体制存在缺陷和风险，缺乏严格的统一管理，安全机制脆弱	自愿性；制度复杂，行政及交易成本高

三、国内碳交易

（一）区域性碳排放权交易试点

2011年，国家发展改革委以《关于开展碳排放权交易试点工作的通知》（发改办气候〔2011〕2601号），确定北京、上海、天津、重庆、湖北、广东、

---

① 此处资料由2016年笔者赴英国培训学习时的英国和欧盟碳交易课程材料整理而得。

深圳等 7 省市作为国家区域性碳排放权交易试点地区，要求各试点地区结合自身实情和优势，开展碳排放权交易机制设计和试点运行工作。

各试点省市的启动碳市场的时间有先后，大多数以 2010 年为基准年，开展的重大工作包括编制碳排放权交易试点实施方案和启动基础能力及支撑体系建设，完成碳排放配额分配，形成碳排放权交易的能力和支撑体系，开展基于碳抵消指标的交易，全面开展碳排放权交易试点工作。

从碳交易市场机制的主要环节来看，建立碳交易市场机制的关键性问题主要有供给、需求和交易条件三个方面的问题，具体包括市场主体的确定、交易标的的确定、总量控制设计、配额分配方式、风险防控等。

试点省市对二氧化碳排放总量设定的实行包括以下方面：

（1）市场主体的确定。确定试点行业，大多数试点省市将行政区域内的电力、化工、建材、冶金、轻工、造纸等高耗能高碳排放行业纳入试点企业范围，并以《国民经济行业分类和代码》（GB/T 4754-2011）确定的行业进行分类。上述行业内年直接或间接排放 2.5 万吨及以上二氧化碳当量（包括能源活动和生产过程的排放）的企业（以下简称试点企业）纳入总量管制范围，分配碳排放配额。

（2）交易标的的确定。不同试点省市在试点阶段，交易标的存有差异，有的省市只将二氧化碳纳入交易范围，有的省市将国家《清洁发展机制项目运行管理办法（修订）》确定的二氧化碳、甲烷、氧化亚氮、氢氟碳化物、全氟化碳、六氟化硫六种温室气体排放均纳入试点交易范围。各种温室气体按照增温潜力和趋势，折算为二氧化碳当量进行总计计算。

（3）碳排放总量控制。一是总量设定模式动态设定模式，以 2010 年地方二氧化碳排放总量为基准，根据国家下达地方政府的"十二五"万元地区生产总值二氧化碳排放强度下降目标，合理测算地区生产总值规模，以此确定年度二氧化碳排放总量。二是总量控制机制。试点地区的碳排放权交易对试点企业实行排放上限控制机制，根据履约期设置要求，在排放上限内节余的碳排放配额可进行有偿出让，超过排放上限部分应购买碳排放配额或碳抵消指标。

（4）碳排放配额分配。一是分配对象。对试点企业分配碳排放配额并实行管制；对试点行业外企业只进行总量控制，不分配碳排放配额。二是分配方式。有的试点省市对碳排放配额采用"渐进混合"方式进行分配，试点期间全部免费分配排放配额，例如重庆；部分省市采取配额有偿使用和无偿使用相结合的方式，例如广东。三是分配方案。大多数试点省市以 2010 年 12 月 31 日（含当日，下同）为基准时间，将试点企业分为存量和增量，采用不同的排放配额分配方案。

以重庆为例，存量企业指的是主体生产设施在 2010 年 12 月 31 日以前投入运行的企业，对该类企业，以主体生产设施 2008—2010 年度的加权平均碳排放总量为基准，按照 3.4% 的基准年均递减率，逐年核定 2011—2015 年排放配额，5 年累加设定试点期排放配额总量。主体生产设施碳排放不足 3 年的，按实际运行期间的碳排放强度乘以设计产能确定碳排放基准总量。增量企业指的是主体生产设施在 2011 年 1 月 1 日以后投入运行的企业，对该类企业，按核定的碳排放强度标准乘以年度产量确定年度碳排放配额。增量企业在 2016 年 1 月 1 日后转化为存量企业，接受绝对总量控制。

（5）排放配额交易。一是碳排放配额采用指标形式交易，单位以"吨二氧化碳当量"计，简写为 tCO2e。进行交易的其他温室气体排放量需根据《省级温室气体清单编制指南》确定的"全球暖化潜势值"转换成二氧化碳当量。二是交易基准单元为 100 吨二氧化碳当量，单笔交易规模为基准单元的整数倍①。

（6）交易规则。以重庆为例，碳排放权交易试点期采用两阶段履约制度，2011—2013 年为第一阶段履约期，2014—2015 年为第二阶段履约期。在每个履约期内，试点企业对超过排放配额的部分应购买碳排放配额或碳抵消指标；排放配额内节余的部分可按年度或累计年度进行出让②。

（7）交易方式。绝大多数试点省市采用公开挂牌方式进行交易，条件成熟后实行连续交易。碳排放配额统一在政府指定的交易中心进行交易。试点企业出让碳排放配额须经碳排放权交易主管部门审核备案，并按照交易中心制定的交易程序及规则执行。交易成功后，交易中心在受让方将交易价款拨付到指定结算账户后，将碳排放配额从出让方划转至受让方。

（8）审核备案。各试点企业均对试点企业的碳排放情况进行计量，委托第三方核查机构核查后，向碳排放权交易主管部门提出碳排放配额出让申请。

（二）全国统一碳市场

经过上海等七个省市的碳交易试点先行先试，2017 年 12 月 19 日，全国碳

---

① 2010 年 9 月，国家发展改革委办公厅下发了《关于启动省级温室气体清单编制工作有关事项的通知》（发改办气候〔2010〕2350 号），要求各地制定工作计划和编制方案，组织好温室气体清单编制工作。

② 重庆市发展和改革委员会于 9 月和 10 月分别发布了《开展 2016 年企业碳排放核查工作的通知》（渝发改环〔2017〕1123 号）和《关于申报 2017 年度碳排放量的通知》（渝发改环〔2017〕1293 号），要求开展 2016 年重庆市碳交易配额管理企业的碳排放核查及 2017 年度的碳排放报告工作。

排放权交易市场正式启动，明确先从发电行业启动，分阶段、分步骤、分行业稳步推动全国统一碳市场的运行。在此期间，碳交易试点省市实行"双轨制"，同步推进全国统一碳市场政策机制和试点工作。下一步，着重在以下方面推进工作，积极融入全国统一碳市场。一是修改完善拟纳入控排企业名单，并报国家主管部门批准。二是设定地方行业调整系数，制订配额有偿分配具体方案。三是按照国家部署，配合牵头省市搭建全国统一平台。四是开展核查工作和履约管理工作。核查工作，即根据国家核查要求，选择核查机构，制定核查方案，开展核查工作；履约管理，即制定履约管理办法，加强企业履约。五是加强需求调研，开展主管部门培训、控排企业培训、核查机构培训。

第二节　碳排放权配额无偿分配方式

本节将对重庆碳市场配额无偿分配机制的形成原理进行剖析。重庆碳市场配额分配机制与其他 7 个碳交易试点的主流机制有所不同，其主要体现在基于历史总量进行分配的思路。为了帮助读者很好地理解该机制，本节分两部分进行论述：一是描述该机制的理论模型，二是解释理论模型如何被实践应用到重庆碳市场。

一、配额分配理论基础

建立碳市场的基础就是配额分配的机制设计。这是一个解决环境经济理论上的外部性的典型案例，而斯科理论体系则常被用以解决环境外部性问题。不难看出，这也涉及公共问题的范畴，而解决公共问题的经济学理论最主要的支撑就是规制经济学的合约理论（Contract Theory），其中以激励理论（Incentive Theory）为主要支撑。这两个理论的结合成为重庆碳市场的配额分配主要理论依据（见图 7-3）。

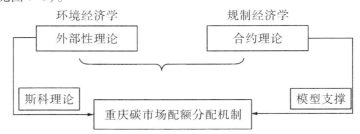

图 7-3　重庆碳市场配额分配理论基础

外部性（Externality），主要是指个体经济单位的行为对社会或者其他个人部门造成了影响（例如：环境污染）却没有承担相应的义务或获得回报，亦称外部成本、外部效应或溢出效应。碳排放是典型的外部经济，或称为负外部性，加剧了地球的温室气体效应，对人类的生存环境直接和间接产生破坏作用。碳排放的产生可以来源于不同类型的个体：自然人的社会经济活动，具有法人地位的公司、企业的生产经营活动，政府、事业单位的运行，等等。每一个个体产生的排放对每一个人的生存环境的影响是微乎其微的，但是所有个体产生排放的总和则严重地影响了每个人的生存环境。

将外部性内部化（Internalization），是解决外部性问题的第一步，即确权。斯科的主要思想是将外部性的问题进行确权，然后用市场的行为将权属进行定价，从而有了将外部性问题内部化的通道，从而激励个体减低产生负外部性问题的行为，进而达到总体的优化。这一过程中，也可以发现解决负外部性问题的边际成本。

上述内容表明确权是处理外部性问题的第一步。确权涉及公平性和可操作性问题，并不涉及市场效率问题。正如垃圾处理问题，是人们对干净环境的需求权利和人们产生垃圾的权利之间，哪一个被确权。考虑到人们对干净环境的需求是普遍性的，而且垃圾产生的源头比对干净环境的需求更具体，所以确认人们对干净环境的需求权利优于人们产生垃圾的权利，即产生垃圾需要支付费用，用以补贴人们对干净环境的需求所需要付出的成本。

对于碳排放这个负外部性环境问题，确权相对比较复杂。原则上，人类对正常的大气环境的需求是优于个体产生碳排放的需求的。隐含的概念为，在人类生存的大气环境正常的情况下，个体产生碳排放的权利优先；在人类生存的大气环境不正常的情况下，个体对正常大气环境的需求优先于个体产生碳排放的需求，即个体对产生碳排放的行为需要进行支付，用以补贴个体减排所产生的成本。

在具体配额分配机制设计上，重庆市实行总量限制的做法就符合上述原理。即，管理部门确定一个配额总量控制上限，这个指标就是管理部门提出的整体大气环境的"正常"指标，即可容忍的范围。在这个范围下，企业可以对照所获得的配额进行排放，即排放权。当企业的排放超出这一范围，那么就需要进行支付。具体的机制会在后面进行陈述。另外，确权主要锁定在具有法人资格的工业企业，而不是其他非法人的个体。这样做是为了碳市场的可行性，因为具有法人资格的工业企业的排放是温室气体失衡的最重要因素；而且这对于这些企业法人的排放的测量、监管，以及他们排放权的交易组织上来说，都是最具有可操作性的。

在解决了外部性确权的问题之后，就进入规制经济学的范畴，即如何在确权的基础上有效激励企业进行减排。重庆碳市场的配额分配机制运用了合约理论中的激励理论。2016 年哈佛大学的奥利弗–哈特（Oliver Hart）、麻省理工学院的本特–霍姆斯特罗姆（Bengt Holmstrom）因其对合约理论的贡献获得诺贝尔经济学奖。而在 2014 年获得诺贝尔经济学奖的图卢兹大学的让·迪诺尔（Jean. Tirole），在激励理论领域和让·雅克·拉丰（Jean. Jeacque. Laffont）共同做出了革命性的贡献。重庆碳市场的配额分配机制也大胆借鉴了他们的成果建立模型。

二、委托–代理人模型

委托–代理人模型是激励理论的基础模型。主要内容是委托人（Principle）将一个或多个产品（Good）委托给代理人（Agent）生产，代理人生产产品承担一定的成本。产品交付给委托人以后，给委托人带来利润。这里有几个问题是优化机制需要面对的：①不同的代理人具有不同的生产效率；②委托人和代理人之间对代理人生产效率的信息不对称。最终需要拿出的合约是委托人给不同效率的代理人一个什么样的合同组合（个代理人对应的产量和价格）（见图7-4）。

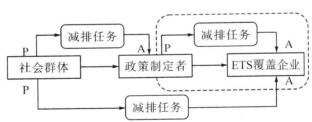

图 7-4　委托–代理关系图

三、重庆碳配额无偿分配结果

（一）分配机制

重庆碳市场的配额分配机制将碳交易管理部门看成是委托人。委托人代表社会对大气环境的需求，委托各企业（代理人）承担减排任务（产品）。

该机制设计的模型主要由两部分构成：①总量控制（即确定合同对应的总产量）；②配额分配方法（即针对不同减排能力的企业向其分配不同的减排任务）。

1. 总量控制

委托人针对一个既定的排放基准（$\bar{E}$）制定减排任务（G），将其分配给各碳交易管控企业。

$$\bar{E} = \sum_{i=1}^{n} \bar{e}_i \qquad (7-1)$$

其中 $\bar{e}_i$ 是基于 n 个碳交易管控企业制定的一个排放基准量，具体指各企业在 2008—2012 年中的最高年度排放量，即：

$$\bar{e}_i = \max [\, e_i^{2008},\ e_i^{2009},\ e_i^{2010},\ e_i^{2011},\ e_i^{2012} \,],\ i = 1,\ \cdots,\ n \qquad (7-2)$$

从 2013 年起，2013—2015 年各年度的减排任务由以下公式表示：

$$G_{2013} = \bar{E} \times (-4.13\%) \qquad (7-3)$$

$$G_{2014} = \bar{E} \times (1 - 4.13\%) \times (-4.13\%) \qquad (7-4)$$

$$G_{2015} = \bar{E} \times (1 - 4.13\%)^2 \times (-4.13\%) \qquad (7-5)$$

2. 配额分配机制模型

管理部门给企业分配的配额越宽松，就表明减排任务越少；给企业的配额越紧，就表明减排任务越重。假设各企业不实行减排，各排放量总和低于 $\bar{E}_i$，即在委托人的排放容纳范围之内，那么委托人是否要激励其进一步的减排潜力呢？这取决于委托人的环境政策是中立的还是积极的。

首先要解决的问题是，在信息完全的假设下，即委托人和企业对各企业自身的减排潜力信息是对称的情况下，如何设定机制（见表 7-3）。

表 7-3　　　策略分布（委托人对环境政策为中立、积极）

环境目标 委托人	$-\Delta E \geqslant -G$	$-\Delta E < -G$
中立	$\Delta \bar{e}_i = 0$	$\Delta \bar{e}_i > 0$
积极	$\Delta \bar{e}_i > 0$	$\Delta \bar{e}_i > 0$

表 7-3 中，$\Delta \bar{e}_i$ 为企业进一步的减排量。

积极委托人会根据代理人的特点，增加企业进一步的减排任务，而且在信息完全的情况下，每个代理人的减排边际成本趋于一致，没有套利空间。

但是，在现实情况中，信息往往在委托人和代理人之间不对称，尤其是当委托人面对数量众多的代理人的时候。因此在机制设计的时候，需要将信息不对称的问题考虑进去。显示原理是设计该机制的基础（见图 7-5）。

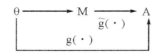

图 7-5　直接-间接显示原理图

图中 Θ 为不同代理人的集合（高效、低效）。$m^*(\cdot)$ 表示代理人根据自己的类型披露的信息集合，$g(\cdot)$ 代表从 Θ 到分配结果的直接映射，或被称为直接显示机制（Direct revelation mechanism），A 表示最后的任务分配结果。直接显示机制适用于信息完全的情况。即上一节所论述的机制设计都是直接显示机制。如果一个直接显示机制是激励兼容的（Incentive compatible），即让所有的代理人都披露自己真实的信息，那么这个显示机制就是可信的。如果一个机制是通过代理人披露的信息集 M 到委托方案的映射即 $\tilde{g}(\cdot)$，就是间接显示机制（Indirect revelation mechanism）。关于间接显示机制的一个重要定理就是：间接显示机制可以与可信的真实直接显示机制互相兼容。

在确定配额池（Pool of permits）的规模的基础之上，主管部门将对应的年度减排任务分配给各个企业。重庆主管部门将自己定义为环境中立委托人。

首先，在信息完整的条件下，中立主管部门依照其策略制定配额分配方案，然后引入配额申报-调整机制解决先期信息不确定及信息不对称的问题。

（1）情况一：企业不需要进一步实施减排行为即能够达到环境目标。

$$q_i^j = e_i^j ,\tag{7-6}$$

满足 $\sum_{i=1}^{n} e_i^j \leq \bar{E}_j - G_j$，$i = 1,\ 2,\ldots,\ n$；$j = 2013,\ 2014,\ 2015$

即，每个企业可以不用做任何进一步的减排行为（维持现状）就达到管理部门委托给它的减排任务。

（2）情况二：企业若不进一步实施减排行为，将不能达到环境目标。在企业碳排放总额超过配额拟分配总盘子时，主管部门将按照各个企业碳排放占碳排放总额的比重，相应减少配额分配量，排放量增加的企业将会承担更多的减排任务。换句话说，这些企业将不会获得足够配给的排放权用以履约。相反，排放量减少的企业会获得足够配给的排放权用以履约。

对第一种情况，

$$e_i^j \equiv \max\{e_i^{j-1}; j \geq 2008\}\tag{7-7}$$

$i = 1,\ 2,\ \cdots,\ n$；$j = 2008,\ 2009,\ 2010,\ 2011,\ 2012,\ 2013,\ 2014$

对于年度 j，企业 i 所获得的初始配额 q_i^j 为当年度排放量 e_i^j，如果该排放

量低于或等于 $\bar{e}_i^j$；如果年度排放量 e_i^j 高于 $\bar{e}_i^j$，则企业 i 所获得的初始配额 q_i^j 为 e_i^j 和 $\bar{e}_i^j$ 的平均值。

$$
\begin{cases}
q_i^j = e_i^j, & \text{如果} e_i^j \leqslant \bar{e}_i^j \\
q_i^j = \dfrac{(e_i^j + \bar{e}_i^j)}{2}, & \text{如果} e_i^j > \bar{e}_i^j
\end{cases}
\tag{7-8}
$$

可以看出，减排能力较差的企业，将承担更多的减排任务 $\widehat{e_i^j}$。

$$
\Delta \widehat{e_i^j} = e_i^j - q_i^j = \frac{(e_i^j - \bar{e}_i^j)}{2} < 0，\text{当} e_i^j < \bar{e}_i^j
\tag{7-9}
$$

可以看出，低效减排企业接受的减排任务是其排放量与配额的一半。

两种结果：

$$
\sum_{i=1}^{n} q_i^j \leqslant \bar{E} + G_j \text{ 和 } \sum_{i=1}^{n} q_i^j > \bar{E} + G_j。
$$

前者环境目标已经达到，分配方案就以上述方案为准。

后者表示环境目标分配给低效减排企业更多的减排任务后仍未达到，这时就需要进一步的分配方案。

第二种情况下，尽管已经让低效减排企业承担了进一步的减排任务，但是减排目标仍未达到。因此，所有的企业再次承担进一步的减排任务：

$$
\widehat{q_i^j} = (\bar{E} + G_j) \times \frac{q_i^j}{\displaystyle\sum_{i=1}^{n} q_i^j}
\tag{7-10}
$$

上述分配方案的一个缺点就是容易使之前做了节能减排的企业反而处于不利位置。根据中国节能补贴等一系列政策，对之前一定时间内进行节能改造的项目，补贴相应的配额。

直到这里，配额分配方案都是建立在信息完整的假设上的。在现实情况下，主管部门和企业对于企业的初始减排潜力存在信息不对称。对于信息不对称的问题，这里给出了针对上述配额分配方案的辅助机制，配额申报-调整机制。

时间和信息是上述方案的两个不确定因素。由于初始配额是在履约期初发放的，所以该年度排放量还并不确定，工程减排量也存在同样的问题。对于企业来说，只能根据自己具体的生产情况进行预估。主管部门因此建立了申报机制。而信息是不对称的，为了避免企业故意披露不真实的信息，主管部门要制定相应的配额调整机制。

3. 申报机制

上年度履约结束，企业根据生产情况对当年度进行排放量申报和工程减排量申报，向主管部门申请当年的初始配额量。

如果所有申报量之和（含工程减排量）低于当年的配额总量上限，每个企业将获得与申报量相等的配额；如果高于当年的配额总量上限，对于申报量高于历史最高年度排放量的企业，其配额为申报量与历史最高年度排放量的均值，对于申报量低于历史最高年度排放量的企业，其配额与申报量相等；如果配额总量仍高于当年的配额总量上限，则将在现有基础上将配额总量上限按照各企业的配额权重分配给各企业。

4. 配额调整机制

重庆 ETS 的配额调整机制是针对企业前期申报量与审定量的匹配性进行配额调整，目的是避免企业恶意谎报信息。其具体机制如下：

如果申报量比审定量高出了 8% 以上，则将差量全部扣除；如果申报量低于审定量 8% 以上，则企业将接受配额补贴，使其配额与审定量相等。

重庆试点的思路认为，碳交易初期，对于企业比较公平的做法是"兼顾未来的祖父法"，换一句话说，就是企业所得到的配额遵循这样一种原则：对过去实现了的排放和未来将要产生的排放承担相应的责任。

参考过去实现了的排放则是祖父法的经典做法，于是需要注意如何规避祖父法典型的弊端，这在研究模型中将给出方案。

未来将要产生的排放则涉及一个预测问题，同时也会产生主管部门（即配额发放的权力部门）与企业之间信息不对称的问题，这也是我们配额分配方案设计中的一个研究重点。

（二）分配结果（见表7-4）

表 7-4　　　　　　　2015 年度企业的配额分配及调整情况

申报量超过审定量的企业数/家		199
其中：（一）申报量高出审定量 8% 以上	企业数/家	64
	配额量/吨	5 588 922.59
（二）申报量高出审定量 8% 以内	企业数/家	117
	配额量/吨	2 411 528
申报量低于审定量的企业数/家		16
其中：申报量低于审定量 8% 以上	企业数/家	10
	配额量/吨	136 158
配额调整结算/吨		5 452 764.59

第三节　碳排放权配额有偿分配方式

本节重点分析碳排放权配额有偿分配的经济学机理，并对分配过程中的关键问题进行分析。

一、有偿分配的理论基础

伴随人类越来越活跃的经济、生产活动，公共效应问题日益明显。自从外部性理论诞生以来，经济学界对负外部性问题的研究从未中断过。英国福利经济学家庇古（Pigou Arthur Cecil，1877—1959）率先提出环境税作为控制环境污染这种负外部性行为的一种经济手段，这就是大家所熟知的庇古税（Pigouivain tax）。"庇古税"方案设想，只要政府采取措施使得私人成本和私人利益与相应的社会成本和社会利益相等，则资源配置就可以达到帕累托最优状态。然而，现实情况中，要得到"私人成本和私人利益与相应的社会成本和社会利益相等"的条件是非常困难的，需要极其完备、准确、动态的信息，否则，庇古税本身将造成资源配置失调。

罗纳德·科斯（Ronald Coase）提出的一种观点认为，在某些条件下，经济的外部性或曰非效率可以通过当事人的谈判而得到纠正，从而达到社会效益最大化。这也就是我们常说的科斯定理（Coase theorem）。关于科斯定理，比较流行的说法是：只要财产权是明确的，并且交易成本为零或者很小，那么，无论在开始时将财产权赋予谁，市场均衡的最终结果都是有效率的，实现资源配置的帕累托最优。在这种理论的影响下，美国和一些国家先后实现了污染物排放权或排放指标的交易。

科斯定理的两个前提条件：明确产权和交易成本。钢铁厂生产钢，自己付出的代价是铁矿石、煤炭、劳动等，但这些只是"私人成本"；在生产过程中排放的污水、废气、废渣，则是社会付出的代价。对于这些社会成本，恰当地规定税率和有效地征税，也要花费许多成本。科斯提出：政府只要明确产权就可以了。从理论上说，无论是厂方赔偿，还是居民赎买，最后达成交易时的钢产量和污染排放量会是相同的。市场的真谛不是价格，而是产权。只要有了产权，人们自然会"议出"合理的价格来。通过市场交易实现资源最优配置的另一个必要条件就是"不存在交易成本"。当事人的数目一大，麻烦就更多，因为有了"合理分担"的问题。科斯定理的"逆反"形式是：如果存在交易成本，即使产权明确，私人间的交易也不能实现资源的最优配置。

EU-ETS（European Union Emissions Trading Scheme）即欧盟碳排放交易体系，是欧洲议会和理事会于 2003 年 10 月 13 日通过的欧盟 2003 年第 87 号指令（Directive 2003/87/EC），并于 2005 年 1 月 1 日开始实施的温室气体排放配额交易制度。该制度是对科斯定理的典型实践。从 EU-ETS 发展历程来看，通过对 ETS 覆盖企业的碳排放监测、核算和报告（MRV），并且分配每年的排放配额（可用于交易），解决上述科斯定理的两个前提条件之一的"明确产权"；而 EU-ETS 在三阶段的配额分配方案中，通过不断加强有偿分配的方式来强化另一前提条件"交易成本"。根据 2003 年的 87 号指令，第一阶段免费分配的比例应在 95% 以上，第二阶段也应不低于 90%。实际运行中，第一阶段几乎全部采用免费分配；第二阶段，拍卖的比例只有 3%，其他为免费分配；第三阶段，在前两个阶段可以免费获得配额的企业，从 2013 年起逐步由拍卖来获得，并于 2020 年实现完全通过拍卖获得配额的方式。

中国于 2011 年启动碳交易试点项目以来，先后 7 个试点省市启动了碳交易试点。七个试点中，大多数试点采用免费分配配额的方式，广东等试点对部分配额采取了拍卖。

重庆在试点期间，基于企业历史总量的配额分配全部以免费的方式进行发放。而在即将到来的全国碳市场框架下，配额的核定将主要基于企业的排放强度（包括基准法和历史法）。为了在国家碳市场中进一步实现重庆的碳排放相关资源优化配置，在配额的分配中引入有偿分配机制显得非常必要。配额的有偿分配可分为定价分配和竞价（拍卖）分配两个主要方式，以下分别对这两种方式从产业经济学角度进行相关理论分析，为制定适合重庆的配额有偿分配方案奠定良好的基础。

（一）配额市场价格理论分析

配额定价分配主要是指在给企业核定的年度排放配额总量中，将一定比例的配额以固定价格有偿发放给企业（让有支付能力的企业进行认购），而其他部分则无偿发放给企业。在分析有偿分配前，有必要对配额的市场价格形成机制有个概括性的理论分析。

无论配额的核定是基于排放总量还是基于排放强度，配额总量和排放总量之间的差距决定了排放权的稀缺程度，也决定了配额的市场理论价格。如图 7-6 所示。

图 7-6 中横坐标 I 表示碳交易覆盖企业的泛经济指标，包含生产情况、碳交易覆盖企业数量等。纵坐标 Q 为排放量或配额量。CAP 被视为由政府制定

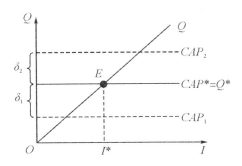

图 7-6　排放总量-配额总量平衡图

的环境目标总量，即年度配额发放上限。所以图 7-6 中 CAP 是政策制定者可控的工具，为给定量。线条 D 反映了碳交易覆盖企业的排放总量水平随着泛经济指标上升而上升，并且假设该关系为线性关系。可以看到，当泛经济指标 I 达到水平 I^* 时，总排放量为 Q^*，与之完全对应的 CAP 水平为 CAP^*，如果 CAP 低于 CAP^*，被设定为 CAP1，则配额盈余量为 δ1（<0）；如果 CAP 高于 CAP^* 被设定为 CAP2，则配额盈余量为 δ2（>0）。可以看出，δ 值决定了配额的市场稀缺性，δ 越高，配额稀缺性越弱，δ 越低，配额稀缺性越低。进一步看，δ 与配额的价格有着紧密的负相关性。

接下来的问题是，配额的稀缺性是不是决定配额市场价格的唯一因素呢？举个例子，图中 E 点代表了上述的排放总量-配额发放总量平衡点。那么假设在该状态下，几种分配情况分别会对配额价格产生怎样的影响？当所有的企业正好获得与其排放量相对应的配额量，市场成交为零，价格为零；当减排机会成本较高的企业获得多余的配额，减排机会成本较低的企业获得相应较少的配额，配额成交量将为分配失衡量，最后以较低减排机会成本对应价格成交；当减排机会成本较高的企业获得多余的配额，减排机会成本较低的企业获得相应较少的配额，配额成交量将为分配失衡量，最后以较低减排机会成本对应价格成交。由此，可以看出，配额的分配倾向性同时影响配额的市场价格。设 u 为配额分配倾向减排机会成本较低企业（如起点较低，能效较低）的指标，u 与成交价格呈正相关性。

δ 和 u 对配额价格的影响同时表现在图 7-7 中。

图 7-7 表明 δ 和配额市场价格呈正相关性。同时，当配额分配倾向减排机会成本较低企业较高的时候（ū），在同样的 δ 值下，市场价格将高于当配额分配倾向减排机会成本较低企业较低的时候（u）。

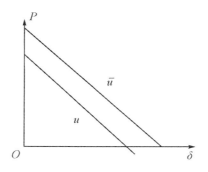

图7-7　配额市场价格影响因素

（二）定价分配理论分析

在对配额市场价格影响因素的概括性理论分析之后，可以考虑当政府在有偿分配中以定价方式进行分配会出现什么情况。

在 $\delta=0$ 的时候，u 也处于平衡的时候（配额分配无倾向减排机会成本较低企业）。如果政府从配额总量中抽取 $x\%$ 的配额，采取定价拍卖的方式，则配额理论市场平衡价格应该上升。但如果定价和该平衡价格不一致，就会出现图7-8的情况。

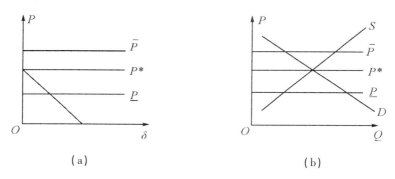

（a）　　　　　　　　　　　　　（b）

图7-8　政府定价分配影响

如图7-8（a），当 δ 为0，u 的条件为无倾向性，一定比例的配额从 CAP 中被抽出用于定价有偿分配。如果该定价与市场均衡价格水平相当（P^*），可视为有效，如果高于（$\bar{P}$）或低于（$\underline{P}$）的水平，则会有部分配额不能得到交易；加之市场均衡价格很可能在履约期之后才能得到体现，所以过高或过低的价格将会提前造成市场扭曲〔见图7-8（b）〕。

其他条件下的分析（δ 不等于0，u 的条件为有倾向性）与此类似，这里不再赘述。这些分析可以得到几乎相同的结论，就是在既定条件下，定价如不与市场平衡价格一致，将会导致市场扭曲。本该能够通过高于或低于定价获得配额的企业无法获得配额。

（三）竞价分配理论分析

竞价分配理论就是拍卖理论，而博弈论则作为基本工具贯穿其中。拍卖理论最主要分为对单件物品拍卖的分析和对多件物品拍卖的分析，配额的拍卖明显属于前者。

单件物品拍卖理论分析中，由对称模型引申出第二价格拍卖模型和第一价格拍卖模型。配额拍卖对于所有的竞拍者，价值的分布相同，符合对称拍卖的条件。对称拍卖主要有两种拍卖形式：

（1）第一价格密封拍卖，其中出价最高的竞拍者赢得所拍卖的物品，并按他的报价进行支付；

（2）第二价格密封拍卖，其中出价最高的竞拍者赢得物品，并按第二高的报价进行支付。

每一种拍卖形式都确定了竞拍者之间进行的某种相应的博弈。竞拍者的一种策略是一个函数 $\beta_i : [0, \varpi] \rightarrow R_+$，给定任何价值，就确定其报价。根据分析，在第二价格密封拍卖中，按照 $\beta^{II}(x) = x$ 出价，是占优策略；在第一价格密封拍卖中，价值为 x 的竞拍者最优策略就是报出 x，为对称均衡策略。第一价格和第二价格拍卖的期望支付相同，从而期望收益相同。

从以上理论分析中可以看出，第一价格和第二价格拍卖都实现了有效配置，即物品落到了对它价值最高的人手里。然而，定价有偿分配则在很大程度上极有可能扭曲价格达到无效配置。所以，建议对配额的有偿发放以竞价拍卖的方式进行。

二、有偿分配的关键问题

（一）有偿分配的配额来源

正如在第三节的理论分析中所阐述的，有偿分配的配额是从 CAP 中抽出一部分进行分配。

在重庆试点期间，将每个企业在 2008—2012 年的最高年度排放量汇总得到配额基准量，该基准量从 2013 年开始每年递减 4.13%，得到 2013—2016 年各年的配额年度上限，即每年重庆碳市场的 CAP。根据重庆的配额分配方法，在该配额总量确定方法的框架下，对应前面的理论分析中的 u 无倾向性条件，即不倾向于减排成本相对较高或较低的企业。如果在该 CAP 下进行一定部分的配额有偿分配，则一旦 CAP 中无偿分配部分配额总量低于所有企业排放总量的时候，在竞价拍卖的模式下，交易量和价格才有可能体现出来。

2017 年启动全国碳市场，配额分配方法是基于各企业的排放强度的，即单位产品的二氧化碳排放量。这种分配方法对应前面的理论分析中的 u 有倾向性条件，即配额分配倾向于减排成本较高的企业，即排放强度较低的企业，其进一步减排的机会成本较大。在这种情况下，从 CAP 中抽取的配额进行有偿分配可以得到相对较低的价格（相对于另一个相反的倾向），可以以较低的社会成本去进行资源的有效配置。

建议在国家统一碳市场的框架下，重庆市的有偿分配配额将从自下而上确定的全市年度 CAP 中抽取一定比例进行竞价拍卖。

（二）有偿分配的配额比例

1. 有偿分配的配额比例对价格的影响

根据第一部分的配额有偿分配的理论分析，配额盈余量 δ（CAP——排放总量）和价格呈负相关性，δ 增加促使价格下降（不低于 0），δ 减少促使价格上升。如果政府从配额总量中抽取 $x\%$ 的配额，采取定价拍卖的方式，则配额理论市场平衡价格应该上升。

2. 有偿分配的量级问题

在竞价拍卖的理论中，常见的假设是对于某一种商品的竞价策略是价格的连续空间，即报价是连续的，而针对的拍卖物则是定量的。在配额有偿分配中，则需要考虑到企业对配额需求的量级问题。对于大多数企业来说，对于配额的需求不会是连续的，由于其减排主要是由产量调整或者是节能减排项目投入而产生的，从而将对一定量级的配额根据自己的减排机会成本进行报价（见图 7-9）。

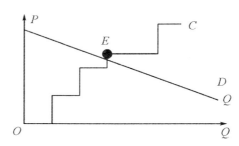

图 7-9　减排机会成本-拍卖比例控制价格平衡图

图 7-9 中横坐标 Q 表示免费发放的配额总量以及企业减排量，作为免费发放的配额总量由于有偿分配配额比例减少（稀缺性减弱）从而使均衡价格 P 下降，见图中曲线 D；作为企业减排量的机会成本 C 则随着减排量的上升而上

升，不过呈现阶梯状，符合企业减排量批量变化的特点。

从图 7-9 中可以看出，CAP 中的有偿分配比例间接控制的有效免费配额发放量与其对应的市场均衡价格呈线性下降曲线，该曲线与阶梯状上升的企业减排机会成本曲线相交，相交点可以有三种情况，如图 7-10 所示。

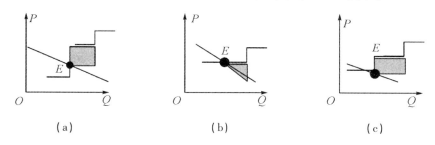

（a）　　　　　　　　（b）　　　　　　　　（c）

图 7-10　阶梯上升减排成本曲线下的不同平衡价格交点

图 7-10 相当于将图 7-9 中的 E 点进行放大，并展现其余两种可能情况：（a）表示平衡点处于两个紧邻的报价的真子集空间，即比该点高一个档次的减排机会成本可以 E 的价格（小于其机会成本）获得其需求量，其收益为正，对应灰色矩形面积；（b）表示平衡点与一个报价一致，但由于总量有限，最低报价的企业将只能获得其需要配额的部分量，其收益为灰色三角形面积；（c）表示平衡点正好处于两个量级的阶梯交界处，其收益为正，对应灰色矩形面积，与（a）的情况一样。

（三）竞价分配的企业策略分析

根据前面的分析，可以看到当有偿分配配额在 CAP 中所占的比例确定以后，就间接确定了市场平衡点，如图 7-9、图 7-10 中的 E 点。在面对这种情况时，假设各个企业在原本 CAP 下能够得到的配额量刚好满足其排放需求；而在一部分配额用于有偿分配以后，各企业对配额产生了等比例的需求，配额开始有了市场价格。

在将有偿配额的量公开用于拍卖时，企业会根据自己的减排机会成本量级因素，进行报价。

远离 E 点的企业分为两种，减排成本远低于平衡价格的企业 A 和减排成本远高于平衡价格的企业 B，按照第一价格密封拍卖和第二价格密封拍卖的方式，A 和 B 的策略空间如下：

对于 B，其策略空间为 ｛｛报价低于成本价，报价等于成本价，报价高于成本价 ｜ 对应其需求量的配额量｝，｛报价低于成本价，报价等于成本价，报价高于成本价 ｜ 对应超过需求量的配额量｝，｛报价低于成本价，报价等于成

本价，报价高于成本价|对应低于其需求量的配额量||，经过剔除次优策略的程序，A 的最优策略为 |报价等于成本价|对应其需求量的配额量|。该策略是严格最优的。

对于 A，其策略空间包含 B 的策略空间，并得出同样的结论。

故，对于 A 和 B，都会对应其需求量的配额量报价为自身的成本价。

紧邻 E 点的企业，也分为减排成本刚好低于平衡价格的企业 L 和减排成本刚好高于平衡价格的企业 G，其策略分析和对 A 和 B 的分析是类似的。但是对于 L 和 G，当出现图 7-10（c）的情况的时候，其最优策略不是严格的。

综上所述，在确定有偿分配比例之后，竞价拍卖的方式下，企业会对自己的需求量报价等于自身的相应减排机会成本，达到市场资源的优化配置。

（四）有偿分配的程序设计

根据前面对企业的竞价策略分析，我们可以制定重庆市在国家统一碳市场框架下的有偿分配程序。

（1）未来国家碳市场的 CAP 是自下而上制定的。当重庆对各企业的排放量和相关产品排放强度核算确认以后，可以基本确定本市的 CAP。

（2）主管部门可以根据需要达到的市场平衡点确定有偿配额分配比例。同时，相应的免费配额发放总量和拍卖配额总量，以及拍卖期间将在市场同时公布。

（3）各个企业在交易平台上申报自己需求的配额量以及对应的单位报价。申报数量不得超过拍卖配额总量。

（4）当企业以最高价获得自己需要的配额量之后，交易部门将公布下一轮拍卖配额量，如此循环，直至拍卖期结束。如企业竞拍的价格为最高价，但配额数量不够，企业能按第二报价获得与自己最高报价折算对应的配额量。如果最后还有剩余配额拍卖量，将累积至下一期的拍卖配额中。

第四节　重庆市碳市场运行成效

前三节对碳市场配额分配的无偿分配方式、有偿分配方式进行了分析，结合重庆实际，得出了分配相关结论，本节着重介绍重庆碳市场的运行成效。

一、碳市场交易情况

1. 概况

碳市场自开市以来，截止到 2017 年 7 月 25 日，共成交 366 笔，总成交量近 598 万吨，总成交金额近 2 062 万元，最低交易价格 1 元/吨，最高交易价格 47.52 元/吨，交易均价 3.54 元/吨①。交易情况详见图 7-11。

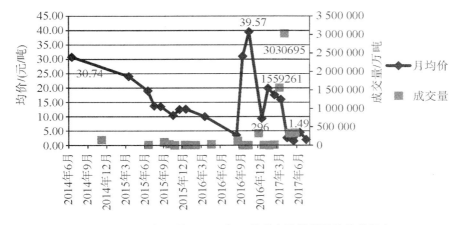

图 7-11　2014 年 6 月—2017 年 6 月碳交易数量及价格分析表

2. 碳市场配额需求情况

为完成 2013—2015 年度的履约，共有 37 家企业购买配额 608 394 吨，占其当年审计排放量比重为 3.71%。购买配额的企业中，纳入全国碳市场的企业占 81%，而购买配额的行业主要为水泥行业，占购买配额的比例为 77%（详见图 7-12）。

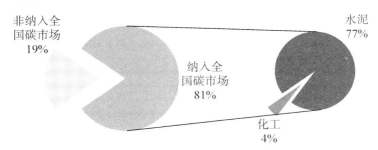

图 7-12　购买配额的企业全国占比及购买配额的主要行业简图

由图 7-12 可知：重庆市水泥行业履约意愿较强。究其原因，水泥行业参与重庆市的排污权交易，对市场化机制更熟悉、理解、适应。

――――――――――

① 重庆市碳交易市场流动性较弱的一大原因是在制度设计环节，较多考虑了重庆所处的欠发达地区和欠发展阶段的实情，配额分配充分考虑了控排企业发展的刚性需求，并且为了保证市场促进碳减排的初衷，先期没有允许个人或投资商进入市场。

2013—2015 年度配额结余共计 1 030 万吨，截至 2017 年 6 月末，其中有 32 家企业卖出结余配额约 383 万吨。分行业结余配额交易量占结余配额总量比重详见图 7-13。

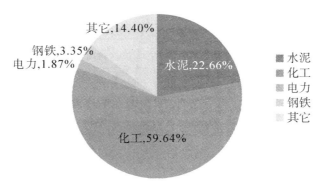

图 7-13　分行业结余配额交易量占结余配额总量比重图

所占比重越大，表明该行业企业对结余配额处理销售的积极性越高，主要原因是：

（1）非纳入全国市场企业由于后续政策不明朗，缺乏对市场的稳定预期。

（2）电力、钢铁、水泥等行业相对来讲结余配额出售积极性较低，一是因为首批纳入企业对政策和价格的预期更高，即对市场价格的预期较高；二是行业内有统一的标准，企业间可比性强，导致企业不愿出售。两者的差别在于，电力、钢铁行业国有企业居多，而水泥行业有部分民营企业，决策更灵活。

（3）化工企业结余配额交易积极性最高，这有两方面考虑：一是虽然纳入全国碳市场，但并不属于先期启动的范围，对试点结余配额的处置政策疑虑较大，信心不足；二是化工行业与水泥、电力差别较大，缺少统一的行业标准，故对试点配额的市场价格期望较小。

二、碳市场经验总结

1. 制度规则先行推进试点工作

重庆市制定了"1+3+6"的政策制度和操作规范[1]：

1 个暂行办法：重庆市碳排放权交易管理暂行办法。

3 个试行细则：重庆市碳排放配额管理细则（试行）；重庆市工业企业碳

---

[1]　信息来源于网址：http://www. tanjiaoyi. com/article-22812-1. html。

排放核算报告和核查细则（试行）；重庆联合产权交易所碳排放交易细则（试行）。

6 个试行规范、指南或办法：重庆市企业碳排放核查工作规范（试行）；重庆市工业企业碳排放核算和报告指南（试行）；重庆联合产权交易所碳排放交易结算管理办法（试行）；重庆联合产权交易所碳排放交易风险管理办法（试行）；重庆联合产权交易所碳排放交易信息管理办法（试行）；重庆联合产权交易所碳排放交易违规违约处理办法（试行）。

2. 突出工业重点领域，抓住关键

重庆市工业企业碳排放量占全市碳排放总量的 70% 左右；年碳排放超过 2 万吨二氧化碳当量的工业企业有 242 家，其碳排放量占工业碳排放总量近 55%。因此围绕优化产业结构调整这一根本，抓好年碳排放超过 2 万吨的重点企业是关键。

3. 科学设定年度配额总量控制上限

以各企业 2008—2012 年历史最高碳排放值为基准配额总量，2013—2015 年按照每年下降 4.13%（与"十二五"单位工业增加值节能目标挂钩）实行总量控制（详见图 7-14）。

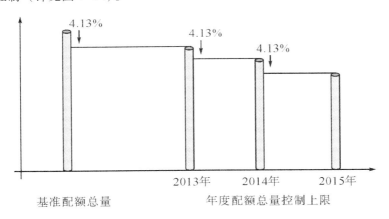

图 7-14　年度配额总量上限控制图

4. 探索出符合重庆实际的配额分配方法

一是基于博弈理论的配额申报机制：在总量控制目标下，由企业通过年度碳排放量申报而确定其配额。如果企业年度申报量之和低于总量控制数，企业的年度配额按其申报量确定；如果企业年度申报量之和高于总量控制数，则根据企业申报量和历史排放量等因素按其权重确定其配额。

二是基于核算与报告能力的配额调整机制：如果企业申报量超过实际排放

量8%以上，年度核查后将扣减相应配额；如果企业增产，实际排放量比上年增加且申报量低于实际排量8%的，可补发配额。

上述两种配额分配方法主要有以下特点：

（1）是政府主要控制排放总量，充分发挥市场配置资源作用，由企业通过申报竞争，公平获得配额。

（2）建立配额调整机制，既能防止企业虚报，又不让"老实人"吃亏。

（3）分配规则可量化透明，限制了政府配额分配的自由裁量权。

（4）将企业实施减排项目产生的减排量纳入配额计算，鼓励企业技改升级。

5. 坚持政府付费，确保核查工作公正性

（1）碳市场是政策性市场，政府的职责是制定规则、搭建市场，并保证市场的信用，核查是市场信用的基石。

（2）核查机制作为新兴制度正处于探索阶段，核查机构缺少外部监督约束机制和行业内部自律约束。

（3）明确责任主体，政府购买服务，核查机构代表政府进行核查，对政府负责。

（4）政府对核查进行付费，才能最大程度切割利益关联，确保核查公正性和数据准确性，避免道德风险。

6. 创新政府配置资源方式

（1）定位：重庆试点是为全国碳市场服务的，尤其代表西部地区在当前阶段探索运用市场化机制促进节能降碳。

（2）路线：先松后紧，先让企业熟悉规则，后期逐步从严控制。

（3）目标：普及提升企业碳管理意识，增强企业的碳管理能力。

（4）职能：搭建框架、建立规则、加强违规监管，减少微观市场干预，充分信任和发挥市场作用。

三、碳市场建设成效

1. 实现了配额总量控制目标

重庆市连续三年审定排放量都低于当年配额总量控制上限，审定排放量逐年下降1 000万吨，实现了政府总量控制的目标①（详见图7-15）。

———————————

① 信息来源于国家碳排放权交易培训（重庆）中心的培训资料。

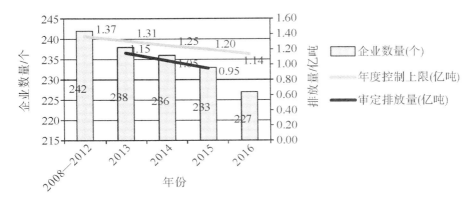

图 7-15　2013—2016 年碳排放配额总量及实际排放量数据表

2. 提升了企业碳管理能力

重庆碳管理的概念从无到有，企业碳资产合理配置的意识得到提高，目前重庆多家企业开展了配额质押、买卖、冻结等新形态业务。企业开展了碳管理体系建设。

3. 提高了企业实施碳减排工程的积极性

2013—2016 年，重庆共实施工程减排项目 37 个，产生工程减排量合计 340.9 万吨。工程减排量逐年增加。详见图 7-16。

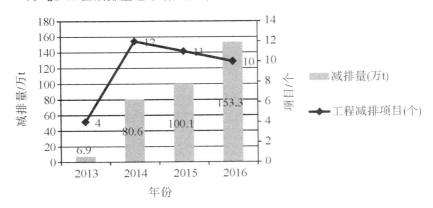

图 7-16　实施碳排放核查以来减排量及工程数量汇总表

4. 提高了企业碳排放核算与报告能力

2014 和 2015 两年结余量在 400 万—500 万吨，占审定排放量的 4.2% ~ 4.7%，说明大部分企业对规则比较清楚，核算与报告能力得到了提升，详见图 7-17。

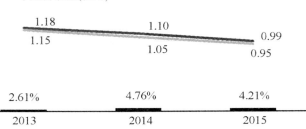

图 7-17　结余配额占审定排放量比重表

第八章　控制碳排放的对策建议

第一节　总体要求和主要目标

本节结合研究结论对控制碳排放的总体思路、主要目标进行设定，以供政府相关部门决策参考。

一、总体要求

全面贯彻党的十九大精神和习总书记视察重庆时的重要讲话精神，紧紧围绕统筹推进"五位一体"总体布局和协调推进"四个全面"战略布局，牢固树立新发展理念，按照党中央国务院关于生态文明建设和应对气候变化工作的总体部署，结合推进供给侧结构性改革，着力构建以低碳排放为特征的产业体系。以控制温室气体排放、深化低碳试点工作为目标，坚持合理控制能源消费总量和强度，综合运用优化能源体系和产业结构，统筹城乡低碳发展等多种手段，推进控制温室气体排放工作。深化低碳试点示范，更多地发挥市场机制作用，加强低碳技术研发和推广应用，提升能力建设水平，全力打造重庆绿色、循环、低碳发展格局。

（一）工作思路

结合新形势下国内应对气候变化工作的"5个转变"，分类厘清应对气候变化各项工作的定位，通盘考虑"十三五"各项工作的进度预期，统筹抓好"5个点"工作：一是抓试点抢占先机，在低碳城市试点和区域性碳排放权交易试点基础上，追踪国家"十三五"可能新增的试点工作，提早辨明利弊，主动出击抢占机遇条件；二是抓重点夯实基础，鉴于应对气候变化是一项长期且系统的工作，抓好短时期的骨架性工作，可以更好地突出重点，彰显成效，并带动其他枝叶性工作的循序推进；三是抓难点累积经验，以创新思维破解难点工作，总结"重庆经验"，适时体现重庆务实推进工作的主动性，以争取国家更多的相关支持；四是抓弱点补齐短板，对工作基础薄弱的事项，创造条件启动相关工作，以保证应对气候变化工作体系的完备性；五是抓亮点做出成绩，在实际工作推进过程中，结合国家工作精神和重庆禀赋条件，尽可能发现"各个点"的有机统一和相互聚焦，打造"十三五"应对气候变化的标志性事项，为国家应对气候变化工作发挥引领示范作用。

（二）重点任务

一是试点类任务，预计国家将开展省级温室气体排放统计核算、区县级温室气体排放清单编制、适应型城市建设、低碳省区和城市、低碳工业园区、低碳商业等6项试点；二是重点类任务，包括国家单位地区生产总值二氧化碳排放下降目标考核、深化低碳城市试点（"十二五"结转实施）、对接国家统一碳排放权交易市场、编制重庆市年度温室气体排放清单、实施减碳示范工程等5项；三是难点类任务，包括构建市级和区县温室气体排放统计核算体系、实施二氧化碳排放总量控制制度、碳排放认证制度等3项；四是弱点类任务，主要是资金支持和适应气候变化工作涉及的相关工作，例如人体健康适应性工程建设等。在实际工作推进中，统筹打造工作亮点。

（三）具体措施

针对单位地区生产总值二氧化碳排放下降目标，建议"十三五"着重采取以下措施推动达标。一是发挥产业结构及行业结构调整对碳强度下降的基础作用，提升工业生产过程中的碳排放水平，进一步释放服务业发展对碳强度下降的贡献，争取三次产业结构调整产生碳减排量占总减排量比重达到40%左右。二是发挥能源消费结构优化对碳强度下降的关键作用，实施能源消费总量控制，特别是煤炭消费总量控制，提升非化石能源占一次能源消费的比重，电力需求调度注重周边地区水电的调入和市内火电的调出，降低化石能源活动对碳排放的影响，争取能源结构优化产生碳减排量占比达到30%左右。三是发挥重点领域对碳减排的支撑作用，工业领域抓好六大高耗能行业节能和降碳的协同效应，抓好万家企业节能降碳行动，建筑领域抓好绿色建筑和可再生能源建筑的规模化应用，交通领域抓好低碳交通基础设施建设和交通智能化管理，争取重点领域碳减排占比达到20%左右。四是发挥碳交易市场手段对碳减排的补充作用，严格碳排放权交易试点企业的碳排放初始盘查和核查工作，抓好碳排放权交易试点行业（企业）碳排放配额有偿分配。五是发挥低碳产业对碳减排和稳增长的双促作用，"十三五"前期依托碳交易市场平台，培育以碳计量、碳咨询、碳资产管理、碳交易服务、碳能力培训等为主体的低碳服务产业体系;"十三五"中期围绕低碳技术和低碳产品的研发和孵化,培育壮大低碳技术集成和产业化发展,形成集低碳装备制造、低碳产品生产、低碳生产性服务于一体的低碳产业体系;"十三五"后期结合节能环保产业发展情况,集中打造节能环保低碳产业集群,力争形成新的经济增长点。

二、主要目标

近期,到 2020 年,重庆市单位地区生产总值二氧化碳排放比 2015 年下降19.5%以上,碳排放总量增长控制在 2.3 亿吨。中期,到 2026 年,二氧化碳排放总量达到峰值 2.58 亿吨;建成西南地区绿色低碳发展示范城市和全国低碳发展先导示范区[①]。

第二节　对策建议

本节在上一节提出的总体思路和主要目标的基础上,结合研究结果对控制温室气体排放提出对策建议。

一、建立低碳能源体系

大力发展非化石能源。在做好生态环境保护和移民安置的前提下积极有序发展水电,推进长江、乌江、嘉陵江等干流和大溪河、大宁河、郁江等流域水电资源的梯级开发利用,加快建设綦江蟠龙抽水蓄能电站。合理规划风电项目,稳步推进风电场建设。科学利用生物质(垃圾)能源、沼气,因地制宜利用太阳能和地热资源。推广应用江水源和污水源集中供冷供热技术。稳步推进重庆核电前期工作。加强智慧能源体系建设,推行节能低碳电力调度,提高传统能源电网调峰和可再生能源就近消纳能力。充分消纳市内水电、风电、生物质能等可再生能源,更多吸纳市外水电等清洁能源。争取国家布局新能源项目,创建国家新能源示范城市(产业园区)。到2020年,全市非化石能源消费占一次能源消费比重的15%以上,水电、风电生产量占本市电力生产量的比重达到40%。

优化化石能源供给水平。因地制宜发展可再生能源和清洁能源,加快常规

---

① 目标的设定既包括重庆市政府或有关部门已经出台的文件中的目标,也包括通过学术研究得出的结论。

天然气和页岩气开发利用，推进传统能源与新兴能源互补融合，实现产量 280 亿立方米/年（其中页岩气产量 200 亿立方米/年），将重庆建成全国页岩气勘探开发、综合利用、装备制造和生态环境保护综合示范区。完善高效安全的能源输配体系，构建与周边省市互联互通的能源战略通道，推动能源输入输出多元化、多极化，优化能源供给应急储备机制。优化煤炭产能，推动燃煤消费替代，实现市内"减量开发"，市外"输煤输电并举"推动区域煤炭资源合作，煤炭区域调入能力达到 6 000 万吨/年以上。加强煤炭开采、运输和使用环节的质量监管，加快煤层气开发利用，减少煤矿瓦斯逸散。

加强能源节约。强化节能责任目标考核，严格执行固定资产投资项目节能审查制度，推进中央预算内投资资金的节能示范项目建设。实施终端用能产品强制性能效标识制度，制定和完善高耗能产品能耗限额标准。重点推进电力、钢铁、建材、有色、化工等行业节能。继续开展万家企业节能低碳行动。大力促进能源计量能力的建设，健全企业的能源计量管理制度，推动计量器具智能化、标准化、规范化配置。落实《重庆市"能效领跑者"制度实施方案（2016—2020 年）》。推行合同能源管理，推动节能服务产业健康发展。实施一批节能改造工程、节能产品惠民工程、合同能源管理推广工程、节能技术产业化示范工程等重大节能工程。到 2020 年，全市能源消费总量（等价值）控制在 10 597 万吨标准煤以内，单位地区生产总值能耗达 0.477 吨标准煤/万元，单位地区生产总值能耗下降率达到 16%。

提升能源利用低碳化水平。逐步开展全市煤炭消费减量替代工作，编制用煤预算管理方案。推进煤炭清洁高效利用、分级分质梯级利用，推进煤电节能减排升级与改造行动计划，提升燃煤电厂技术装备水平，鼓励煤矸石和劣质煤就地清洁转化利用。大力推进工业窑炉、生活锅炉"煤改气"，推进天然气、电力替代交通燃油。合理确定水火比、内外比，新增电力装机容量 900 万千瓦。到 2020 年，煤炭消费占能源消费总量的比重不高于 60%，天然气消费占能源消费总量的比重达到 14%以上。

二、推动产业低碳转型

加快产业结构调整和优化。有效淘汰落后产能和化解过剩产能，促进企业规范化退出。发展混合所有制经济，引导企业兼并重组。运用高新技术和先进适用技术改造提升传统制造业，支持企业提升产品节能环保性能，打造绿色低碳品牌。鼓励高碳行业通过区域有序转移、集群发展、改造升级降低碳排放。到 2020 年，用于产业结构调整的投资占全社会固定资产投资的比重达到 50%。

加快发展绿色低碳产业，打造绿色低碳供应链。加强对现代服务业和战略性新兴产业的扶持力度。到 2020 年，服务业增加值占 GDP 的比重达到 50% 左右，战略性新兴产业产值占工业总产值的比重达到 25%，占规模以上工业增加值的比重达到 30%。

控制工业领域排放。重庆市煤炭、钢铁、水泥、化工等重点行业二氧化碳排放总量得到有效控制。煤炭行业要加快采用高效采掘、运输、洗选工艺和设备，加快煤层气抽采利用，推广应用二氧化碳驱煤层气技术。钢铁行业严格控制产能规模，推动产品升级，积极发展以废钢为原料的废弃物有效利用和消纳。水泥行业加快推广纯低温余热发电技术和水泥窑协同处置废弃物技术。化工行业重点推广先进煤气化技术、高效脱硫脱碳、低位能余热吸收制冷等技术。在部分工业行业通过非碳酸盐原料替代和低碳排放工业产品替代传统产品，控制工业过程温室气体排放。在建材、化工等行业推进碳捕集、利用与封存示范工程，促进二氧化碳资源化利用，并做好环境风险评价。到 2020 年，单位工业增加值二氧化碳排放量比 2015 年下降 22%。

推进农业低碳化发展。实施化肥使用量零增长行动，普及和深化测土配方施肥，鼓励使用缓释肥、有机肥替代传统化肥，推广应用高效合理的施肥技术。加强农田保护和改良，加快高标准基本农田建设，提升土壤有机碳储量，增加农业土壤碳汇。积极推广低排放高产水稻品种，改进耕作技术，控制稻田甲烷和氧化亚氮排放。推进畜禽标准化规模养殖，实施反刍动物营养调控。推动农作物秸秆综合利用、农林废物资源化利用和牲畜粪便综合利用。因地制宜推广"猪—沼—果"等低碳循环生产方式。推广节油、节电、节煤、节水的农业机械、渔船和农产品加工设备。开展低碳农业试点示范。到 2020 年，重庆市规模化养殖场、养殖小区配套建设废弃物处理设施比例达到 75%。

增加森林及其他生态系统碳汇。大力推进全民义务植树，加强城市园林绿化建设。全面实施新一轮退耕还林、天然林保护、低效林改造、城市群森林生态空间提升、美丽乡村绿化、山地生态修复等工程。开启森林经营工程，促进森林质量大幅提升。增强全市森林资源监测水平，加强森林火灾防控体系和林业有害生物防控体系建设。试行林业碳汇试点。加大功能减弱、生境退化的各类湿地的修复力度，推进已破坏湿地生态系统的功能重建与恢复，重点推动三峡库区消落带治理和示范建设，稳定湿地碳库。到 2020 年，森林覆盖率达到 46%，森林蓄积量达到 24 000 亿立方米，森林面积达到 379.04 万公顷，湿地面积不低于 20.67 万公顷。

三、统筹城乡低碳发展

控制城乡建设领域排放。开展城市碳排放精细化管理，编制城市低碳发展规划，制定低碳发展路线图和时间表。提高基础设施和建筑质量，防止大拆大建。因地制宜，差异化推进既有建筑节能改造，强化新建建筑节能，推广绿色建筑。积极开展绿色生态城区建设，引导更低能耗及零碳排放建筑试点示范，着力推进绿色施工。因地制宜推动可再生能源建筑规模化应用，大力发展绿色建材。强化宾馆、办公楼、商场等商业和公共建筑低碳化运营管理。积极推广墙体自保温、外窗（玻璃幕墙）隔热遮阳、自然采光、自然通风、遮阳、高效空调、热泵、太阳能热水、节能灶具、墙面垂直绿化、屋顶绿化等成熟低碳技术。在农村地区推广合适的低碳技术和产品，科学引导新建和改建农房执行建筑节能标准。加快农村清洁能源发展，健全完善农村沼气服务体系。2020年全市城镇绿色建筑占新增建筑比重达到50%，累计实施可再生能源建筑应用1 200万平方米。

构建绿色低碳交通运输体系。依托长江黄金水道，统筹实施铁路、公路、航空、管道低碳化建设，打造综合立体的绿色循环低碳交通运输体系。加快淘汰黄标车、老旧机车、老旧船舶。加强节能、新能源汽车和LNG车辆（船舶）在交通运输领域的推广应用，完善配套基础设施建设。积极推动航空生物燃料广泛使用，加快应用节油技术和措施。严格实施乘用车燃料消耗量限值标准，加强车用油品质量监管和提等升级，加强交通运输装备排放控制。优化水、陆、空交通运输结构，降低运输碳排放强度。优先发展公共交通，完善公交优先的城市交通运输体系，加快发展城市轨道交通、智能交通和慢行交通，鼓励绿色出行。积极发展现代物流业，开展城市绿色货运配送示范行动。2020年全市营运货车、客车、船舶单位运输周转量二氧化碳排放下降率分别为12.5%、2.6%、7%，城市客运单位客运量二氧化碳排放下降率为12.5%。

加强城乡市政低碳管理。积极构建覆盖全社会的资源循环利用体系，规范和完善再生资源回收体系建设，推进生活垃圾分类和再生资源回收、利用的衔接，推进生产系统和生活系统循环链接。推广餐厨垃圾无害化处理和资源化利用，鼓励残渣无害化处理后制作肥料。鼓励工业垃圾、建筑垃圾、污水处理厂污泥等废弃物无害化处理和资源化利用，合理布局全市垃圾焚烧发电厂。鼓励有条件的城镇生活垃圾填埋场、污水处理厂开展填埋气体资源化利用，减少甲烷排放和替代化石能源。加大市政绿色照明改造力度，大力推进LED绿色照明灯具建设改造，实行数字化规范管理。

建立低碳扶贫机制。增加对贫困地区低碳发展的转移支付力度，加强各项与扶贫开发相关财政政策的协调配合，推动低碳科技和人才向贫困地区覆盖。支持财政资金投入的光伏、水电等低碳项目形成的资产，折股量化到农村集体经济组织。推动全国对口支援三峡库区工作，鼓励发达地区与贫困地区开展低碳产业和技术协作。强化国有企业帮扶责任，引导民营企业参与低碳扶贫开发，鼓励其他社会组织机构开展低碳扶贫宣传教育活动。探索生态补偿、碳汇交易、绿色产品标识、碳减排项目等多元化市场机制支持"低碳扶贫"。到2020年初步形成适合不同贫困地区差异化的低碳发展模式。

建设低碳社会。引导城乡居民形成勤俭节约、绿色低碳、文明健康的消费理念和生活方式。倡导低碳居住，鼓励市民购买各类绿色环保、高效节能、节水产品。开展低碳饮食行动，推进餐饮点餐适量化。开展"低碳进校园""低碳进企业""低碳进社区"等活动。鼓励购买小排量汽车、节能与新能源汽车。发挥政府引导作用，完善涵盖节能、环保、低碳等要求的政府绿色采购制度。积极提倡绿色办公。鼓励公众实现生活行为碳中和自愿减排。

四、推进低碳试点示范

建立碳排放总量控制和峰值目标。在都市区研究探索开展碳排放总量控制。制定重庆市分区域、分阶段二氧化碳排放总量达峰路线图。加入"中国达峰先锋城市联盟"，力争提前完成达峰目标。

积极参与全国碳排放权交易市场。继续深化重庆市碳排放权交易试点工作，培育壮大碳排放权交易市场。针对国家确定的碳市场行业，研究并出台碳排放权交易市场衔接方案，以及配额分配、抵消机制、报告核查、市场监管等各方面的措施和政策，促进重庆碳排放权交易市场向国家统一碳市场顺利平稳过渡。在重点发展好碳交易现货市场的基础上，研究探索碳金融产品创新。配套完善碳交易市场的激励约束政策，提高重点排放单位参与碳交易的主动性。依托全国碳市场能力建设（重庆）中心，提升重庆市碳市场各环节人才队伍专业水平。对以长安、力帆乘用车，恒通、五洲龙客车等为骨干的汽车生产企业实行基于新能源汽车生产责任的碳排放配额管理。

开展多领域低碳发展试点示范。探索产城融合低碳发展模式，深化重庆市低碳试点工作。强化金融支持，争取重庆市纳入国家气候投融资城市试点。深化璧山工业园区和双桥经开区低碳工业园区试点建设工作，为地区和工业行业低碳转型发展探索有益经验，争取更多工业园区纳入国家低碳工业园区试点。继续推动低碳社区试点，推广城市新建、既有的低碳社区和农村低碳社区规划建设经验。

强化激励约束机制。在地方财政预算中安排低碳发展专项资金，积极争取中国清洁发展机制基金等国家政府资金，加大对控制温室气体排放和低碳试点工作的支持力度。发挥财政资金引导作用，支持实施 PPP 项目，鼓励社会资本加大投入。拓展碳减排项目融资渠道，探索开发碳交易配额（减排）指标质押、以收益权为还款来源的集合信托和理财计划等金融产品及服务，增强企业融资能力。建立重庆市"十三五"应对气候变化和低碳经济发展重大项目库。建立全市重点排放单位的应对气候变化及低碳信息发布平台。鼓励企业建立碳排放管理体系，核算和报告年度碳排放情况。推动企业建立温室气体排放信息披露制度。完善政府绿色低碳采购体系，推广低碳产品认证，开展低碳认证宣传活动。建立节能低碳产品、能效"领跑者"等信息发布和查询平台，引导低碳生产和消费。

五、加强低碳科技支撑

支持开展低碳发展基础研究。建立市级低碳领域重大科技专项项目计划。支持开展气候变化基础研究，重点针对三峡库区气候变化监测、诊断、预测及预估。探索大数据、云计算等互联网技术与低碳发展融合研究。加强生产消费全过程碳排放计量、核算体系及控排政策研究。探索产城融合模式，开展低碳发展与经济社会、资源环境的耦合效应研究。结合重庆高耗能、高排放行业和优势产品，开展低碳产品评价标准及低碳技术、温室气体管理等相关标准研究。

加快低碳技术研发与示范。落实《重庆市应对气候变化科技专项行动纲要》，继续推进控制温室气体排放和减缓气候变化的技术开发。建立市级低碳技术孵化器，加强二氧化碳捕集、利用和封存技术研发和示范。设立重庆页岩气开发环境保护研究中心，加强页岩气煤层气开发。根据国家重点节能低碳技术目录及重庆市产业发展需求，增强能源、工业、交通、建筑、农业、林业领域低碳技术研究水平，推动实施一些低碳示范项目。

推广应用低碳技术。加快建立政产学研用有效结合的机制，引导企业、高校、科研院所等根据自身优势建立低碳技术创新联盟，形成技术研发、示范应用和产业化联动机制。增强大学城、企业孵化器、产业化基地、高新区对低碳技术产业化的支持力度。重点提高能源、工业、交通、建筑、通用技术领域减排效果好、应用前景广阔的低碳技术的研发、制造、系统集成和产业化能力。开展重点领域、关键产品的低碳技术集中试点示范。

六、加强低碳能力建设

加强温室气体排放统计与核算。在现有统计制度基础上，将应对气候变化和涵盖能源活动、工业生产过程、农业、土地利用变化与林业、废弃物处理等领域基础统计指标纳入政府统计指标体系。定期编制重庆市温室气体排放清单，逐步推进区县温室气体排放清单编制工作，规范清单编制数据来源。建立区县能源平衡表、区县能源碳排放年度核算方法和报告制度。加强重点排放单位能源消费和温室气体排放原始记录和统计台账规范化管理。完善温室气体排放计量体系，加强排放因子测算和数据质量监测，确保数据真实准确。

实施企业温室气体排放报告和核查制度。健全市、区县（自治县）以及重点企业的温室气体排放基础统计报表制度。实行重点企（事）业单位温室气体排放数据报告制度，建立全市温室气体排放数据信息系统。组织年度报告主体报送，确定第三方核查机构对报告数据进行核查，对通过主管单位审核的报告数据汇总上报国家发展改革委。建立重庆市和各区县（自治县）二氧化碳排放强度形势预测预警系统。

培育低碳发展支撑体系。以辐射西南市场的综合解决方案服务为重点，培育低碳发展支撑体系，规范发展服务业态。支持"互联网+低碳引领"，培育一批具有碳排放第三方核查、碳资产管理、低碳培训、低碳技术引进和认证认可等专业性综合服务能力的重点企业。依托高等院校、科研机构和相关企业，围绕应对气候变化战略政策研究和技术研发，培育一批自主创新能力强、专业特长突出、在国内外有一定影响力的气候变化科研团队，形成一支既能解决应对气候变化及相关领域实际问题，又能为政府提供政策方案和决策咨询的人才队伍，打造西部地区人才"洼地"。

加强宣传教育。研究论证试点期间可复制、可推广的经验和做法，加强与其他试点省市、同类地区的经验交流，宣传推广低碳发展和应对气候变化的有效做法和典型案例。建立鼓励公众参与应对气候变化的激励机制，拓展公众参与渠道，创新参与形式。开展各具特色的"全国低碳日"活动，创新低碳理念宣传方式，调动社会公众参与低碳的积极性。把低碳理念和知识纳入各级教育的相关课程，包括基础教育、职业教育、高等教育等，普及应对气候变化科学知识。组织面向各区县（自治县）、市级有关部门和单位的低碳培训活动，提高决策、执行、监督等环节中的人员对应对气候变化问题的重视程度和认识水平。加强应对气候变化面向企业的培训工作，提升企业管理人员和相关专业人员低碳意识和工作能力。

推动对外合作交流。促进重庆市低碳试点与"一带一路"沿线国家城市结成"低碳姊妹城市"，共享低碳发展经验。依托中新（重庆）战略性互联互通示范项目，寻求低碳化发展新思路。鼓励各级政府、企业和非政府组织利用自身技术和资金优势参与气候变化南南合作基金，积极推动低碳技术及产品"走出去"。

七、强化低碳实施保障

加强政府组织领导。重庆市应对气候变化领导小组办公室（设置于重庆市发展改革委）牵头协调落实控制温室气体排放和深化低碳试点工作，细化工作任务，明确各项工作实施责任主体，抓好落实，确保控制温室气体排放和深化低碳试点工作有效推进。建立年度推进工作机制，每年年初由各项任务牵头部门会同有关责任部门提出年度工作计划和重点项目，送领导小组办公室汇总上报市政府审定后下达执行。各部门要按照任务分工，结合职责，抓好具体工作推进和任务落实。各区县（自治县）将降低二氧化碳排放强度和达峰目标纳入本地区经济社会发展规划、年度计划，编制具体工作方案。市应对气候变化领导小组应建立科学合理的评估机制，建立方案实施评估指标体系，制定监测评估办法，根据评估结果调整工作力度，确保方案各项任务和目标顺利实现。

强化统筹协调。完善重庆市"十三五"控制温室气体排放和深化低碳试点工作方案，做好本方案与有关部门相关领域工作方案之间的衔接，确保项目目标一致，协调互补。市级各部门要按照职责分工，加强协作，建立信息共享机制，共同推动方案各项目标任务完成和落实，保障"十三五"控制温室气体排放和深化低碳试点工作全面开展。

建立评价考核机制。分解下达碳排放强度降低和区域达峰目标，将目标完成情况纳入区县（自治县）经济社会发展绩效考核内容，出台实施区县（自治县）控制温室气体排放的评价标准和考核办法，对各区县（自治县）人民政府完成碳强度下降等约束性指标情况、有关任务与措施落实情况、基础工作与能力建设落实情况、试点示范进展情况实行年度考核。重庆市政府督查室加大督促检查力度，研究建立低碳发展工作奖惩制度，促进方案各项任务目标的实现。

主要结论及展望

全书主要研究成果和结论包括如下七个方面：

（1）《巴黎协定》正式生效，全球应对气候变化显著呈现出"五个强化"的新形势，国内应对气候变化出现五个方面的新转变。

第一，应对气候变化的国际新形势：

一是攀升国际共识新高度，《巴黎协定》的生效空前体现了全球对人类未来发展的深刻关切和对气候变化的广泛共识，强化了绿色低碳发展道路的可持续性和不可逆性。

二是催生全球履约新模式，在"共同但有区别责任"的原则上，协定明确规定各方以"国家自主贡献"的方式参与全球应对气候变化行动，这种"自下而上"的履约新模式，强化了各方履约承诺的兑现。

三是增添气候行动盘点新抓手，在透明度问题上，协定提出从 2023 年开始，每五年将全球应对气候变化行动总体进展进行盘点，强化了各方履约内容的实效性。

四是构建中国气候变化目标新体系，中国在 2020 年应对气候变化目标的基础上，再次自主提出 2030 年应对气候变化目标，形成了"进度目标（2020年）+目标年目标（2030）"的目标体系，这种带有强烈时间维度特征的目标体系，体现了自我加压的大国典范，但一定程度上削弱了我国碳减排的进度弹性，强化了目标实现的过程压力。

五是凸显中国气候变化目标新特点，国家在单位国内生产总值二氧化碳排放下降率目标的基础上，首次在国际社会提出碳排放峰值概念以及达峰时间（2030 年），提前 15 年量化了我国经济增长摆脱高碳排放路径依赖的发展愿景，强化了国内实施碳排放总量控制的政策信号。

第二，国内应对气候变化产生 5 个方面的新改变或转变：

一是工作边界将更加强调"减缓"和"适应"并重。"十二五"期间国内应对气候变化更多体现在控制温室气体排放，适应气候变化工作基本处于机制设计的宏观层面，"十三五"适应气候变化将同减缓气候变化一并进入微观操作层面。

二是工作思路将更加注重目标导向和过程管理齐抓。类比国际履约机制新特点来看，国内应对气候变化目标导向将更为清晰，实施目标进度的过程管理也将成为新常态。

三是工作重心将更加突出强度和总量双控。"十三五"国家在下达地方省市单位地区生产总值二氧化碳排放下降率目标的同时，也要求探索碳排放总量控制，由"十二五"碳强度"单控"向连同总量在内的"双控"转变。

四是工作手段将变为更加强化行政考核和市场配置并举。国家将依然实施单位生产总值二氧化碳排放下降率目标考核工作，强化对地方控制温室气体排放工作力度，但同时通过市场调配资源推动碳减排的效果将更加明显。

五是工作方式将更加依赖试点示范和量化评价联动。"十三五"应对气候变化诸多专项工作已陆续启动，参照国家传统做法，预计将实施一系列的先行试点示范，同时加强对试点示范的量化评价和经验总结，由点到面开展相关专项工作。

（2）从经济学成本-收益和环境经济学传统计量模型，构建"碳排放最优水平—碳排放驱动因素—碳减排最佳路径"的理论推演过程，在城市发展与碳排放的理论分析中分别搭建了低碳产业、低碳城镇化、低碳消费模式与碳减排的理论逻辑和应用框架，统筹上述理论推演和分析，提出城市碳排放"双维度四环节"一般分析框架，建立了一套城市碳排放的研究范式。

第一，建立"三问"碳排放的基本遵循，即区域或城市碳排放最优水平是什么，影响区域碳排放的因素分别有什么，达到碳排放最优水平和实施总量控制的最佳路径是什么，为碳排放的研究和实际工作提供了基本遵循。

第二，基于KAYA恒等式中的碳排放驱动因素，分析得出要通过产业低碳化转型推动经济高质量发展，从产业结构和能源结构调整优化中挖掘碳减排的宏观潜力，从中观层面通过城乡空间进一步挖掘潜力，在消费端从物质消费型转变为功能使用型的低碳生活方式，通过微观层面产品和服务功能的开发带动消费模式的转变。

第三，建立城市碳排放的一般性的分析框架——"双维度四环节"城市碳排放分析框架。该框架将基于行业视角的城市碳排放、基于影响因素的城市碳排放影响因素分析、基于长期目标设计的城市碳排放峰值预测、基于五年规划的阶段性碳排放总量控制等四个环节有机结合，并从政府考核和市场交易两个维度建立碳排放系统控制机制。

（3）利用投入产出分析方法，摸清了碳排放在产业间的分布情况，并基于重庆市经济和碳排放基础数据的分析，根据行业碳排放特性的不同，将重庆市国民经济部门分为四类：高产出高碳排放、高产出低碳排放、高产出潜在高碳排放、低产出潜在高碳排放。

一是总体来讲，重庆国民经济部门碳排放效率较高，高产出低碳排放的行业有17个，其中非金属矿及其他矿采选业、纺织服装鞋帽皮革羽绒及其制品业、石油加工炼焦及核燃料加工业、通用专用设备制造业、仪器仪表及文化办公用机械制造业、租赁和服务商业、水利环境和公共设施管理业7个行业虽然生产效益高，但是潜在碳排放程度也高，必须加以注意。

二是低碳排放、高产出的行业的发展应当得到鼓励，但是其潜在碳排放程度不容忽视，不能因为眼前经济利益而盲目发展，应该有计划地扩大其生产规模，同时对其进行碳排放配额管理，在保证能源资源优化利用的基础上更好发挥产业的经济效益。

三是第二产业中的煤炭开采和洗选业、石油和天然气开采业、金属矿采选业、制造业、食品制造及烟草加工业、纺织业、石油加工炼焦及核燃料加工业、化学工业、金属冶炼及压延加工业、金属制品业、交通运输设备制造业、电力燃气及水的生产供应业、电力热力生产供应业、燃气生产供应业，第三产业中的交通运输及仓储业、邮政业等生产效益高，但是碳排放量大，它们均属于高产出高碳排放的行业。在能源相对丰富、供能条件不受制约的地方适度推动高产出、高碳排放行业的发展，有利于促进区域经济的快速发展。

四是造纸印刷及文教体育用品制造业、非金属矿物制品业、电气机械及器材制造业、废品废料、水的生产和供应部门是碳排放量大、产出效益较低的行业或部门。基础工业部门要为国民经济其他部门提供基础生产资料，原则上以满足生产需求为限。造纸印刷及文教用品制造业碳排放量大，碳减排效益低，应该给予一定的限制。住宿和餐饮业、科学研究事业、教育事业、卫生社会保障和社会福利事业、公共管理和社会组织是第三产业中碳排放量较大，产出效益相对较低的行业。

（4）借助因素分解模型对重庆市碳排放的影响因素进行分析得出，碳排放系数的效应先负后正，逐步提升。能源结构的效应逐步放大。能源强度的效应一路减小。产业结构的效应先负后正，逐步加大。人口效应先负后正，总量不大。人均GDP效应一直影响较大。

一是人口增长扩大社会总需求，各行业增产导致能源消耗增加，直接导致碳排放量增加。但是，重庆市人口较为稳定，人口数量的环比上升都会对碳排放的增加起到正效应，重庆市人口数量发生突然变化的可能性较小，变动幅度也较小，因此，在进行重庆市二氧化碳减排政策分析时，人口因素可以不做重点考虑。

二是重庆市 1997 年直辖以来的经济快速发展与能耗增长、碳排放增加密切相关。人均 GDP 对重庆市碳排放的影响效应为正，而且逐年增大，说明重庆市人均 GDP 逐年增加对碳排放总量的增加起到正效应。

三是能源强度因素对重庆市碳排放因素的影响效应总体上为负值，因此总体说明能源强度因素的降低对碳排放总量有一个向下拉动的作用。能源强度效应分三产业来看，其中第一产业先增加后降低，第三产业逐步降低，而第二产业的降幅最大，因此，能源强度的减碳效应主要是第二产业能源强度下降的贡献。

四是能源结构对重庆市碳排放的影响效应为正值，能源结构因素对碳排放的影响并不体现在煤类、油类、气类能源的直接消耗占比上，而是能源消耗量上，也就是化石能源消耗占比。重庆煤类消耗占比不断下降，但煤类排放量却增加了约 2 倍，是导致碳排放量增大的直接原因。

五是产业占比对重庆市碳排放因素的影响效应整体上为正值，其中第二产业占比对碳排放总量有一个先向下后向上拉动的作用；第一产业占比对碳排放总量起到向下拉动的效应；产业占比对碳排放增加的正效应主要是第二产业占比上升的贡献。

（5）利用 STIRPAT 模型，借助岭回归，对重庆市碳排放峰值进行预测，得出重庆市 2026 年达到碳排放峰值，峰值量为 2.58 亿吨。对应的 2020 年碳排放总量为 2.3 亿吨。

一是根据全国在 2030 年左右达峰的预期，重庆市能源活动的碳排放峰值设定为 2.58 亿吨，坐标为 2026 年比较合适。

二是按照重庆市国民经济社会"十三五"规划，到 2020 年重庆市经济总量将超过 2.4 万亿元（以 2015 年不变价），对应碳排放强度为 0.96 吨/万元，比 2015 年下降 20%左右，而国务院在《"十三五"控制温室气体排放工作方案》（国发〔2016〕61 号）中下达重庆的"十三五"单位地区生产总值二氧化碳排放目标为 19.5%。两相对比，重庆市 2020 年碳排放总量控制目标设定为 2.3 亿吨较为合适。

（6）从政府考核和市场机制两个维度建立城市碳排放总量控制机制，以重庆市 2020 年碳排放总量控制为对象，实施双维度的碳排放控制，可以有效地发挥"看得见手"和"看不见的手"的协同作用，推动碳排放在预定的达峰路径上支撑经济社会发展。

一是将"十三五"碳排放总量和强度"双控"目标分解下达至各区县政府，建立涵盖"双控"目标和碳减排措施的年度考核指标体系和打分标准体系，形成碳减排的制度性保障。

二是利用碳交易市场机制，从配额分配—交易—履约等环节，推动全社会碳减排成本的降低，形成基于市场机制的碳减排机制。重庆市连续三年审定排放量都低于当年配额总量控制上限，审定排放量逐年下降 1 000 万吨，实现了政府总量控制的目标。

（7）基于研究过程和成果，对重庆市推动碳减排思路、目标和举措提出工作建议。

一是系统设立碳减排目标，到 2020 年，全市单位地区生产总值二氧化碳排放比 2015 年下降 19.5%以上，碳排放总量控制在 2.3 亿吨。中期，到 2026 年，二氧化碳排放总量达到峰值 2.58 亿吨。建成西南地区绿色低碳发展示范城市和全国低碳发展先导示范区。

二是统筹抓好"5 个点"任务。①抓试点抢占先机，在低碳城市试点和区域性碳排放权交易试点基础上，追踪国家"十三五"可能新增的试点工作，提早辨明利弊，主动出击抢占机遇条件。②抓重点夯实基础，抓好短时期的骨架性工作，更好地突出重点，彰显成效，并带动其他枝叶性工作的循序推进。③抓难点累积经验，以创新思维破解难点工作，总结"重庆经验"，体现重庆务实推进工作的主动性。④抓弱点补齐短板，对工作基础薄弱的事项，创造条件启动相关工作，以保证应对气候变化工作体系的完备性。⑤抓亮点做出成绩，在实际工作推进过程中，尽可能发现"各个点"的有机统一和相互聚焦，打造"十三五"应对气候变化的标志性事项。

三是协同推进碳减排举措。①发挥产业结构及行业结构调整对碳强度下降的基础作用，提升工业生产过程碳排放水平，进一步释放服务业发展对碳强度下降的贡献，争取三次产业结构调整产生碳减排量占总减排量的比重达到 40% 左右。②发挥能源消费结构优化对碳强度下降的关键作用，实施能源消费总量控制，特别是煤炭消费总量控制，提升非化石能源占一次能源消费的比重，争取能源结构优化产生的碳减排量占比达到 30% 左右。③发挥工业、交通、建筑等重点领域对碳减排的支撑作用，争取重点领域碳减排占比达到 20% 左右。④发挥碳交易市场手段对碳减排的补充作用，抓好碳排放权交易试点行业（企业）碳排放配额有偿分配。⑤发挥低碳产业对碳减排和稳增长的双促作用，培育壮大低碳技术集成和产业化发展。

本书基于城市碳排放的一般分析框架，着重从四个环节和两个维度研究城市碳排放和碳减排，虽然取得了一些有价值的研究成果，但仍存在诸多不足，主要包括如下几点：

一是城市碳排放的规模、结构各有不同，重庆仅为西部特大城市。本书中一般性的分析方法和研究思路，难以穷尽各类城市的碳排放的特点，下一步可按照城市类型的不同，进一步深入建立城市碳排放研究和控制的理论体系和工具箱。

二是碳排放是全社会概念，仅仅在一部专著中难以覆盖到城市碳排放的各个方面，在建立分析框架和确定研究内容时难免会有所偏颇。

三是由于各章节研究中涉及的碳排放数据的核算需要多方面的基础数据进行支持，因此考虑到各指标数据的完备性、统计方法的一致性以及碳排放数据的敏感性，时间序列数据定位于直辖后的 1997—2015 年，对 2016 年、2017 年、2018 年的数据只是在部分章节和内容的一般性描述中使用。

下一步研究的重点方向如下：

一是在城市碳排放研究广度上出思路。按照国家对城市的分类标准，全国各类城市的碳排放特点和碳源分布会有较大的差异。下一步将针对城市不同类型，抽象出城市在发展进程中碳排放的一般规律和特有标志。

二是在城市碳排放研究深度上下功夫。继续沿着碳排放"最优水平—驱动因素—最佳路径"的研究思路，针对每一个环节进行更为深入的探析，例如：碳排放最优水平与碳排放峰值重叠的理论分析和路径演绎等。

三是在城市碳排放研究结合点上做文章。贯彻落实党的十九大报告，紧密围绕党和国家重大方针战略，寻找与碳排放密切相关的结合点和研究对象。例如：当前城市品质提升和乡村振兴战略等核心任务对碳排放的影响机理和影响程度，人口政策变化对碳排放的影响，等等。

参考文献

[1] 蔡宇航, 刘晓宇, 范英英, 等. 基于技术减排的碳排放总量控制优化模型研究 [J]. 可再生能源, 2014, 32 (10): 1582-1587.

[2] 陈亮, 何涛, 李巧茹, 等. 区域交通碳排放相关指标测算及影响因素分析 [J]. 北京工业大学学报, 2017, 43 (4): 631-637.

[3] 程纪华. 中国省域碳排放总量控制目标分解研究 [J]. 中国人口·资源与环境, 2016, 26 (1): 23-30.

[4] 曹玲娟. 我国碳排放省域差异及影响因素研究 [D]. 南昌: 江西财经大学, 2017.

[5] 邓吉祥, 刘晓, 王铮. 中国碳排放的区域差异及演变特征分析与因素分解 [J]. 自然资源学报, 2014, 29 (2): 189-200.

[6] 戴新颖. 我国煤炭碳排放影响因素分析及减排措施研究 [D]. 徐州: 中国矿业大学, 2015.

[7] 丁志国, 程云龙, 孟含琪. 碳排放、产业结构调整与中国经济增长方式选择 [J]. 吉林大学社会科学学报, 2012 (5): 90-97.

[8] 付强. 碳排放总量控制与利益共享机制评介 [J]. 西南民族大学学报 (人文社科版), 2011, 32 (6): 133-137.

[9] 郭建科. G7 国家和中国碳排放演变及中国峰值预测 [J]. 中外能源, 2015, 20 (2): 1-6.

[10] 何艳秋. 最终需求视角下我国碳排放总量地区分解研究 [J]. 科技管理研究, 2015 (16): 230-235.

[11] 贺城. 借鉴欧美碳交易市场的经验, 构建我国碳排放权交易体系 [J]. 金融理论与教学, 2017 (2): 98-103.

[12] 郝海青. 欧美碳排放权交易法律制度研究 [D]. 青岛: 中国海洋大学, 2012.

[13] 黄蕊, 王铮. 基于 STIRPAT 模型的重庆市能源消费碳排放影响因素

研究 [J]. 环境科学学报, 2013, 33 (2)：602-608.

[14] 贾立江, 范德成, 武艳君. 低碳经济背景下我国产业结构调整研究 [J]. 经济问题探索, 2013 (2)：87-92.

[15] 李俊, 董锁成, 杨义武. 基于 STIRPAT 和 Path 的宁夏碳排影响因素分析 [J]. 干旱区资源与环境, 2016 (7)：42-46.

[16] 娄伟. 城市碳排放量测算方法研究——以北京市为例 [J]. 华中科技大学学报 (社会科学版), 2011, 25 (3)：104-110.

[17] 李敏. 长江经济带碳排放及其影响因素研究 [D]. 蚌埠：安徽财经大学, 2016.

[18] 刘华华. 低碳经济背景下成都市产业结构调整研究 [D]. 成都：西南石油大学, 2012.

[19] 李文举. 低碳发展约束下山西省产业结构优化研究 [D]. 太原：山西大学, 2017.

[20] 李炎亭. 甘肃产业结构变动的碳排放效应研究 [D]. 兰州：兰州大学, 2015.

[21] 刘春兰, 蔡博峰, 陈操操, 等. 中国碳减排目标的地区分解方法研究述评 [J]. 地理科学, 2013, 33 (9)：1089-1096.

[22] 刘红光, 刘卫东, 范晓梅, 等. 全球 CO_2 排放研究趋势及其对我国的启示 [J]. 中国人口·资源与环境, 2010, 20 (2)：84-91.

[23] 刘长松. 我国实现碳排放峰值目标的挑战与对策 [J]. 宏观经济管理, 2015 (9)：46-50.

[24] 马丁, 陈文颖. 基于中国 TIMES 模型的碳排放达峰路径 [J]. 清华大学学报 (自然科学版), 2017 (10)：1070-1082.

[25] 马丁, 陈文颖. 中国 2030 年碳排放峰值水平及达峰路径研究 [J]. 中国人口·资源与环境, 2016 (s1)：1-4.

[26] 苗二森. 我国省域碳排放影响因素的空间计量研究 [D]. 福州：福建师范大学, 2016.

[27] 马嫦, 陈雄. 长江经济带碳排放时空特征及影响因素分析 [J]. 贵州科学, 2018 (1)：75-80.

[28] 彭水军, 张文城, 孙传旺. 中国生产侧和消费侧碳排放量测算及影响因素研究 [J]. 经济研究, 2015 (1)：168-182.

[29] 朴英爱, 张益纲. 碳排放总量控制交易体系设计要素的研究综述 [J]. 山西大学学报 (哲学社会科学版), 2014, 37 (1)：75-82.

　　[30] 邱玮, 刘桂荣. 借鉴欧盟模式建立中国碳排放交易体系 [J]. 中国集体经济, 2012 (13): 192-193.

　　[31] 邱振卓. 低碳经济视角下的吉林省产业转型升级研究 [D]. 长春: 吉林大学, 2016.

　　[32] 施开放. 多尺度视角下的中国碳排放时空格局动态及影响因素研究 [D]. 上海: 华东师范大学, 2017.

　　[33] 余光英, 员开奇. 湖南省碳排放总量测算及土地承载碳排放效应分析 [J]. 资源开发与市场, 2015, 31 (1): 52-56.

　　[34] 沙青. 我国金融规模与碳排放关联效应的空间异化研究 [D]. 青岛: 中国海洋大学, 2014.

　　[35] 孙振清, 张喃, 贾旭, 等. 中国区域碳排放权配额分配机制研究 [J]. 环境保护, 2014 (1): 44-46.

　　[36] 孙维. 广州市碳排放峰值预测及达峰路径研究 [D]. 北京: 中国科学院大学, 2016.

　　[37] 田成诗, 郝艳, 李文静, 等. 中国人口年龄结构对碳排放的影响 [J]. 资源科学, 2015 (12): 2309-2318.

　　[38] 佟昕. 中国区域碳排放差异分析及减排路径研究 [D]. 沈阳: 东北大学, 2015.

　　[39] 涂正革, 谌仁俊, 韩生贵. 中国区域二氧化碳排放增长的驱动因素——工业化、城镇化发展的视角 [J]. 华中师范大学学报 (人文社会科学版), 2015, 54 (1): 46-59.

　　[40] 吴露. 碳排放配额约束下关键产业发展路径研究 [D]. 西安: 西安科技大学, 2017.

　　[41] 王银. 中国碳排放强度的时空分异 [D]. 武汉: 武汉大学, 2017.

　　[42] 王秀艳. 低碳约束下江苏省工业结构调整研究 [D]. 南京: 南京航空航天大学, 2016.

　　[43] 吴潜. 碳排放约束下的江苏省产业结构调整研究 [D]. 徐州: 中国矿业大学, 2017.

　　[44] 王伟. 重庆 "6+1" 支柱产业低碳发展影响因素研究 [D]. 重庆: 重庆工商大学, 2016.

　　[45] 王乃春, 徐翠蓉. 基于 STIRPAT 模型的青岛市碳排放影响因素分析 [J]. 青岛大学学报 (自然科学版), 2016, 29 (2): 90-94.

　　[46] 魏丹青, 黄炜, 曹植. 省域碳排放影响因素分析及减碳机制探讨: 以

浙江省为例 [J]. 生态经济（中文版），2017，33（12）：14-18.

［47］汪菲，王长建. 新疆能源消费碳排放的多变量驱动因素分析——基于扩展的 STIRPAT 模型 [J]. 干旱区地理，2017（2）：441-452.

［48］王勇，毕莹，王恩东. 中国工业碳排放达峰的情景预测与减排潜力评估 [J]. 中国人口·资源与环境，2017（10）：131-140.

［49］吴玉鸣，吕佩蕾. 空间效应视角下中国省域碳排放总量的驱动因素分析 [J]. 桂海论丛，2013（1）：40-45.

［50］王崇举. 重庆市碳排放峰值预测及低碳发展路径支撑研究 [Z]. 中国清洁发展机制基金赠款项目，2014.

［51］王科，李默洁. 碳排放配额分配的 DEA 建模与应用 [J]. 北京理工大学学报（社会科学版），2013，15（4）：7-13.

［52］王锋. 中国碳排放增长的驱动因素及减排政策评价 [M]. 经济科学出版社，2011.

［53］熊永兰，张志强，曲建升，等. 2005—2009 年我国省域 CO_2 排放特征研究 [J]. 自然资源学报，2012，27（10）：1766-1777.

［54］许泱. 中国贸易、城市化对碳排放的影响研究 [D]. 武汉：华中科技大学，2011.

［55］薛智涛. 山西省碳排放影响因素分析 [J]. 经济研究导刊，2018（1）：121.

［56］徐西蒙. 昆明市二氧化碳排放峰值研究 [J]. 环境科学导刊，2015，34（4）：47-52.

［57］熊小平，康艳兵，冯升波，等. 碳排放总量控制目标区域分解方法研究 [J]. 中国能源，2015，37（11）：15-19.

［58］熊灵，齐绍洲. 欧盟碳排放交易体系的结构缺陷、制度变革及其影响 [J]. 欧洲研究，2012（1）：51-64.

［59］杨云彦，陈浩. 人口、资源与环境经济学 [M]. 武汉：湖北人民出版社，2011：176-178.

［60］原嫄，席强敏，孙铁山，等. 产业结构对区域碳排放的影响——基于多国数据的实证分析 [J]. 地理研究，2016（1）：82-94.

［61］杨建楠. 产业结构优化对碳排放的影响 [D]. 上海：上海社会科学院，2016.

［62］袁杜娟. 我国碳排放总量控制与交易制度构建 [J]. 中共中央党校学报，2014，18（5）：84-88.

[63] 袁从贵, 张新政. 时序峰值预测的最小二乘支持向量回归模型 [J]. 控制与决策, 2012, 27 (11): 1745-1750.

[64] 于立宏, 周一帆. 中国碳排放权初始配额分配机制研究 [J]. 经济管理学刊: 中英文版, 2013 (5): 167-175.

[65] 伊文婧. 中国区域及行业碳强度指标及减排目标分解研究 [D]. 北京: 中国科学院大学, 2011.

[66] 杨朝远. 长三角城市群碳排放与低碳城市研究 [D]. 桂林: 广西师范大学, 2013.

[67] 杨秀, 付琳, 丁丁. 区域碳排放峰值测算若干问题思考: 以北京市为例 [J]. 中国人口·资源与环境, 2015 (10): 39-44.

[68] 员开奇, 董捷. 湖北省碳排放研究: 总量测算、结构特征及脱钩分析 [J]. 农业现代化研究, 2014 (4): 397-402.

[69] 张娟. 基于指数分解模型的工业二氧化碳排放总量分析 [J]. 中国外资, 2014 (4): 216-217.

[70] 周德群, 王梅, 张钦, 等. 基于熵的区域碳排放总量企业间分配研究 [J]. 北京理工大学学报 (社会科学版), 2015, 17 (3): 16-22.

[71] 张建民. 2030 年中国实现二氧化碳排放峰值战略措施研究 [J]. 能源研究与利用, 2016 (6): 18-51.

[72] 张丽欣, 王峰, 王振阳, 等. 欧美日韩及中国碳排放交易体系下的监测、报告和核查机制对比 [R]. 澳门: 2016 国际清洁能源论坛, 2016.

[73] 张翠菊. 中国碳排放强度影响因素、收敛性及溢出性研究 [D]. 重庆: 重庆大学, 2016.

[74] 张雷. 经济发展对碳排放的影响 [J]. 地理学报, 2003 (4): 629-637.

[75] 张明志. 经济增长与产业结构变动的碳排放效应研究 [D]. 济南: 山东大学, 2017.

[76] 张霁. 区域低碳经济评价及实证研究——以湖南省为例 [J]. 资源开发与市场, 2015, 31 (4): 398-400.

[77] 邹媛. 低碳经济背景下开封市产业结构调整研究 [D]. 杭州: 浙江大学, 2014.

[78] A AL-GHANDOOR, I AL-HINTI, J O JABER, et al. Electricity consumption and associated GHG emissions of the Jordanian industrial sector: Empirical analysis and future projection [J]. Energy Policy, 2008, 36 (1): 258-267.

[79] AIKATERINI RENTZIOU, KONSTANTINA GKRITZA, REGINALD R S. VMT, energy consumption, and GHG emissions forecasting for passenger transportation [J]. Transportation Research Part A (Policy and Practice), 2012, 46 (3): 487-500.

[80] AKIMOTO K, SANO F, HOMMA T, et al. Estimates of GHG emission reduction potential by country, sector, and cost [J]. Energy Policy, 2010, 38: 3384-3393.

[81] BALAS C E, KOC M L, TÜR R. Artificial neural networks based on principal component analysis, fuzzy systems and fuzzy neural networks for preliminary design of rubble mound breakwaters [J]. Appl. Ocean Res., 2010, 32: 425-433.

[82] CASTELLS A, SOLÉ-OLLÉ A. The regional allocation of infrastructure investment: The role of equity, efficiency and political factors [J]. European Economic Review, 2005, 49 (5): 1165-1205.

[83] CHEN Y, LIN S. Decomposition and allocation of energy-related carbon dioxide emission allowance over provinces of China [J]. Natural Hazards, 2015, 76 (3): 1893-1909.

[84] CHICCO G, MANCARELLA P. Assessment of the greenhouse gas emissions from cogeneration and trigeneration systems. Part I: models and indicators [J]. Energy, 2008, 33: 410-417.

[85] China Energy Statistical Yearbook (1998-2013) [M]. Beijing: China Statistics Press.

[86] COUTH R, TROIS C, VAUGHAN-JONES S. Modelling of greenhouse gas emissions from municipal solid waste disposal in Africa [J]. Int. J. Greenh. Gas Control, 2011, 5: 1443-1453.

[87] DENG J L. Control problems of grey systems [J]. Syst Control Lett, 1982 (5): 288-294.

[88] DORNBURG V, VAN DAM J, FAAIJ A. Estimating GHG emission mitigation supply curves of large-scale biomass use on a country level [J]. Biomass Bioenergy, 2007, 31: 46-65.

[89] Forecasting GHG emissions using an optimized artificial neural network model based on correlation and principal component analysis [J]. International Journal of Greenhouse Gas Control, 2014, 20: 244-253.

[90] GRUBB M. The greenhouse effect: negotiating targets [J]. International Affairs, 1990, 66 (4): 810.

［91］ GRÜBLER A. International burden sharing in greenhouse gas reduction ／ Arnulf Grübler and Nebojša Nakićenović ［J］. Mckinsey Quarterly, 1994.

［92］ HAYKIN S. Neural Networks: A Comprehensive Foundation ［M］. New York: Macmillan College Publishing, 1994.

［93］ HEDIGER W. Modeling GHG emissions and carbon sequestration in Swiss agriculture: an integrated economic approach ［J］. Int. Congr. Ser., 2006, 1293: 86-95.

［94］ KÖNE AÇ, BÜKE T. Forecasting of CO_2 emissions from fuel combustion using trend analysis ［J］. Renew Sustain Energ Rev, 2010, 14 (9): 2906-2915.

［95］ MANCARELLA P, CHICCO G. Assessment of the greenhouse gas emissions from cogeneration and trigeneration systems. Part II: analysis techniques and application cases ［J］. Energy, 2008, 33: 418-430.

［96］ MATSUMOTO K. Evaluation of an artificial market approach for GHG emissions trading analysis ［J］. Simulation Modelling Practice and Theory, 2008, 16: 1312-1322.

［97］ MENG M, NIU D. Modeling CO_2 emissions from fossil fuel combustion using the logistic equation ［J］. Energy, 2011, 36 (5): 3355-3359.

［98］ MING MENG, DONGXIAO NIU, WEI SHANG. A small-sample hybrid model for forecasting energy-related CO_2 emissions ［J］. Energy, 2014, 64: 673-677.

［99］ SOYTAS U, SARI R, EWING B T. Energy consumption, income, and carbon emissions in the United States ［J］. Ecological Economics, 2007, 62 (3): 482-489.

［100］ SOYTAS U, SARI R. Energy consumption, economic growth, and carbon emissions: Challenges faced by an EU candidate member ［J］. Ecological Economics, 2009, 68 (6): 1667-1675.

［101］ SALVADOR ENRIQUE PULIAFITO, DAVID ALLENDE, SEBASTIÁN PINTO, et al. High resolution inventory of GHG emissions of the road transport sector in Argentina ［J］. Atmospheric Environment, 2015, 101: 303-311.

［102］ SYRI S, LEHTILÄ A, EKHOLM T, et al. Global energy and emissions scenarios for effective climate change mitigation - deterministic and stochastic scenarios with the TIAM model ［J］. Int. J. Greenh. Gas Control, 2008 (2): 274-285.

［103］ TOM KNAPP, RAJEN MOOKERJEE. Population growth and global CO_2

emissions: A secular perspective [J]. Energy Policy, 1996, 24 (1): 31-37.

[104] VILLALBA G, GEMECHU E D. Estimating GHG emissions of marine ports - the case of Barcelona [J]. Energy Policy, 2011, 39: 1363-1368.

[105] WANG H. Evaluating Regional Emissions Trading Pilot Schemes in Chinaâ's Two Provinces and Five Cities [Z]. Agi Working Paper, 2016.

[106] WEI C, NI J, DU L. Regional allocation of carbon dioxide abatement in China [J]. China Economic Review, 2012, 23 (3): 552-565.

[107] WANG K, ZHANG X, WEI Y M, et al. Regional allocation of CO_2 emissions allowance over provinces in China by 2020 [J]. Energy Policy, 2013, 54 (3): 214-229.

[108] LIU X L. A Grey Neural Network and Input-Output Combined Forecasting Model and Its Application in Primary Energy-related CO_2 Emissions Estimation by Sector in China [J]. Energy Procedia, 2013, 36: 815-824.

[109] YI W J, ZOU L L, GUO J, et al. How can China reach its CO_2 intensity reduction targets by 2020? A regional allocation based on equity and development [J]. Energy Policy, 2011, 39 (5): 2407-2415.

[110] YORK R, ROSA E A, DIETZ T. Footprints on the Earth: The Environmental Consequences of Modernity [J]. American Sociological Review, 2003, 68 (2): 279-300.

[111] YORK R, ROSA E A, DIETZ T. STIRPAT, IPAT and ImPACT: analytic tools for unpacking the driving forces of environmental impacts [J]. Ecological Economics, 2003, 46 (3): 351-365.

[112] ZHOU P, ZHANG L, ZHOU D Q, et al. Modeling economic performance of interprovincial CO_2 emission reduction quota trading in China [J]. Applied Energy, 2013, 112 (16): 1518-1528.

[113] ZHANG D, SPRINGMANN M, KARPLUS V J. Equity and emissions trading in China [J]. Climatic Change, 2016, 134 (1/2): 131-146.